U0344728

高等职业教育数控技术专业系列教材
四川省重点专业建设项目成果

机械加工工艺设计

主　编　肖善华　廖璘志
副主编　王　强　刘咸超　周文超　郭　晟
参　编　毛　羽　刘学航　严瑞强　王渝平
　　　　刘存平　刘　勇　白绍斌
主　审　袁永富

机 械 工 业 出 版 社

本书根据工作任务导向课程的改革要求，体现理论与实践一体化的教学方式，共编写了销轴类零件加工工艺、丝杠类零件加工工艺、盘套类零件加工工艺、箱体类零件加工工艺、齿轮类零件加工工艺、曲面轴类零件数控加工工艺六个学习项目。每个项目都以项目工作任务的过程步骤为引导，将传统的课程内容——定位装夹方案、切削用量的选择、机床的选择、刀具的选择、机械加工工艺路线、机械加工工艺文件等融合于项目中，项目实施过程中要求学生根据现有的典型零件图编写其机械加工工艺文件，并填写相关内容，培养学生运用现有的知识解决加工工艺编制的能力。

本书既可作为三年制高职高专院校机械设计与制造、机械制造与自动化、数控技术、模具设计与制造等机械类专业的教材，也可供有关教师与工程技术人员作为参考用书。本书参考学时数为 80～140 学时。

本书配有电子课件，凡使用本书作为教材的教师可登录机械工业出版社教育服务网 www.cmpedu.com 注册后下载。咨询电话：010-88379375。

图书在版编目（CIP）数据

机械加工工艺设计/肖善华，廖璘志主编. —北京：机械工业出版社，2018.3（2021.1 重印）
高等职业教育数控技术专业系列教材 四川省重点专业建设项目成果
ISBN 978-7-111-59000-2

Ⅰ. ①机… Ⅱ. ①肖…②廖… Ⅲ. ①金属切削-工艺设计-高等职业教育-教材 Ⅳ. ①TG506

中国版本图书馆 CIP 数据核字（2018）第 014438 号

机械工业出版社（北京市百万庄大街 22 号 邮政编码 100037）
策划编辑：薛 礼 责任编辑：薛 礼
责任校对：刘丽华 李锦莉
责任印制：常天培
北京虎彩文化传播有限公司印刷
2021 年 1 月第 1 版 · 第 2 次印刷
184mm×260mm · 11 印张 · 267 千字
标准书号：ISBN 978-7-111-59000-2
定价：29.80 元

前　言

本书是在《关于全面提高高等职业教育教学质量的若干意见》（教育部2006年16号文件）《关于推进高等职业教育改革创新　引领职业教育科学发展的若干意见》（教职成［2011］12号）和《教育部关于充分发挥职业教育行业指导作用　推进职业教育改革发展的意见》（教职成［2011］6号）精神指导下，根据“机械加工工艺设计”课程在机械类专业中所承担的任务要求，依据行业主导、校企联合制定的《机械制造岗位职业标准》，参考中华人民共和国人力资源和社会保障部制定的《国家职业标准》中级数控铣工、数控车工、加工中心操作工等级标准编写的。

“机械加工工艺设计”课程是高职院校机械类专业的专业核心课程，本书将传统的课程内容——金属切削知识、刀具角度、机械制造工艺规程、机械加工工艺等内容进行项目化编写，构建“机械加工工艺设计”课程，将机械工艺的理论知识与岗位实际技能相结合，以典型零件加工为项目载体，按照项目组织教学，在项目中边实践边学习理论，有效培养学生运用机械工艺理论知识的能力，完成从识读图样、零件图分析、确定毛坯类型、编写工艺规程到制定机械加工工艺的完整学习过程。每个项目都以项目工作任务的过程为引导，突出基础知识、技术技能和能力及职业素质的培养。

本书由宜宾职业技术学院肖善华、廖璘志担任主编，王强、刘咸超、周文超、郭晟担任副主编，参加编写工作的还有毛羽、刘学航、严瑞强、王渝平、刘存平、刘勇、白绍斌。其中：项目1由肖善华、毛羽编写，项目2由刘咸超、周文超、白绍斌编写，项目3由王强、王渝平、郭晟编写，项目4和项目5由廖璘志、刘学航、严瑞强编写，项目6由肖善华、刘存平、刘勇编写。全书由袁永富审阅。

因编者水平有限，错漏之处在所难免，恳请广大读者批评指正。

编　者

目　录

前言
项目1　销轴类零件加工工艺 …… 1
1.1　零件工艺分析 …… 2
1.2　预备基础知识 …… 2
1.3　确定定位方案 …… 4
1.4　确定装夹方案 …… 7
1.5　拟定工艺路线 …… 9
1.6　设计工序内容 …… 11
1.7　考核评价小结 …… 13
拓展练习 …… 14
项目2　丝杠类零件加工工艺 …… 16
2.1　零件工艺分析 …… 17
2.2　预备基础知识 …… 18
2.3　确定定位方案 …… 27
2.4　确定装夹方案 …… 28
2.5　拟定工艺路线 …… 30
2.6　设计工序内容 …… 31
2.7　考核评价小结 …… 34
拓展练习 …… 35
项目3　盘套类零件加工工艺 …… 36
3.1　零件工艺分析 …… 37
3.2　预备基础知识 …… 38
3.3　确定装夹方案 …… 60
3.4　拟定工艺路线 …… 62
3.5　设计加工工艺过程卡 …… 62
3.6　考核评价小结 …… 62
拓展练习 …… 63
项目4　箱体类零件加工工艺 …… 65
4.1　零件工艺分析 …… 66
4.2　预备基础知识 …… 67
4.3　确定装夹方案 …… 84
4.4　拟定工艺路线及工艺过程设计 …… 86
4.5　考核评价小结 …… 87
拓展练习 …… 89
项目5　齿轮类零件加工工艺 …… 90
5.1　零件工艺分析 …… 91
5.2　预备基础知识 …… 92
5.3　齿轮加工误差及质量分析 …… 107
5.4　拟定工艺路线及工艺过程设计 …… 110
5.5　考核评价小结 …… 112
拓展练习 …… 113
项目6　曲面轴类零件数控加工工艺 …… 115
6.1　零件工艺分析 …… 116
6.2　预备基础知识 …… 116
6.3　确定定位与装夹方案 …… 129
6.4　拟定曲面轴零件工艺路线 …… 129
6.5　确定曲面轴切削用量 …… 130
6.6　编制工艺文件 …… 132
6.7　考核评价小结 …… 134
拓展练习 …… 135
附录 …… 136
附录A　机械加工工艺设计课程实习任务书 …… 136
附录B　可转位刀片及刀具 …… 157
参考文献 …… 171

项目 1　销轴类零件加工工艺

【项目概述】

定位销轴是常见的定位支承或导向零件，其零件图和三维实体图分别如图 1-1、图 1-2 所示。学生在对其进行加工工艺设计的过程中，学习销轴类零件的车削加工基础知识，进而掌握车外圆、车端面以及车退刀槽的基本方法。本项目主要介绍车削加工的相关知识，学生应掌握金属切削基本原理，切削用量的选择；掌握典型车刀切削角度及选择方法；掌握车削零件表面质量检测方法。

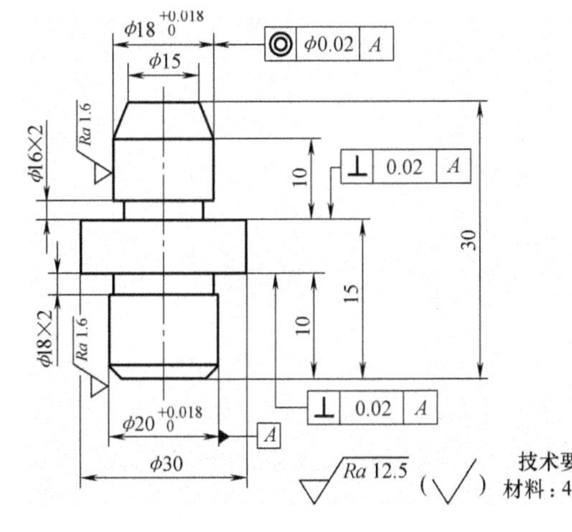

图 1-1　定位销轴零件图

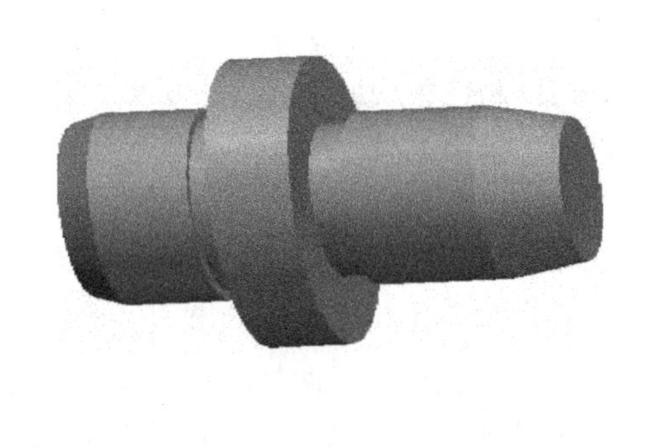

图 1-2　定位销轴三维实体图

【教学目标】

1. 能力目标

对定位销轴进行加工工艺设计，学生应能运用车削加工的相关知识，根据车工职业规范，完成定位销轴零件的车削加工，并初步具备操作车床完成零件加工的岗位能力。

2. 知识目标

1）认识碳钢的性能及用途。

2）知道金属切削加工基本规律。

3）认识切削运动与切削要素。

4）了解基准分类与定位基准。

5）了解车床、车削加工的特点，掌握销轴类零件在车床上的装夹方法。

【任务描述】

轴是组成机器的重要零件之一，轴的主要功能是支承旋转零件、传递转矩和运动。轴工作状态的好坏直接影响到整台机器的性能和质量。该定位销轴结构简单，中间设有退刀槽，两端圆柱的轴线有同轴度公差要求，轴肩两端面对下端圆柱轴线有垂直度公差要求。

本项目针对典型销轴类零件设有如下任务：

①分析定位销轴零件的加工要求及工艺性。

②分析定位销轴零件的加工方法、定位基准和装夹方法。

③合理确定定位销轴零件的加工工艺规程。

【任务实施】

1.1 零件工艺分析

如图 1-1 所示，该定位销轴零件的结构简单，由端面、外圆柱面、外圆锥面组成，零件有同轴度公差 $\phi0.02$mm 和垂直度公差 0.02mm 的要求。

1.1.1 定位销轴零件材料

由图 1-1 可知，该零件材料为 45 钢，45 钢属于普通碳素结构钢，大量用于建筑和工程结构，用以制作钢筋或建造厂房房架、桥梁、高压输电铁塔、车辆、船舶等，也大量用于制造对性能要求不太高的机械零件。

1.1.2 定位销轴零件的加工技术要求

（1）尺寸　定位销轴的外圆直径分别为 $\phi30$mm，$\phi20^{+0.018}_{0}$mm，$\phi15$mm，$\phi18^{+0.018}_{0}$mm。

（2）表面粗糙度　两外圆柱面表面粗糙度值为 $Ra1.6\mu m$，其余为 $Ra12.5\mu m$。

（3）其他技术要求：未注尺寸公差为 GB/T 1804-m。即图样上未注公差的线性尺寸均按中等级加工和检验。

1.2 预备基础知识

1.2.1 切削运动

在切削加工过程中刀具与工件的相对运动，称为切削运动。按其功用分为主运动和进给运动，如图 1-3 所示。

1. 主运动

主运动是切削运动中速度最高，消耗功率最大的运动；机床的主运动一般只有一个。各种机械加工的主运动：车削时，工件的旋转为主运动；铣削时，铣刀的旋转为主运动；刨削时，以刨刀（牛头刨削）或工件（龙门刨削）的往复直线运动为主运动；钻削时，以刀具（钻床上）或工件（车床上）的旋转运动为主运动。

2. 进给运动

进给运动是使新的切削层金属不断地投入切削，从而切出整个表面的运动。进给运动可以是一个或多个，如车削时有纵向和横向两个进给运动。

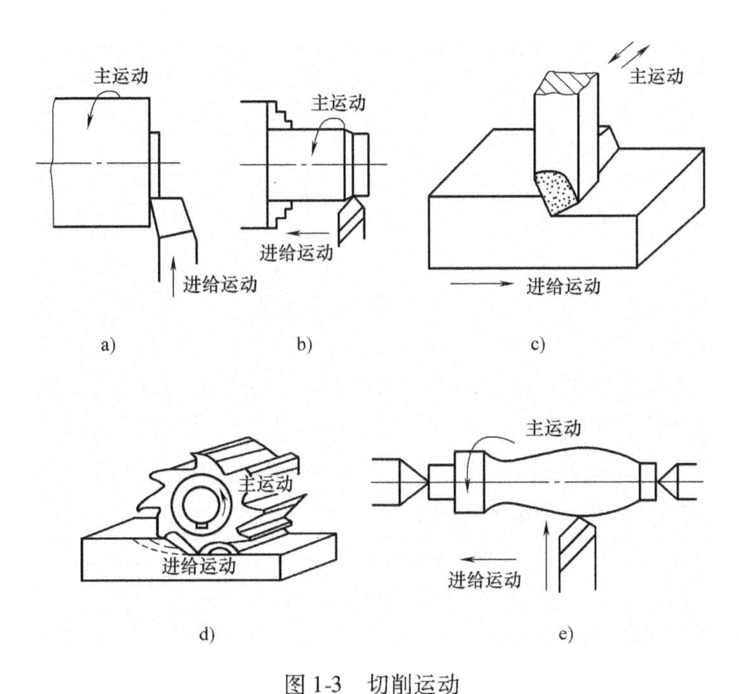

图1-3　切削运动

a）车端面　b）车外圆　c）刨平面　d）铣平面　e）车成形面

1.2.2　加工表面

在机床与刀具配合进行切削加工的过程中，会形成三个加工表面，分别是待加工表面、过渡表面、已加工表面，如图1-4所示。

（1）待加工表面　即将被切除的金属表面。

（2）过渡表面　切削刃在工件上正在形成的表面。

（3）已加工表面　切削后形成的新的金属表面。

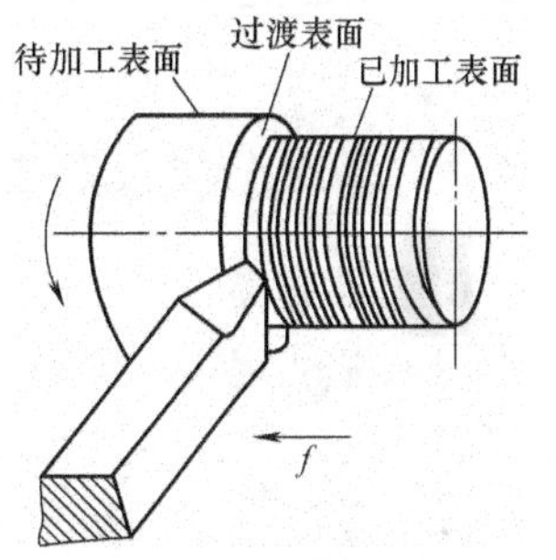

图1-4　三个加工表面

1.2.3　切削用量

切削用量包括切削用量三要素和切削层横截面要素。

1. 切削用量三要素

（1）切削速度 v_c　切削速度是刀具切削主运动的线速度，单位为m/s或m/min。

（2）进给速度 v_f 或进给量 f

1）进给速度 v_f。单位时间内刀具相对于工件沿进给方向的相对位移，单位为mm/s或mm/min。

2）进给量 f。工件或刀具每转一周，刀具相对于工件沿进给方向的相对位移，单位为mm/r。

3）切削时间 t。

$$t = L/v_f = L/nf$$

式中　L——切削长度（mm）；

n——转速（r/min）。

（3）背吃刀量 a_p（切削深度）　工件已加工表面和待加工表面之间的垂直距离，单位为mm。

外圆车削：
$$a_p = \frac{d_w - d_m}{2}$$

式中　d_w——待加工轴直径（mm）；

d_m——已加工轴直径（mm）。

钻孔：
$$a_p = \frac{d_m}{2}$$

合成切削运动：$v_e = v + v_f$（向量的关系）

2. 切削层横截面要素

切削层是指刀具与工件相对移动一个进给量时，相邻两个加工表面之间的金属层，切削层的轴向剖面称为切削层横截面。

（1）切削宽度 b_D　切削宽度是指刀具主切削刃与工件的接触长度。

切削宽度、背吃刀量与主偏角的关系为

$$\sin\kappa_r = a_p / b_D$$

（2）切削厚度 h_D　切削厚度是刀具或工件每移动一个进给量 f 时，刀具主切削刃相邻的两个位置间的垂直距离，单位为 mm

$$h_D = f\sin\kappa_r$$

（3）切削面积 A_D　即切削层横截面的面积，其计算公式为

$$A_D = a_p f = b_D h_D$$

1.3　确定定位方案

1.3.1　基准分类及定位基准

1. 基准分类

（1）基准定义　机械零件是由若干表面组成的，各表面之间都有一定的尺寸和相互位置要求。用以确定零件上点、线、面间的相互位置关系所依据的点、线、面称为基准。

（2）基准分类　基准按其作用不同，可分为设计基准和工艺基准两大类。设计图样上所采用的基准称为设计基准。在机械制造工艺中采用的基准称为工艺基准。工艺基准按用途不同，分为定位基准、工序基准、测量基准和装配基准。

1）定位基准。加工时使工件在机床或夹具中占据正确位置所用的基准。

2）工序基准。加工某道工序时选用的基准。

3）测量基准。零件检验时，用以测量已加工表面尺寸及位置的基准。

4）装配基准。装配时用以确定零件在部件或产品中位置的基准。

2. 定位基准

选择工件的定位基准，实际上就是确定工件的定位基面。根据选定的基面加工与否，又将定位基准分为粗基准和精基准，以及辅助基准。在起始工序中，只能选择未经加工的毛坯表面作为定位基准，这种基准称为粗基准。用加工过的表面作为定位基准，则称为精基准。零件设计图中不要求加工的表面，有时为了满足装夹工件的需要而专门将其加工作为定位用，或者为了准确定位，加工时提高零件设计精度的表面，这种表面不是零件上的工作表

面，只是由于加工工艺需要而加工的基准面，称为辅助基准。例如，加工图1-5所示零件中的A面时，为了保证加工精度，除了使用中心孔定位，还要设置加工工艺凸台B，该工艺凸台就是专门设计的辅助基准，在零件加工完成后切除。

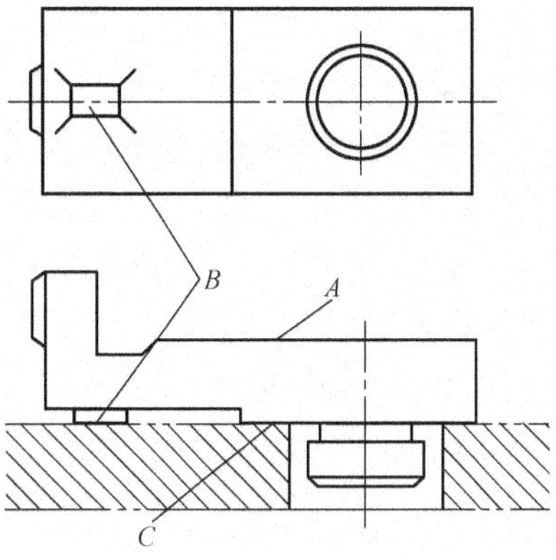

图1-5　工艺凸台

在制定工艺规程时，首先选择出粗基准面，采用粗基准定位，加工出精基准表面；然后采用精基准定位，加工零件的其他表面。

（1）粗基准选择原则　粗基准选择的要求是应能保证加工面与不加工面之间的位置要求和合理分配各加工面的加工余量，同时要为后续工序提供精基准。具体可按下列原则选择：

1）不加工表面原则。为了保证加工面与不加工面之间的位置要求，应选不加工面为粗基准。如图1-6所示的叉架零件，叉架上有多个不加工表面，为了保证加工面ϕ20H8mm孔的中心线与不加工面ϕ40mm外圆中心线之间的同轴度，加工ϕ20H8mm孔时应选ϕ40mm外圆为粗基准。

2）加工余量最小原则。选择毛坯加工余量最小的表面作为粗基准，以保证各加工表面都有足够的加工余量，不至于造成废品。如图1-7所示，加工铸造的轴套零件，轴套外圆柱表面的加工余量较小，而轴套内孔的加工余量较大，应该以轴套外圆柱表面作为粗基准来加工轴套内孔。

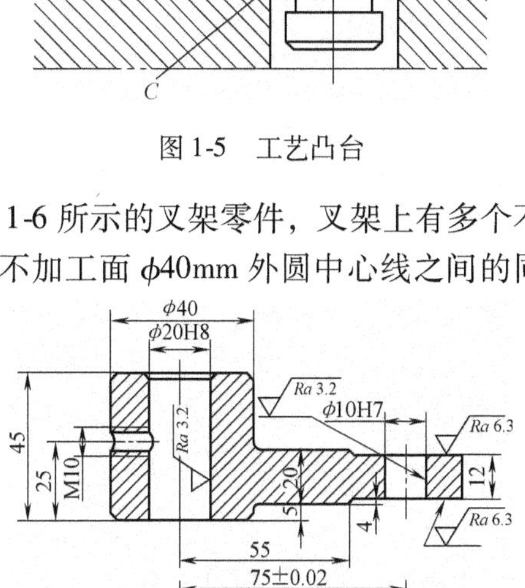

图1-6　叉架粗基准

3）保证重要表面的加工余量均匀的原则。为保证加工零件上重要表面的加工余量均匀，应该选择该表面为粗基准。例如，机床的床身加工，床身上的导轨面是重要表面，要求导轨面的加工余量均匀。若精磨导轨时，先以床脚平面作为粗基准定位，磨削导轨面，如图1-8a所示，导轨表面上的加工余量不均匀，切除的加工余量较多，会露出较疏松的、不耐磨的金属层，达不到导轨要求的精度和耐磨性。如果选择导轨面为粗基准定位，先加工床脚底面，然后以床脚底面定位加工导轨面，如图1-8b所示，这样就可以保证导轨面加工余量均匀。

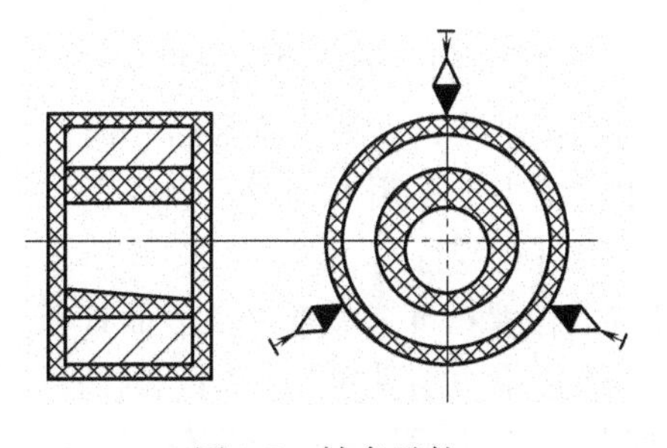
图1-7　轴套零件

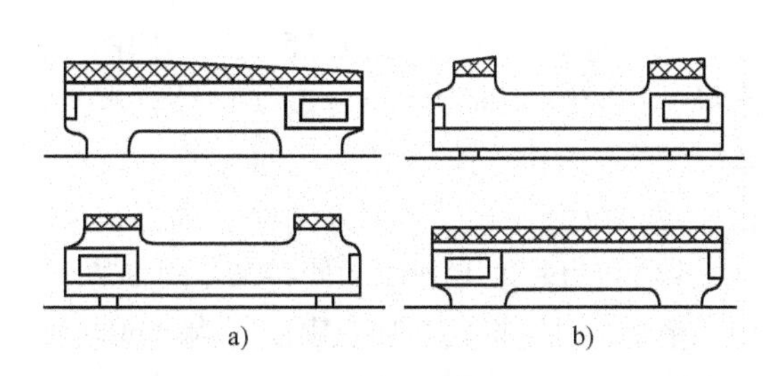

图1-8　导轨加工余量

4）平整光洁表面原则。应尽量选择平整光滑，没有飞边、冒口、浇口或其他缺陷的表面为粗基准，以便使工件定位准确、夹紧可靠。

5）不重复使用原则。粗基准未经加工，表面比较粗糙且精度低，二次安装时，其在机床上或夹具中的实际位置与第一次安装时不重合，从而产生定位误差，导致相应加工表面出现较大的位置误差。在同一尺寸方向上粗基准只准使用一次。因为粗基准是毛坯表面，定位误差大，两次以上使用同一粗基准装夹，加工出的各表面之间会有较大的位置误差。如图1-9所示，在零件加工中，如第一次用不加工面ϕ30mm定位，分别加工ϕ18H7mm孔和端面；第二次仍用不加工面ϕ30mm定位，钻4×ϕ8mm孔，则会使ϕ18H7mm孔的轴线与4×ϕ8mm孔位置即ϕ46mm的中心线之间产生较大的同轴度误差，有时可达2~3mm。因此，这样的定位方案是错误的。正确的定位方法是以精基准ϕ18H7mm孔和端面定位，钻4×ϕ8mm孔。

（2）精基准选择原则

1）基准重合原则。直接选择加工表面的设计基准为定位基准，称为基准重合原则。采用基准重合原则可以避免由定位基准与设计基准不重合而引起的定位误差。如图1-10所示，设计基准为A基准面，加工C平面及B平面时，选择的精基准为A基准面，从而保证设计基准和加工定位基准重合，减少加工误差。

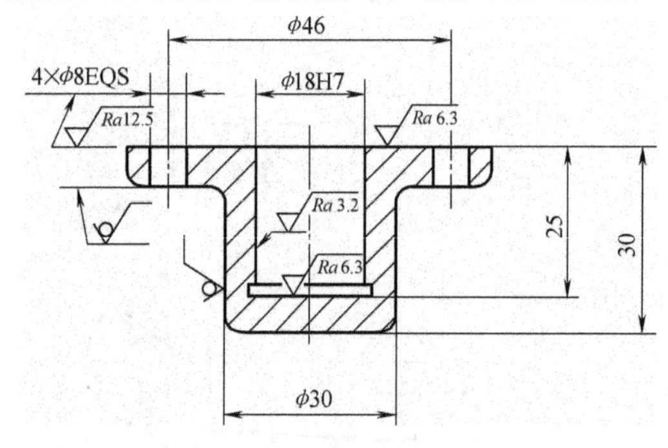

图1-9　不重复使用粗基准

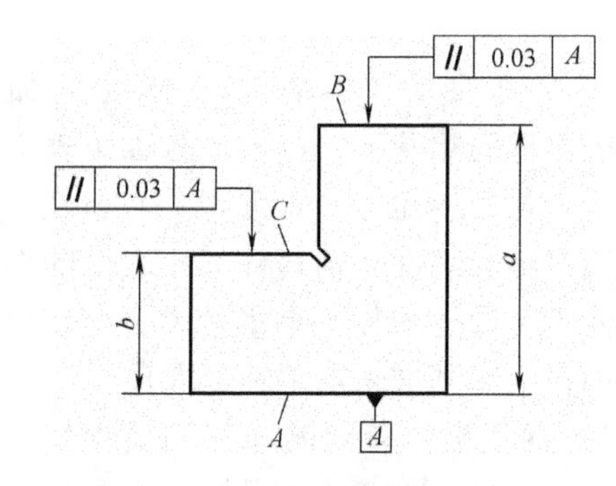

图1-10　基准重合

2）基准统一原则。同一零件的多道工序尽可能选择同一个定位基准，称为基准统一原则。这样既可保证各加工表面间的相互位置精度，避免或减少因基准转换而引起的误差，又简化了夹具的设计与制造工作，降低了成本，缩短了生产准备周期。箱体零件采用一面两孔定位，齿轮的齿坯和齿形加工多采用齿轮的内孔及一端面为定位基准，均属于基准统一原则。

3）自为基准原则。精加工或光整加工工序要求加工余量小而均匀，选择加工表面本身作为定位基准，称为自为基准原则。如图1-11所示，车床导轨表面的磨削用可调支承定位床身，在导轨磨床上用百分表找正导轨本身表面作为定位基准，然后磨削导轨表面，保证精磨导轨面的余量均匀且加工余量较小。精磨削孔加工过程中，采用浮动镗刀镗内孔、珩磨内孔、拉刀拉内孔、无心磨外圆等，也都是采用自为基准进行定位。

4）互为基准原则。为使各加工表面之间具有较高的位置精度，或使加工表面具有均匀的加工余量，可采取两个加工表面互为基准反复加工的方法，称为互为基准原则。例如，加工精密齿轮中的磨齿工序，先以齿面为基准定位磨孔，如图1-12所示，然后以齿轮内孔定位，磨齿轮面，使齿轮面加工余量均匀，从而保证齿面与内孔之间具有较高的相互位置精度。

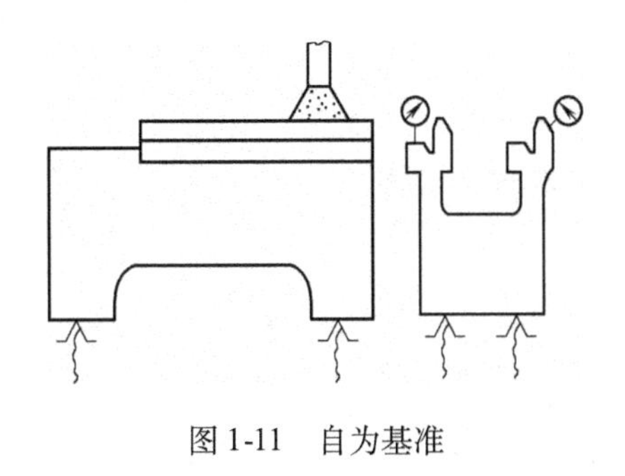

图1-11　自为基准

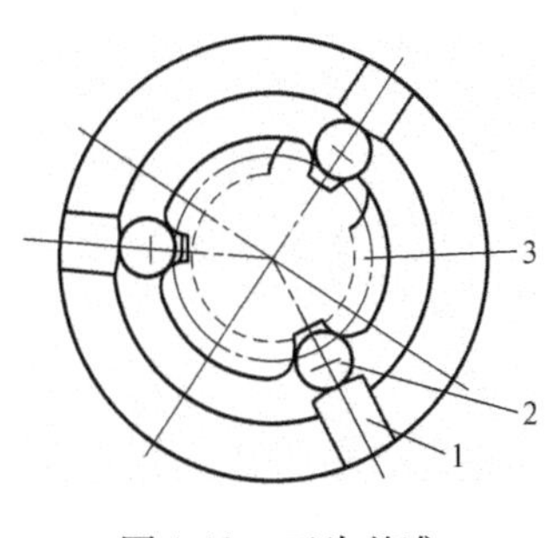

图1-12　互为基准
1—推动销　2—钢球　3—齿轮

5）便于装夹原则。所选精基准应能保证工件定位准确稳定，装夹方便可靠，夹具结构简单适用，操作方便灵活。同时，定位基准应有足够大的接触面积，以承受较大的切削力。

1.3.2　定位销轴的定位基准确定

定位销轴选择 ϕ20mm 外圆表面为定位粗、精加工基准，使设计基准与定位基准重合，减小定位误差。

1.4　确定装夹方案

1.4.1　销轴类零件的装夹方式

1. 销轴类零件常用夹具

（1）自定心卡盘装夹　自定心卡盘的结构如图1-13所示，自定心卡盘由卡盘体、活动卡爪和卡爪驱动机构组成。自定心卡盘上三个卡爪导向部分的下面，有螺纹与大锥齿轮背面的平面螺纹相啮合，当用扳手通过方孔转动小锥齿轮时，大锥齿轮转动，背面的平面螺纹同时带动三个卡爪向中心靠近或退出，实现自动定心和夹紧。在三个卡爪上换上三个反爪，可用来安装直径较大的工件。自定心卡盘的自行对中精度为0.05~0.15mm。用自定心卡盘加工工件的精度受到卡盘制造精度和使用后磨损情况的影响。自定心卡盘按驱动卡爪所用动力不同，分为手动自定心卡盘和动力自定心卡盘两种。销轴类零件，夹紧端中心与自定心卡盘同轴度较好，但是远端因受重力等作用会产生下垂，远端同轴度很差，需要找正；盘类零件，虽然靠近三爪夹紧端，同轴度较高，但是会产生较大的轴向圆跳动误差，需要找正。自定心卡盘装夹工件方便，省时，但夹紧力较小，所以适用于装夹外形较规则的中小型零件，如圆柱形、正三角形、正六边形工件等。自定心卡盘规格有：150mm、200mm、250mm。

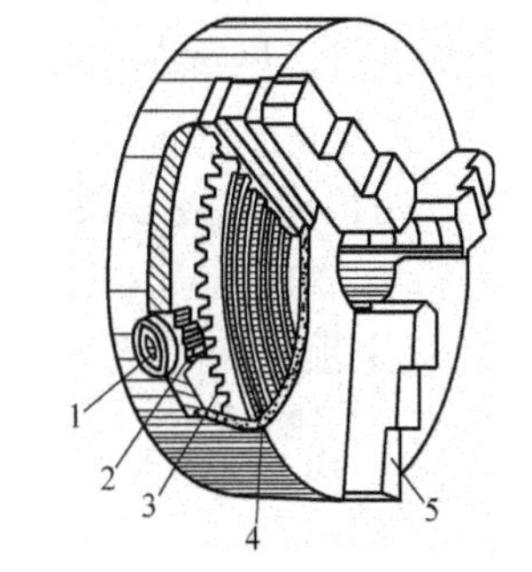

图1-13　自定心卡盘
1—方孔　2—小锥齿轮　3—大锥齿轮
4—平面螺纹　5—卡爪

（2）单动卡盘装夹　单动卡盘如图1-14所示。单动卡盘是由一个盘体，四个丝杠，一副卡爪组成的。工作时是用四个丝杠分别带动四爪，因此常见的单动卡盘没有自动定心的作用。但可以通过调整四爪位置，装夹各种矩形的、不规则的工件，每个卡爪都可单独运动。四爪卡盘的四个卡爪各自独立运动，因此工件安装后必须将工件的旋转中心线校正到与车床主轴的旋转中心线重合，才能车削。单动卡盘校正工件比较麻烦，但夹紧力较大，所以适用于安装大型或形状不规则的工件。

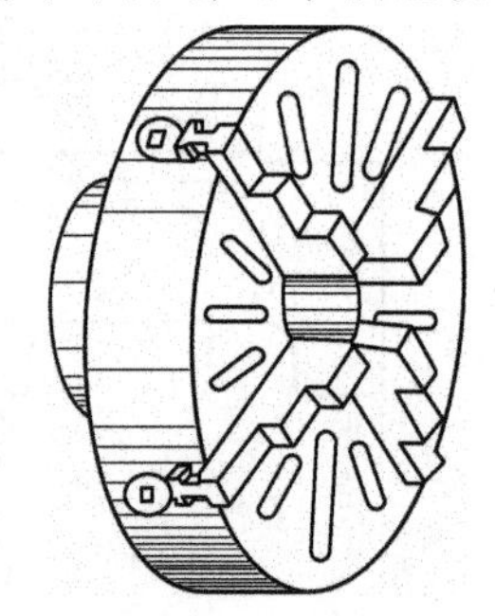

图 1-14　单动卡盘

（3）一夹一顶装夹　对于工件伸出长度较长，质量较重，端部刚度较差的工件，可采用一夹一顶装夹进行加工。利用自定心或单动卡盘夹住工件一端，另一端用后顶尖顶住，形成一夹一顶装夹结构，如图 1-15 所示。一夹一顶车削，最好用轴向限位支承或工件的定位台阶作限位，否则在轴向切削力的作用下，工件容易产生轴向位移。如果不采用轴向限位支承，加工者必须随时要注意后顶尖的支顶紧、松情况，并及时进行调整，以防发生事故。两个或两个以上支承点重复限制同一个自由度，称为过定位。用一夹一顶方式装夹工件，当卡盘夹持部分较长时，卡盘限制了四个自由度$\vec{y}$、$\vec{z}$、$\overset{\curvearrowright}{y}$、$\overset{\curvearrowright}{z}$，后顶尖限制了两个自由度$\overset{\curvearrowright}{y}$、$\vec{z}$，重复限制了两个自由度$\overset{\curvearrowright}{y}$、$\vec{z}$。为了消除过定位，卡盘夹持部位应较短，只限制两个自由度$\vec{y}$、$\vec{z}$，后顶尖限制两个自由度$\overset{\curvearrowright}{y}$、$\overset{\curvearrowright}{z}$，是不完全定位。利用一夹一顶装夹加工零件时，装夹比较安全、可靠，能承受较大的轴向切削力；安装刚度好，轴向定位准确；增强较长工件端部的刚度，有利于提高加工精度和表面质量；卡盘卡爪和顶尖重复限制工件的自由度，影响工件的加工精度；尾座中心线与主轴中心线产生偏移，车削时轴向容易产生锥度；较长的轴类零件，中间刚度较差，需增加中心架或跟刀架，对操作者技能水平有较高的要求，工件的装夹长度要尽量短；要进行尾座偏移量的调整。一夹一顶装夹是车削轴类零件最常用的方法。

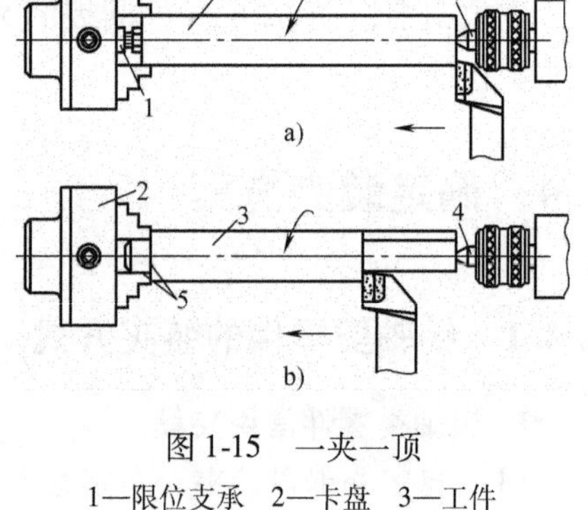

图 1-15　一夹一顶
1—限位支承　2—卡盘　3—工件
4—顶尖　5—定位台阶

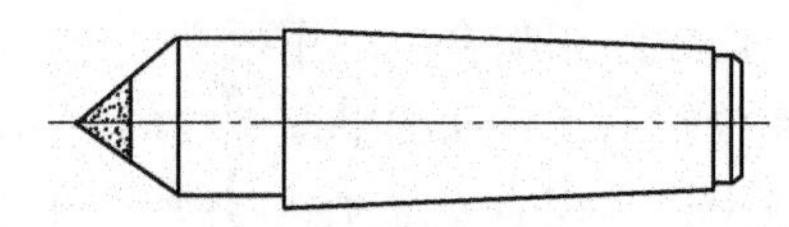

图 1-16　固定顶尖

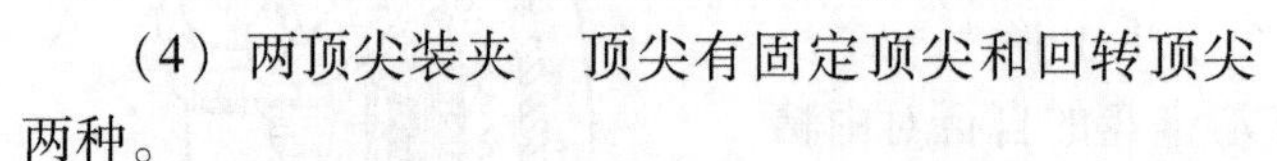

（4）两顶尖装夹　顶尖有固定顶尖和回转顶尖两种。

1）固定顶尖（见图 1-16）。固定顶尖刚度好，定心准确，但与工件中心孔之间会产生滑动摩擦，发热量较大，容易将中心孔或顶尖烧坏。因此固定顶尖只适用于低速加工精度要求较高的工件。

2）回转顶尖（见图 1-17）。回转顶尖将工件与中心孔的滑动摩擦改为顶尖内部轴承的滚动摩擦，能在很高的转速下正常工作，克服了固定顶尖的缺点，因此应用日益广泛。但回转顶尖存在一定的装配积累误差，以及当滚动轴承磨损后，会使顶尖产生径向摆动，从而降低了加工精度。优点是能在很高的转速下正常工作。缺点是加工精度较低。因此适用于高速加工精度要求较低的工件。

用两顶尖装夹（见图 1-18）的优点是两顶尖装夹工件方便，不需找正，装夹精度高。缺点是用两顶尖装夹工件，必须先在工件端面钻出中心孔，夹紧力较小。适用于几何公差要求较高的工件和大批量生产。

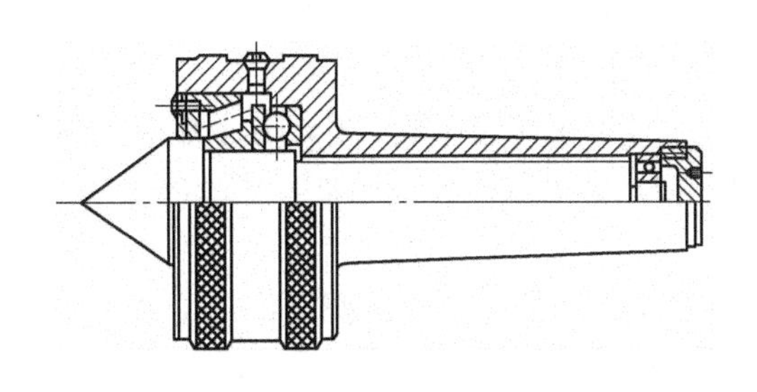

图1-17　回转顶尖

图1-18　两顶尖装夹
1—前顶尖　2—工件　3—后顶尖

2. 销轴类零件的装夹方式

1）一次装夹。

2）以外圆为定位基准。

3）以内孔为定位基准。

1.4.2　定位销轴装夹方案的确定

定位销轴选用自定心卡盘分两次装夹，第一次夹住毛坯右端外圆柱面，粗精车左端面及外圆柱面；第二次装夹时，用纯铜或开口轴套夹住已加工的外圆柱面，加工另一端的端面及外圆柱面。

1.5　拟定工艺路线

1.5.1　销轴类零件的加工方法

1. 加工方法

销轴类零件和盘类零件的加工方式大部分都是车削及磨削，而套类零件一般都用镗削。根据车削类回转零件的特点，其车削方法一般分为粗车、精车和精细车。

（1）粗车　车削加工是外圆粗加工最经济有效的方法。由于粗车的目的主要是迅速地从毛坯上切除多余的金属，因此，提高生产率是其主要任务。

粗车通常采用尽可能大的背吃刀量和进给量来提高生产率。而为了提高刀具使用寿命，切削速度通常较低。粗车时，车刀应选取较大的主偏角，以减小背向力，防止工件的弯曲变形和振动；选取较小的前角、后角和负值的刃倾角，以增强车刀切削部分的强度。粗车所能达到的公差等级为IT11～IT12级，表面粗糙度值为$Ra12.5 \sim Ra50\mu m$。

（2）精车　精车的主要任务是保证零件所要求的加工精度和表面质量。精车外圆表面一般采用较小的背吃刀量与进给量和较高的切削速度。在加工大型轴类零件外圆时，则常采用宽刃车刀低速精车。精车时车刀应选用较大的前角、后角和正值的刃倾角，以提高加工表面质量。精车可作为较高精度外圆的最终加工或作为精细加工的预加工。精车的公差等级可达IT6～IT8级，表面粗糙度值可达$Ra0.8 \sim Ra1.6\mu m$。

（3）精细车　精细车的特点是：背吃刀量和进给量取值极小，切削速度高达150～200m/min。精细车一般采用立方氮化硼（CBN）、金刚石等超硬材料刀具进行加工，所用机床也必须是主轴能做高速回转，并具有很高刚度的高精度或精密机床。精细车的加工精度及表面粗糙度与普通外圆磨削大体相当，公差等级可达 IT6 级以上，表面粗糙度值可达 $Ra0.05 \sim Ra0.4\mu m$。多用于磨削加工性不好的非铁金属工件的精密加工，对于容易堵塞砂轮气孔的铝及铝合金等工件，精细车更为有效。在加工大型精密外圆表面时，精细车可以代替磨削加工。

2. 提高外圆表面车削生产率的途径

车削是销轴类、套类和盘类零件外圆表面加工的主要工序，也是这些零件加工耗费工时最多的工序。提高外圆表面车削生产率的途径主要有：

（1）采用高速切削　高速切削是通过提高切削速度来提高加工生产率的。切削速度的提高除要求车床具有高转速外，还主要受刀具材料的限制。

（2）采用强力切削　强力切削是通过增大切削面积来提高生产率的。其特点是对车刀切削刃进行改革，在刀尖处磨出一段副偏角为0，长度取为 $1.2f \sim 1.5f$ 的修光刃，在进给量提高几倍甚至十几倍的条件下进行切削时，加工表面粗糙度值仍能达到 $Ra2.5 \sim Ra5\mu m$。强力切削比高速切削的生产率更高，适用于刚度比较好的轴类零件的粗加工。采用强力切削时，车床加工系统必须具有足够的刚度及功率。

（3）采用多刀加工方法　多刀加工是通过减少刀架行程长度提高生产率的。

1.5.2 销轴类零件的加工工艺路线

1. 基本加工路线

外圆加工的方法很多，基本加工路线可归纳为四条。

（1）粗车—半精车—精车　对于一般常用材料，这是外圆表面加工采用的最主要的工艺路线。

（2）粗车—半精车—粗磨—精磨　对于钢铁材料，精度要求高，表面粗糙度值要求较小，零件需要淬硬时，其后续工序只能用磨削而采用的加工路线。

（3）粗车—半精车—精车—金刚石车　对于非铁金属，用磨削加工通常不易得到所要求的表面粗糙度值，因为非铁金属一般比较软，容易堵塞砂轮磨粒间的空隙，因此其最终工序多采用精车和金刚石车。

（4）粗车—半精—粗磨—精磨—光整加工　对于钢铁材料的淬硬零件，精度要求高，表面粗糙度值要求很小时，常用此加工路线。

2. 典型加工工艺路线

销轴类零件的主要加工表面是外圆表面，也有常见的特形表面，因此需要针对各种公差等级和表面粗糙度要求，按经济精度选择加工方法。

对于普通精度的销轴类零件，其典型的加工工艺路线如下：

毛坯及其热处理—预加工—车削外圆—铣键槽（花键槽、沟槽）—热处理—磨削—终检。

3. 预加工

销轴类零件的预加工是指加工的准备工序，即车削外圆之前的工序。

毛坯在制造、运输和保管过程中，常会发生弯曲变形，为保证加工余量的均匀及装夹可靠，需要在冷态下在各种压力机或校直机上进行校直。

4. 定位基准和装夹

（1）以工件的中心孔定位　在销轴类零件的加工中，零件各外圆表面、锥孔、螺纹表面间的同轴度，端面对旋转轴线的垂直度是其相互位置精度的主要项目，这些表面的设计基准一般都是轴的轴线，若用两中心孔定位，符合基准重合的原则。中心孔不仅是车削时的定位基准，也是其他加工工序的定位基准和检验基准，又符合基准统一原则。当采用两中心孔定位时，还能够最大限度地在一次装夹中加工出多个外圆和端面。

（2）以外圆和中心孔作为定位基准（一夹一顶）　用两中心孔定位虽然定心精度高，但刚度差，尤其是加工较重的工件时不够稳固，切削用量也不能太大。粗加工时，为了提高零件的刚度，可采用轴的外圆表面和一中心孔作为定位基准来加工。这种定位方法能承受较大的切削力矩，是轴类零件最常见的一种定位方法。

（3）以两外圆表面作为定位基准　在加工空心轴的内孔时（例如，机床上莫氏锥度的内孔加工），不能采用中心孔作为定位基准，可用轴的两外圆表面作为定位基准。当工件是机床主轴时，常以两支承轴颈（装配基准）为定位基准，可保证锥孔相对支承轴颈的同轴度要求，消除基准不重合而引起的误差。

（4）以带有中心孔的锥堵作为定位基准　在加工空心轴的外圆表面时，往往还采用带中心孔的锥堵或锥套心轴作为定位基准，如图 1-19 所示。

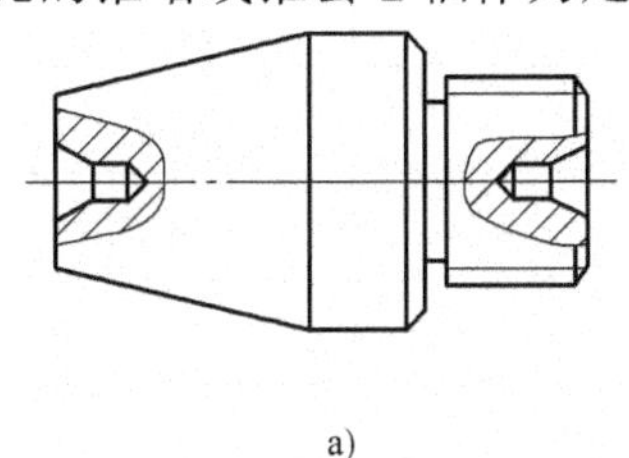

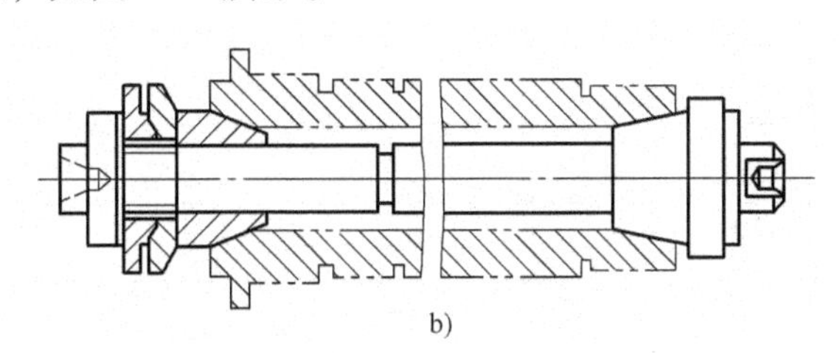

图 1-19　锥堵和锥套心轴

a）锥堵　b）锥套心轴

锥堵或锥套心轴应具有较高的精度，锥堵和锥套心轴上的中心孔即是其本身制造的定位基准，又是空心轴外圆精加工的基准。因此必须保证锥堵或锥套心轴上锥面与中心孔有较高的同轴度。在装夹中应尽量减少锥堵的安装次数，减少重复安装误差。实际生产中，锥堵安装后一般不得拆下和更换，直至加工完毕。

1.5.3　定位销轴零件工艺路线的拟定

第一次装夹：夹住左端毛坯外圆柱面—粗、精车右端面—粗、精车锥台—粗车 ϕ18mm 外圆—粗车 ϕ30mm 外圆—精车锥台—精车 ϕ18mm 外圆—精车 ϕ30mm 外圆。

调头装夹：粗、精车左端面，保证总长—倒角—粗车 ϕ20mm 外圆—精车 ϕ20mm 外圆—切槽（两处）—去毛刺。

1.6　设计工序内容

1.6.1　定位销轴零件刀具卡

根据定位销轴零件的特点，选择其加工刀具，填写刀具卡，见表 1-1。

表 1-1 定位销轴零件刀具卡

(工序号)		工序刀具清单		共 1 页第 1 页				
序号	刀具名称	刀具规格				备注(长度要求)		
		型号	刀号	刀片规格标记	刀尖圆弧半径 r_{ε}/mm			
1	95°外圆粗车刀	MCLNL2020K09	T01	CNMG090308-UM	0.8			
2	93°外圆精车刀	SVJCL1616K16-S	T02	VCMT160404-UM	0.4			
3	切槽刀	QA1616R04	T03	Q04				
				设计	校对	审核	标准化	会签
处数	标记	更改文件号						

1.6.2 定位销轴零件的工艺过程卡

根据定位销轴的加工工艺，填写工艺过程卡，如表 1-2。

表 1-2 定位销轴的工艺过程卡

材料	45 钢	毛坯种类	棒料	毛坯尺寸	ϕ35mm×65mm	加工设备	
序号	工序名称	工作内容					
1	备料	ϕ35mm×65mm				锯床	
2	热处理	正火				热处理车间	
3	车工	粗、精车右端面—粗、精车锥台—粗、精车 ϕ18mm、ϕ30mm 外圆				$C_2$6136HK	
4	车工	调头装夹，粗、精车左端面，保证总长—倒角—粗、精车 ϕ20mm 外圆				$C_2$6136HK	
5	车工	切槽				$C_2$6136HK	
6	钳工	去毛刺				手工	
7	检验	按图样要求检验				检验台	
编制		审核		批准		共 页	第 页

1.6.3 填写定位销轴零件机械加工工序卡

根据定位销轴零件的机械加工工序，填写工序卡，见表 1-3。

表 1-3　定位销轴零件的机械加工工序卡

全工序	机械加工工序卡片	产品型号	
		产品名称	定位销轴

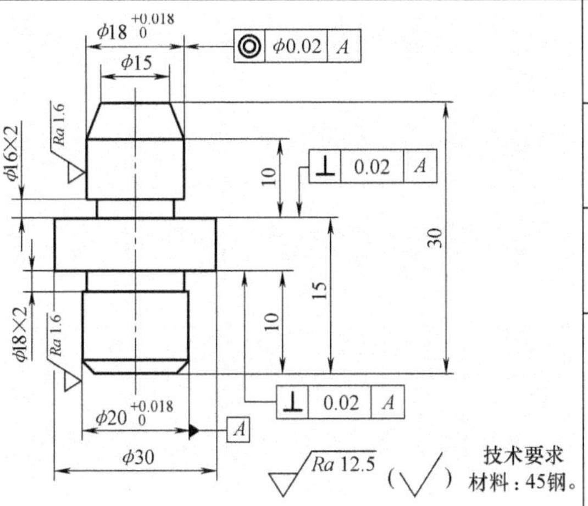

（零件图）技术要求 材料：45钢。	设备	夹具	量具
	$C_26136HK$	自定心卡盘	千分尺 游标卡尺
	程序号	工序工时/min	
		准终工时/min	单件工时/min

工步号	工步内容	切削参数				冷却方式	刀号
		v_c/(m/s)	n/(r/min)	a_p/mm	v_f/(mm/min)		
5	检查毛坯尺寸						
10	夹毛坯任一端，车右端面	100	800	1	120	水冷	T01
15	粗车锥台及外圆 $\phi18^{+0.018}_{0}$mm，ϕ30mm 单边留精加工余量 0.1mm	180	1000	2	200	水冷	T01
20	精车锥台及外圆 $\phi18^{+0.018}_{0}$mm，ϕ30mm 至图样要求尺寸	200	1500	0.1	150	水冷	T02
25	切槽 ϕ16mm×2mm	80	300	2	50	水冷	T03
30	调头装夹另一端，外圆找正，车左端面，保证总长 30mm	180	800	1	200	水冷	T01
35	粗车锥台及外圆 $\phi20^{+0.018}_{0}$mm，单边留加工余量 0.1mm	180	1000	1	150	水冷	T01
40	精车锥台及外圆 $\phi20^{+0.018}_{0}$mm 至图样要求尺寸	200	1500	0.1	200	水冷	T02
45	切槽 ϕ18mm×2mm	80	300	2	50	水冷	T03
50	去毛刺，检验，入库						
			设计	校对	审核	标准化	会签
标记	处数	更改文件号					

1.7　考核评价小结

1. 形成性考核评价（30%）

定位销轴零件形成性考核评价由教师根据考勤、学生课堂表现等进行考核评价。其评价表见表 1-4。

表 1-4　定位销轴零件形成性考核评价表

小　组	成　员	考　勤	课堂表现	汇报人	补充发言 自由发言
1					
2					
3					

2. 工艺设计考核评价（70%）

定位销轴零件工艺设计考核评价由学生自评、小组内互评、教师评价三部分组成，其评价表见表 1-5。

表 1-5　定位销轴零件工艺设计考核评价表

项 目 名 称							
	评价项目	扣分标准	配分	自评 （15%）	互评 （20%）	教评 （65%）	得分
1	定位基准的选择	不合理，扣 5 ~ 10 分	10				
2	确定装夹方案	不合理，扣 5 分	5				
3	拟定工艺路线	不合理，扣 10 ~ 20 分	20				
4	确定加工余量	不合理，扣 5 ~ 10 分	10				
5	确定工序尺寸	不合理，扣 5 ~ 10 分	10				
6	确定切削用量	不合理，扣 1 ~ 10 分	10				
7	机床夹具的选择	不合理，扣 5 分	5				
8	刀具的确定	不合理，扣 5 分	5				
9	工序图的绘制	不合理，扣 5 ~ 10 分	10				
10	工艺文件内容	不合理，扣 5 ~ 15 分	15				
互评小组：				指导教师：		项目得分：	
备注				合计：			

拓展练习

完成图 1-20 所示输出轴零件的加工工艺编制。

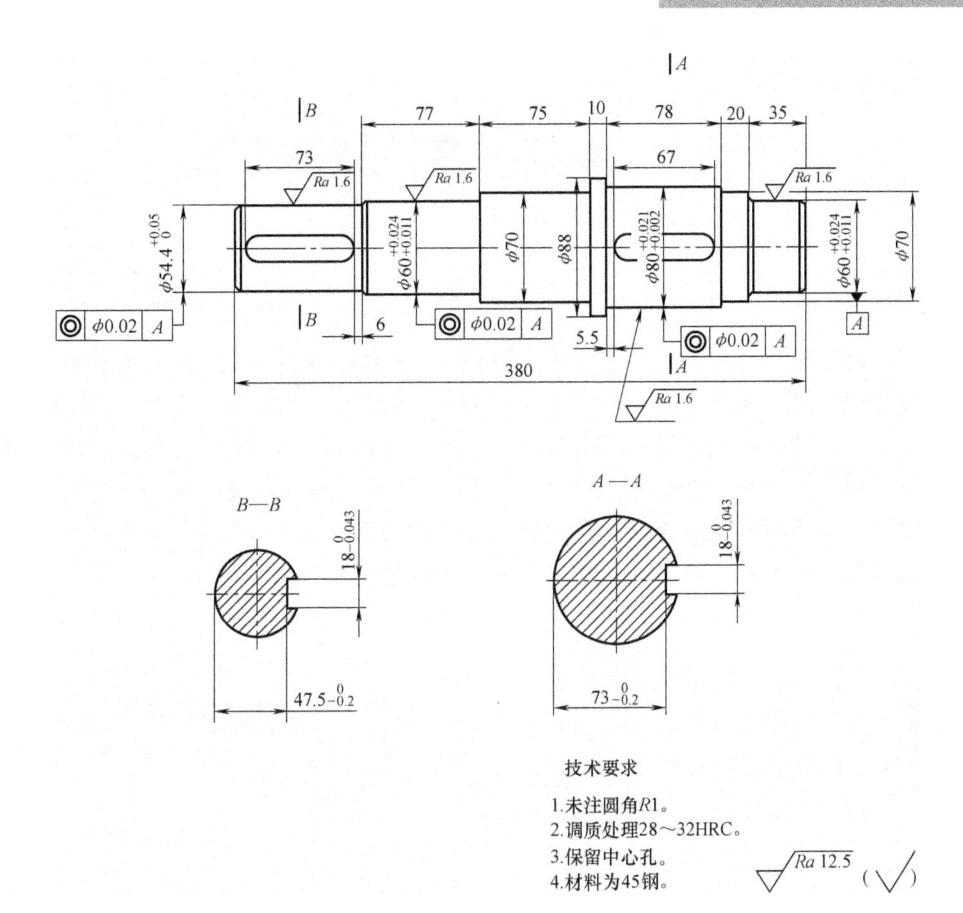
B—B
A—A
380
Ra 1.6
Ra 12.5
技术要求
1.未注圆角R1。
2.调质处理28～32HRC。
3.保留中心孔。
4.材料为45钢。

图1-20　输出轴零件图

项目2　丝杠类零件加工工艺

【项目概述】

丝杠是一种精度很高的零件，如图2-1所示。它能精确地确定工作台坐标位置，将旋转运动转换成直线运动，而且还要传递一定的动力，所以在精度、强度及耐磨性等方面都有很高的要求。所以，丝杠的加工从毛坯到成品的每道工序都要周密考虑，以提高其加工精度。学生在对其进行加工工艺设计的过程中，学习丝杠类零件的车削加工基础，进而掌握车外径、车螺纹以及车键槽的基本方法。本项目主要介绍典型丝杠零件的加工，学生应掌握金属切削刀具基础知识；掌握切削运动与切削要素；掌握车削刀具及材料。

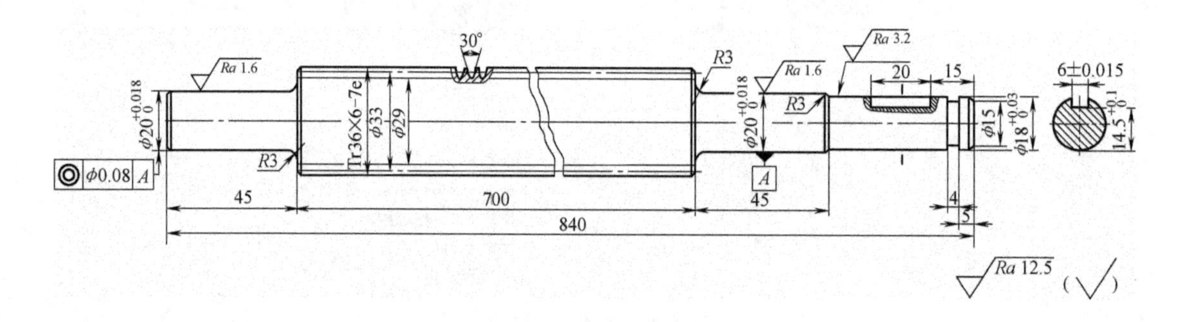

图2-1　丝杠零件图

【教学目标】

1. 能力目标

对丝杠零件进行加工工艺设计，学生应能运用车削加工的相关知识，根据车工职业规范，完成丝杠零件的车削加工，并初步具备操作车床完成零件加工的岗位能力。

2. 知识目标

1）了解刀具切削部分的几何参数。

2）掌握金属切削基本理论。

3）了解刀具分类、刀具材料。

4）了解刀具发展。

5）了解金属切削加工基本过程。

【任务描述】

机床丝杠按其摩擦特性可分为三类：滑动丝杠、滚动丝杠及静压丝杠。由于滑动丝杠结构简单，制造方便，所以在机床上应用比较广泛。滑动丝杠的牙型多为梯形。这种牙型与三角形牙型相比，具有传动性能好、精度高、加工方便等优点。滚动丝杠又分为滚珠丝杠和滚柱丝杠两大类。滚珠丝杠与滚柱丝杠相比，摩擦力小，传动效率高，精度也高，因而比较常用，但是其制造工艺比较复杂。静压丝杠有许多优点，常被用于精密机床和数控机床的进给机构中。其牙型与标准梯形螺纹牙型相同。但牙型高比同规格标准螺纹大1.5～2倍，目的在于获得较好的油封效果及提高承载能力。缺点是调整比较麻烦，而且需要一套液压系统，工艺复杂，成本较高。

丝杠是细而长的柔性轴，它的长径比往往很大，一般为20～50，刚度很差。加上其结构形状比较复杂，既有要求很高的螺纹表面，又有阶梯及沟槽，因此，在加工过程中，很容易产生变形。这是丝杠加工中影响精度的一个主要矛盾。本项目将针对典型丝杠类零件完成如下任务：

①分析丝杠类零件的加工要求及工艺性。②分析丝杠类零件的加工方法、定位基准和装夹方法。

③了解金属切削加工基本过程。

【任务实施】

2.1　零件工艺分析

2.1.1　丝杠结构的工艺特点

如图2-1所示的丝杠，其长径比约为25，刚度较差。它的结构形状复杂，不仅有很高的螺纹表面要求，而且还有阶梯、沟槽等，所以，这种丝杠在加工过程中极易出现变形，直线度误差、圆柱度误差等加工误差容易超差，不易达到图样上的公差等级和表面质量等技术要求。

2.1.2　丝杠的精度等级

该丝杠属于中等精度长丝杠，尺寸精度、形状位置精度和表面粗糙度均要求不高，因此丝杠各部分尺寸及梯形螺纹均可在普通设备上加工完成，当批量较小时，可用精车代替磨削工序，但应保证两支承轴颈轴线之间的同轴度。

2.1.3　丝杠材料的选择

丝杠材料的选择是保证丝杠质量的关键，一般要求是：

1）具有优良的加工性能，磨削时不易产生裂纹，能得到较低的表面粗糙度值和较小的表面残余应力，对刀具磨损较小。

2）抗拉强度一般不低于588MPa。

3）有良好的热处理工艺性，淬透性好，不易淬裂，组织均匀，热处理变形小，能获得较高的硬度，从而保证丝杠的耐磨性和尺寸的稳定性。

4）材料硬度均匀，金相组织符合标准。常用的材料有：不淬硬丝杠常选用T10A、T12A及45钢等；淬硬丝杠常选用9Mn2V、CrWMn等。其中9Mn2V有较好的工艺性和稳定性，但淬透性差，常用于直径≤50mm的精密丝杠；CrWMn钢的优点是热处理后变形小，适用于制作高精度零件，但容易开裂，磨削工艺性差。丝杠的硬度越高越耐磨，但制造时不易磨削。

综合考虑，该丝杠材料选用45钢。45钢是丝杠类零件的常用材料，价格便宜，经过调质处理后，硬度在20～30HRC之间，可得到较好的切削性能，而且能获得较高的强度和韧性等综合力学性能，淬火后表面硬度可达45～52HRC。

2.2 预备基础知识

2.2.1 刀具的基本概念

刀具是机械制造中用于切削加工的工具，又称为切削工具。广义的切削工具不仅包括刀具，还包括磨具。

绝大多数的刀具是机用的，但也有手用的。由于机械制造中使用的刀具基本上都用于切削金属材料，所以“刀具”一词一般就理解为金属切削刀具。切削木材用的刀具则称为木工刀具。

2.2.2 刀具的发展

刀具在人类的历史上占有重要的地位。我国早在公元前20世纪，就已出现黄铜锥和纯铜的锥、钻、刀等铜质刀具。战国后期（公元前3世纪），由于掌握了渗碳技术，制成了钢质刀具。当时的钻头和锯与现代的扁钻和锯已有些相似之处。

然而，刀具的快速发展是在18世纪后期，伴随蒸汽机等机器的发展而来的。1783年，法国的勒内首先制出铣刀。1792年，英国的莫兹利制出丝锥和板牙。有关麻花钻的发明最早的文献记载是在1822年，但直到1864年才作为商品生产。那时的刀具是用碳素工具钢整体制造的，许用的切削速度约为5m/min。1868年，英国的穆舍特制成含钨的合金工具钢。1898年，美国的泰勒和怀特发明了高速工具钢。1923年，德国的施勒特尔发明了硬质合金。

在合金工具钢时，刀具的切削速度约为8m/min，高速钢刀具比其提高了两倍以上，硬质合金刀具又比高速钢刀具提高两倍以上，切削加工出的工件表面质量和尺寸精度也大大提高了。由于高速工具钢和硬质合金的价格比较昂贵，刀具出现焊接和机械夹固式结构。1949～1950年间，美国开始在车刀上采用可转位刀片，不久即应用在铣刀和其他刀具上。1938年，德国德古萨公司取得关于陶瓷刀具的专利。1972年，美国通用电气公司生产了聚晶人造金刚石和聚晶立方氮化硼刀片。这些非金属刀具材料可使刀具以更高的速度切削。

1969年，瑞典山特维克钢厂取得用化学气相沉积法，生产碳化钛涂层硬质合金刀片的专利。1972年，美国的邦沙和拉古兰发展了物理气相沉积法，在硬质合金或高速钢刀具表面涂覆碳化钛或氮化钛硬质层。表面涂层方法把基体材料的高强度和韧性，与表层的高硬度和耐磨性结合起来，从而使这种复合材料具有更好的切削性能。

2.2.3 我国刀具行业发展现状及市场发展趋势

根据国家统计局数据显示，2016年我国中等规模以上刀具企业有729家，刀具市场总产值约为917亿元，其中国产刀具约为600亿元，按企业平均销售额只有8230万元，年增速仅为3%。而且行业现有的能力主要是传统刀具产业，伴随着“中国制造2025”、德国“工业4.0”等数字化大潮澎湃来临，这样的产业形态不符合国家产业结构调整的要求。行业发生变革是必然的选择，刀具行业的领导企业有机会整合重组行业资源，一定会形成以若干龙头企业为主，众多专业技术突出、细分市场有优势的中小企业为辅的行业格局。

除此之外，刀具的技术创新50%以上在刀具材料领域，30%以上在涂层领域，其余主要在刀具刃口的精细化处理上。刀具的仿真设计以及材料和涂层的研发能力决定了刀具企业的市场服务能力，也决定了企业的行业地位。

现代刀具业务怎样顺应全球制造业服务化转型的浪潮，适应新的竞争形势，形成差异化的经营战略和服务策略，是我国现在必须认真考虑并严肃对待的重要课题。

从刀具行业来说，我国高速工具钢、硬质合金的消耗占全球消耗的40%，但刀具销售只占全球销售的15%，充分反映了国内刀具行业发展的粗放和资源浪费的严重。我国长期以来以仅占世界23%的稀土储量、47%的钨储量，向国际市场供应了90%的稀土产品及80%的钨产品。我国长期处在全球产业分工的低端，以牺牲环境的代价，为全球经济的发展提供了大量的基础性原料。这种状况必须得到改变，这是能够帮助刀具产业快速发展的外部环境，是巨大的后发优势，也是发展中的新常态、新机遇。

国内一直是重机床、轻刀具，高端刀具发展严重滞后，这种现象至今仍未改变。国外则主要是大企业或财团引领着产业发展。工量具产业品种规格繁多，在全球范围内，刀具企业规模普遍小，行业的经济总量小，对国民经济的直接贡献小，因此，国内各级政府和大企业集团对工量具产业的关注很少。目前国家提出了提升制造业水平和能力的发展战略，随着市场对资源配置的作用发挥出来，现代高效刀具的发展一定会受到各方重视，一定会像国外一样，形成产业投资财团或大企业集团引导产业发展的格局，这也是现代刀具发展遇到的新常态、新机遇。

2.2.4 刀具的分类

1. 按工件加工表面的形式分

刀具按工件加工表面的形式可分为五类。

1）加工各种外表面的刀具，包括车刀、刨刀、铣刀、外表面拉刀和锉刀等。

2）孔加工刀具，包括钻头、扩孔钻、镗刀、铰刀和内表面拉刀等。

3）螺纹加工工具，包括丝锥、板牙、自动开合螺纹切头、螺纹车刀和螺纹铣刀等。

4）齿轮加工刀具，包括滚刀、插齿刀、剃齿刀、锥齿轮加工刀具等。

5）切断刀具，包括镶齿圆锯片、带锯、弓锯、切断车刀和锯片铣刀等。

此外，还有组合刀具。

2. 按切削运动方式和相应的切削刃形状分

按切削运动方式和相应的切削刃形状，刀具又可分为三类。

1）通用刀具。如车刀（不包括成形车刀）、刨刀（不包括成形刨刀）、铣刀（不包括成形铣刀）、镗刀、钻头、扩孔钻、铰刀和锯等。

2）成形刀具。这类刀具的切削刃具有与被加工工件断面相同或接近相同的形状，如成形车刀、成形刨刀、成形铣刀、拉刀、圆锥铰刀和各种螺纹加工刀具等。

3）展成刀具。展成刀具是用展成法加工齿轮的齿面或类似工件的刀具，如滚刀、插齿刀、剃齿刀、锥齿轮刨刀和锥齿轮铣刀盘等。

2.2.5 刀具的结构

各种刀具都由装夹部分和工作部分组成。整体结构刀具的装夹部分和工作部分都做在刀体上；镶齿结构刀具的工作部分（刀齿或刀片）则镶装在刀体上。刀具的装夹部分有带孔和带柄两类。带孔刀具依靠内孔套装在机床的主轴或心轴上，借助轴向键或端面键传递转矩，如圆柱形铣刀、套式面铣刀等。

带柄的刀具通常有矩形柄、圆锥柄和圆柱柄三种。车刀、刨刀等一般为矩形柄；圆锥柄靠锥度承受轴向推力，并借助摩擦力传递转矩；圆柱柄一般适用于较小的麻花钻、立铣刀等刀具，切削时借助夹紧时所产生的摩擦力传递扭转矩。很多带柄的刀具的柄部用低合金钢制成，而工作部分则用高速工具钢制成，再将两部分对焊连接。

刀具的工作部分就是产生和处理切屑的部分，包括切削刃、使切屑断碎或卷拢的结构、排屑或容储切屑的空间、切削液的通道等结构要素。有的刀具的工作部分就是切削部分，如车刀、刨刀、镗刀和铣刀等；有的刀具的工作部分则包含切削部分和校准部分，如钻头、扩孔钻、铰刀、内表面拉刀和丝锥等。切削部分的作用是用切削刃切除切屑，校准部分的作用是修光已切削的加工表面和引导刀具。

刀具工作部分的结构有整体式、焊接式和机械夹固式三种。整体结构是在刀体上做出切削刃；焊接结构是把刀片钎焊到钢的刀体上；机械夹固结构又有两种，一种是把刀片夹固在刀体上，另一种是把钎焊好的刀头夹固在刀体上。硬质合金刀具一般制成焊接结构或机械夹固结构；瓷刀具都采用机械夹固结构。

刀具切削部分的几何参数对切削效率的高低和加工质量的好坏有很大影响。增大前角，可减小前刀面挤压切削层时的塑性变形，减小切屑流经前面的摩擦阻力，从而减小切削力和切削热。但增大前角，同时会降低切削刃的强度，减小刀头的散热体积。

在选择刀具的角度时，需要考虑多种因素的影响，如工件材料、刀具材料、加工性质（粗、精加工）等，必须根据具体情况合理选择。通常讲的刀具角度，是指制造和测量用的标注角度。在实际工作时，由于刀具的安装位置不同和切削运动方向的改变，实际工作的角度和标注的角度有所不同，但通常相差很小。

制造刀具的材料必须具有很高的高温硬度和耐磨性，必要的抗弯强度、冲击韧性和化学惰性，良好的工艺性（切削加工、锻造和热处理等），并不易变形。通常当材料硬度高时，耐磨性也高；抗弯强度高时，冲击韧性也高。但材料硬度越高，其抗弯强度和冲击韧性就越低。高速工具钢因具有很高的抗弯强度和冲击韧性，以及良好的可加工性，仍是现代应用最广的刀具材料，其次是硬质合金。聚晶立方氮化硼适用于切削高硬度淬硬钢和硬铸铁等；聚晶金刚石适用于切削不含铁的金属及其合金、塑料和玻璃钢等；碳素工具钢和合金工具钢现在只用于锉刀、板牙和丝锥等工具。硬质合金可转位刀片现在都已用化学气相沉积法涂覆碳化钛、氮化钛、氧化铝硬层或复合硬层。正在发展的物理气相沉积法不仅可用于硬质合金刀具，也可用于高速钢刀具，如钻头、滚刀、丝锥和铣刀等。硬质涂层作为阻碍化学扩散和热传导的障壁，使刀具在切削时的磨损速度减慢，涂层刀片的寿命与不涂层的相比大约提高1~3倍。

由于在高温、高压、高速下以及在腐蚀性流体介质中工作的零件，其应用的难加工材料越来越多，切削加工的自动化水平和对加工精度的要求越来越高。为了适应这种情况，刀具的发展方向将是发展和应用新的刀具材料；进一步发展刀具的气相沉积涂层技术，在高韧性、高强度的基体上沉积更高硬度的涂层，更好地解决刀具材料硬度与强度间的矛盾；进一步发展可转位刀具的结构；提高刀具的制造精度，减小产品质量的差别，并使刀具的使用实现最佳化。

2.2.6 刀具材料的选择

1. 常用的刀具材料

（1）高速工具钢 1898 年由美国机械工程师泰勒（F. W. Taylor）和冶金工程师怀特（M. White）发明的高速工具钢至今仍是一种常用刀具材料。高速工具钢是一种加入了较多W、Mo、Cr、V 等合金元素的高合金工具钢，其含碳量为 0.7% ~1.05%。高速工具钢具有较高耐热性，其切削温度可达 600℃，与碳素工具钢及合金工具钢相比，其切削速度可成倍提高。高速工具钢具有良好的韧性和成形性，可用于制造几乎所有品种的刀具，如丝锥、麻花钻、齿轮刀具、拉刀、小直径铣刀等。但是，高速工具钢也存在耐磨性、耐热性较差等缺陷，已难以满足现代切削加工对刀具材料越来越高的要求；此外，高速工具钢材料中的一些主要元素（如 W）的储藏资源在世界范围内日渐枯竭，据估计其储量只够再开采使用 40 ~60 年，因此高速工具钢材料面临严峻的发展危机。

高速工具钢可分为普通高速工具钢和高性能高速工具钢。

普通高速工具钢，如 W18Cr4V 广泛用于制造各种复杂刀具。其切削速度一般不太高，切削普通钢料时为 40 ~60m/min。

高性能高速工具钢，如 W12Cr4V4Mo 是在普通高速工具钢中再增加一些含碳量、含钒量及添加钴、铝等元素冶炼而成的。高性能高速钢刀具的寿命为普通高速钢刀具的 1.5 ~3 倍。

粉末冶金高速工具钢是 70 年代投入市场的一种高速工具钢，和普通高速工具钢相比，其强度与韧性分别提高 30% ~40% 和 80% ~90%，刀具的寿命可提高 2 ~3 倍。目前我国粉末冶金高速工具钢年消费量为 1.5 万 t，其中大多需要进口。

（2）陶瓷 与硬质合金相比，陶瓷材料具有更高的硬度、热硬性和耐磨性。因此，加工钢材时，陶瓷刀具的寿命为硬质合金刀具的 10 ~20 倍。其热硬性比硬质合金高 2 ~6 倍，且化学稳定性、抗氧化能力等均优于硬质合金。陶瓷材料的缺点是脆性大、横向断裂强度低、承受冲击载荷能力差，这也是近几十年来人们不断对其进行改进的重点。

陶瓷刀具材料可分为三大类：

①氧化铝基陶瓷。通常是在 Al_2O_3 基体材料中加入 TiC、WC、ZiC、TaC、ZrO_2 等成分，经热压制成复合陶瓷刀具，其硬度可达 93 ~95HRC，为提高韧性，常添加少量 Co、Ni 等金属。

②氮化硅基陶瓷。常用的氮化硅基陶瓷为 Si_3N_4 + TiC + Co 复合陶瓷，其韧性高于氧化铝基陶瓷，硬度则与之相当。

③氮化硅—氧化铝复合陶瓷，又称为赛阿龙（Sialon）陶瓷，其化学成分为 77% Si_3N_4 + 13% Al_2O_3，硬度可达 1800HV，抗弯强度可达 1.20GPa，适合切削高温合金和铸铁。

（3）金属陶瓷　金属陶瓷与由 WC 构成的硬质合金不同，主要由陶瓷颗粒，TiC 和 TiN，粘结剂 Ni、Co、Mo 等构成。金属陶瓷的硬度和热硬性高于硬质合金，低于陶瓷材料；其横向断裂强度大于陶瓷材料，小于硬质合金；化学稳定性和抗氧化性好，耐剥离磨损，耐氧化和扩散，具有较低的粘结倾向和较高的切削刃强度。

金属陶瓷刀具的切削效率和刀具寿命高于硬质合金、涂层硬质合金刀具，加工出的工件表面粗糙度值小；由于金属陶瓷与钢的粘结性较低，因此用金属陶瓷刀具取代涂层硬质合金刀具加工钢制工件时，切屑形成较稳定，在自动化加工中不易发生长切屑缠绕现象，零件棱边基本无毛刺。金属陶瓷的缺点是抗热振性较差，易碎裂，因此使用范围有限。

（4）立方氮化硼（CBN）　立方氮化硼是硬度仅次于金刚石的超硬材料。虽然立方氮化硼的硬度低于金刚石，但其氧化温度高达 1360℃，且与铁磁类材料具有较低的亲和性。因此，虽然目前立方氮化硼还是以烧结体形式进行制备，但仍是适合钢类材料切削、具有高耐磨性的优良刀具材料。由于立方氮化硼具有高硬度、高热稳定性、高化学稳定性等优异性能，因此特别适合加工高硬度、高韧性的难加工金属材料。例如，采用立方氮化硼可转位刀片干式精车淬硬齿轮，每个齿轮的加工成本可降低 60%；采用配装球形立方氮化硼刀片的立铣刀精铣大型硬质磨具，磨削时间可比传统工艺减少 80%。立方氮化硼材料的不足之处是韧性较差。

（5）硬质合金　硬质合金由 Schroter 于 1926 年首先发明。经过几十年的不断发展，硬质合金刀具的硬度已达 98 ~ 93HRA，在 1000℃的高温下仍具有较好的热硬性，其寿命是高速钢刀具的几十倍。

硬质合金是由 WC、TiC、TaC、NbC、VC 等难熔金属碳化物以及作为粘结剂的 Co、Ni 金属用粉末冶金方法制备而成的。与高速工具钢相比，它具有较高的硬度、耐磨性和热硬性；与超硬材料相比，它具有较高的韧性。由于硬质合金具有良好的综合性能，因此在刀具行业得到了广泛应用，目前国外 90% 以上的车刀、55% 以上的铣刀均采用硬质合金材料制造。

GB/T 2075—2007 规定了硬质合金牌号六个用途大组，见表 2-1，依照不同的被加工工件材料进行划分，用一个大写字母和一个识别颜色来表示。每个用途大组都被分成若干用途小组，每个用途小组用其所属用途大组的标识字母和一个分类数字号来表示。

表 2-1　硬切削材料的分类和用途

用途大组			用途小组			
字母符号	识别颜色	被加工材料	硬切削材料			
P	蓝色	钢：除不锈钢外所有带奥氏体结构的钢和铸钢	P01 P10 P20 P30 P40 P50	P05 P15 P25 P35 P45	↑a	↓b

（续）

用途大组			用途小组			
字母符号	识别颜色	被加工材料	硬切削材料			
M	黄色	不锈钢：不锈奥氏体钢或铁素体钢、铸钢	M01 M10 M20 M30 M40	M05 M15 M25 M35	↑a	↓b
K	红色	铸铁：灰铸铁，球状石墨铸铁、可锻铸铁	K01 K10 K20 K30 K40	K05 K15 K25 K35	↑a	↓b
N	绿色	非铁金属：铝，其他有色金属 非金属材料	N01 N10 N20 N30	N05 N15 N25	↑a	↓b
S	褐色	超级合金和钛：基于铁的耐热特种合金、镍、钴、钛、钛合金	S01 S10 S20 S30	S05 S15 S25	↑a	↓b
H	灰色	硬材料：硬化钢、硬化铸铁材料、冷硬铸铁	H01 H10 H20 H30	H05 H15 H25	↑a	↓b

注：a—增加速度，增加切削材料的耐磨性。
b—增加进给量，增加切削材料的韧性。

（6）涂层刀具　涂层刀具是一种新型刀具，是刀具发展中的一项重要突破，是解决刀具材料中硬度、耐磨性与强度、韧性之间矛盾的一个有效措施。涂层刀具是在一些韧性较好的硬质合金或高速钢刀具基体上，涂覆一层耐磨性好的难熔金属化合物而获得的。常用的涂层材料有 TiC、TiN 和 Al_2O_3 等。20 世纪 70 年代初首次在硬质合金基体上涂覆一层碳化钛（TiC）后，把普通硬质合金的切削速度从 80m/min 提高到 180m/min。1976 年又出现了碳化钛—氧化铝双涂层硬质合金，把切削速度提高到 250m/min。1981 年又出现了碳化钛—氧化铝—氮化钴三涂层硬质合金，使切削速度提高到 300m/min。

在高速工具钢基体上刀具涂层多为 TiN，常用物理气相沉积法（PVD 法）涂覆，一般用于钻头、丝锥、铣刀、滚刀等复杂刀具，涂层厚度为几微米，涂层硬度可达 80HRC，相当于一般硬质合金的硬度，刀具寿命可提高 2～5 倍，切削速度可提高 20%～40%。

硬质合金的涂层是在韧性较好的硬质合金基体上，涂覆一层几微米至十几微米厚的高耐磨、难熔的金属化合物，一般采用化学气相沉积法（CVD 法）。我国株洲硬质合金集团有限公司生产的涂层硬质合金的涂层厚度可达9μm，表面硬度可达2500～4200HV。

目前各工业发达国家对涂层刀具的研究和推广使用方面发展非常迅速。处于领先地位的瑞典，在车削上使用涂层硬质合金刀片已占到70%～80%，在铣削方面已达到50%以上。但是涂层刀具不适宜加工高温合金、钛合金及非金属材料，也不适宜粗加工有夹砂、硬皮的锻、铸件。

（7）金刚石刀具　金刚石刀具分为天然金刚石刀具和人造金刚石刀具。天然金刚石具有自然界物质中最高的硬度和导热系数，但由于价格昂贵，加工、焊接都非常困难，除少数特殊用途外（如手表精密零件、光饰件和首饰雕刻等加工），很少作为切削工具应用在工业中。随着高技术和超精密加工日益发展。例如，微型机械的微型零件，原子核反应堆及其他高技术领域的各种反射镜、导弹或火箭中的导航陀螺，计算机硬盘芯片，加速器电子枪等超精密零件的加工，单晶天然金刚石能满足上述要求。近年来开发了多种化学机理研磨金刚石刀具的方法和保护气氛钎焊金刚石技术，使天然金刚石刀具的制造过程变得比较简易。因此，在超精密镜面切削的高技术应用领域天然金刚石起到了重要作用。

20世纪50年代利用高温高压技术人工合成金刚石粉以后，20世纪70年代制造出金刚石基的切削刀具即聚晶金刚石（PCD）。PCD晶粒呈无序排列状态，不具方向性，因而硬度均匀。它有很高的硬度和导热性，低的热胀系数，高的弹性模量和较低的摩擦系数，切削刃非常锋利。它可加入各种非铁金属和极耐磨的高性能非金属材料，如铝、铜、镁及其合金，硬质合金，纤维增塑材料，金属基复合材料，木材复合材料等。

三种主要金刚石刀具材料——PCD、CVD厚膜和人工合成单晶金刚石各自的性能特点为：PCD焊接性、机械磨削性和断裂韧性最好，抗磨损性和刃口质量居中，耐蚀性最差。CVD厚膜耐蚀性最好，机械磨削性、刃口质量、断裂韧性和抗磨损性居中，焊接性差。人工合成单晶金刚石刃口质量、抗磨损性和抗腐蚀性最好，焊接性、机械磨削性和断裂韧性最差。

金刚石刀具是目前高速切削（2500～5000m/min）铝合金较理想的刀具材料，但由于碳对铁的亲和作用，特别是在高温下，金刚石能与铁发生化学反应，因此它不宜于切削铁及其合金工件。

虽然近年来各种新型刀具材料层出不穷，但在今后相当长一段时间内，硬质合金刀具仍将广泛应用于切削加工，因此需要研究开发新的材料制备技术，进一步改善和提高硬质合金刀具材料的切削性能。

2. 刀具材料应具备的性能

性能优良的刀具材料，是保证刀具高效工作的基本条件。刀具切削部分在强烈摩擦、高压、高温下工作，应具备如下的基本要求。

（1）高硬度和高耐磨性　刀具材料的硬度必须高于被加工材料的硬度才能切下金属，这是刀具材料必备的基本要求，现有刀具材料硬度都在60HRC以上。刀具材料越硬，其耐磨性越好，但由于切削条件较复杂，材料的耐磨性还决定于它的化学成分和金相组织的稳定性。

（2）足够的强度与冲击韧性　强度是指抵抗切削力的作用而不至于切削刃崩碎与刀杆折断所应具备的性能。一般用抗弯强度来表示。

冲击韧性是指刀具材料在间断切削或有冲击的工作条件下保证不崩刃的能力。一般情况下，硬度越高，冲击韧性越低，材料越脆。硬度和韧性是一对矛盾，也是刀具材料所应克服的一个关键。

（3）高耐热性　耐热性又称热硬性，是衡量刀具材料性能的主要指标。它综合反映了刀具材料在高温下保持硬度、耐磨性、强度、抗氧化、抗粘结和抗扩散的能力。

（4）良好的工艺性和经济性　为了便于制造，刀具材料应有良好的工艺性，如锻造、热处理及磨削加工性能。当然在制造和选用时应综合考虑经济性。当前超硬材料及涂层刀具材料都较贵，但其使用寿命很长，在成批大量生产中，分摊到每个零件中的费用反而有所降低。因此在选用时一定要综合考虑。

2.2.7　螺纹加工

1. 螺纹加工简史

螺纹原理的应用可追溯到公元前220年希腊学者阿基米德创造的螺旋提水工具。公元4世纪，地中海沿岸国家在酿酒用的压力机上开始应用螺栓和螺母的原理。当时的外螺纹都是用一条绳子缠绕到一根圆柱形棒料上，然后按此标记刻制而成的。而内螺纹则往往是用较软材料围裹在外螺纹上经锤打成形的。1500年左右，意大利人达·芬奇绘制的螺纹加工装置草图中，已有应用母丝杠和交换齿轮加工不同螺距螺纹的设想。此后，机械切削螺纹的方法在欧洲钟表制造业中有所发展。1760年，英国人J. 怀亚特和W. 怀亚特兄弟获得了用专门装置切制木螺钉的专利。1778年，英国人J. 拉姆斯登曾制造一台用蜗轮副传动的螺纹切削装置，能加工出精度很高的长螺纹。1797年，英国人莫兹利在由他改进的车床上，利用母丝杠和交换齿轮车削出不同螺距的金属螺纹，奠定了车削螺纹的基本方法。19世纪20年代，莫兹利制造出第一批加工螺纹用丝锥和板牙。20世纪初，汽车工业的发展进一步促进了螺纹的标准化和各种精密、高效螺纹加工方法的发展，各种自动张开板牙头和自动收缩丝锥相继发明，螺纹铣削开始应用。20世纪30年代初，出现了螺纹磨削。螺纹滚压技术虽在19世纪初期就有专利，但因模具制造困难，发展很慢，直到第二次世界大战时期，由于军火生产的需要和螺纹磨削技术的发展解决了模具制造的精度问题，才获得迅速发展。在工件上加工出内、外螺纹的方法，主要有切削加工和滚压加工两类。

2. 螺纹的定义及分类

螺纹是在圆柱或圆锥母体表面上制出的螺旋线形的、具有特定截面的连续凸起部分。凸起是指螺纹两侧面的实体部分，又称牙。

螺纹按其母体形状分为圆柱螺纹和圆锥螺纹，圆柱螺纹是在圆柱表面上形成的螺纹，圆锥螺纹是在圆锥表面上形成的螺纹。螺纹按其在母体所处位置分为外螺纹、内螺纹，在外圆表面形成的螺纹称为外螺纹；在内孔表面形成的螺纹称为内螺纹。按其截面形状（牙型）分为三角形螺纹、梯形螺纹、锯齿形螺纹、矩形螺纹、梯形螺纹及其他特殊形状螺纹，其中三角形螺纹的断面为三角形；梯形螺纹的断面为梯形；锯齿形螺纹的断面为锯齿形等。

3. 圆柱螺纹主要几何参数

（1）大径　与外螺纹牙顶或内螺纹牙底相重合的假想圆柱体直径。螺纹的公称直径即大径。

（2）小径　与外螺纹牙底或内螺纹牙顶相重合的假想圆柱体直径。

（3）中径　母线通过牙型上凸起和沟槽两者宽度相等的假想圆柱体直径。

（4）螺距　相邻两牙在中径线上对应两点间的轴向距离。

（5）导程　同一螺旋线上相邻牙在中径线上对应两点间的轴向距离。

（6）牙型角　螺纹牙型上，两相邻牙侧间的夹角。

（7）螺纹升角　中径圆柱上，螺旋线的切线与垂直于螺纹轴线的平面之间的夹角。

（8）螺纹接触高度　在两个相互配合螺纹的牙型上，牙侧重合部分在垂直于螺纹轴线方向上的距离。

螺纹的公称直径除管螺纹以管子内径为公称直径外，其余都以大径为公称直径。螺纹已标准化，有米制和寸制两种。国际标准采用米制，我国也采用米制。

螺纹升角小于摩擦角的螺纹副，在轴向力作用下不松转，称为自锁，其传动效率较低。

圆柱螺纹中，三角形螺纹自锁性能好。它分粗牙和细牙两种，一般联接多用粗牙螺纹。细牙螺纹的螺距小，螺纹升角小，自锁性能更好，常用于细小零件薄壁管中，有振动或变载荷的连接，以及微调装置等。

锥螺纹的牙型为三角形，主要靠牙的变形来保证螺纹副的紧密性，多用于管件。

4. 螺纹切削

一般指用成形刀具或磨具在工件上加工螺纹的方法，如图 2-2 所示，主要有车削、铣削、攻螺纹、套螺纹、磨削、研磨和旋风切削等。车削、铣削和磨削螺纹时，工件每转一转，机床的传动链保证车刀、铣刀或砂轮沿工件轴向准确而均匀地移动一个导程的距离。在攻螺纹或套螺纹时，刀具（丝锥或板牙）与工件做相对旋转运动，并由先形成的螺纹沟槽引导着刀具（或工件）做轴向移动。

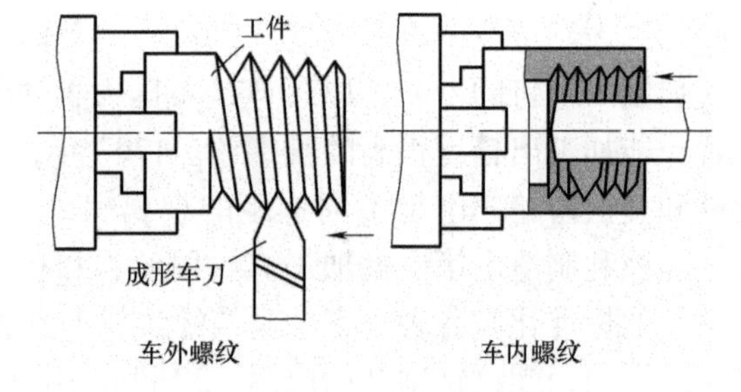

图 2-2　螺纹切削

在车床上车削螺纹可采用成形车刀或螺纹梳刀。用成形车刀车削螺纹，由于刀具结构简单，是单件和小批生产螺纹工件的常用方法；用螺纹梳刀车削螺纹，生产率高，但刀具结构复杂，只适于中、大批量生产中车削细牙的短螺纹工件。普通车床车削梯形螺纹的螺距精度一般只能达到 8 ~9 级；在专门化的螺纹车床上加工螺纹，生产率或精度可显著提高。

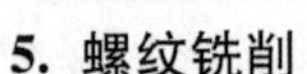

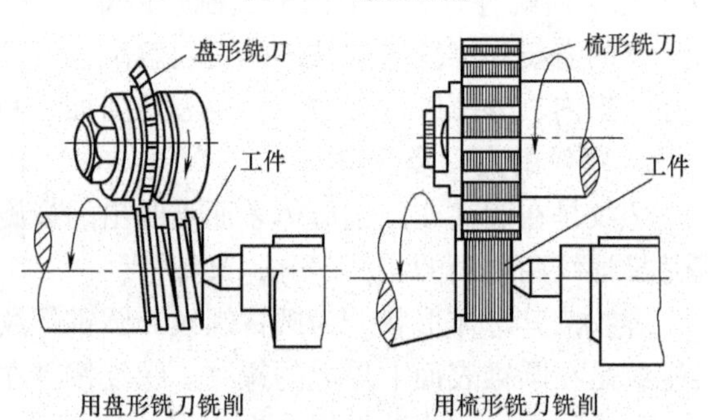

图 2-3　螺纹铣削

5. 螺纹铣削

在螺纹铣床上用盘形铣刀或梳形铣刀进行铣削，如图 2-3 所示。盘形铣刀主要用于铣削丝杠、蜗杆等工件上的梯形外螺纹。梳形铣刀用于铣削内、外普通螺纹和锥螺纹，由于是用多刃铣刀铣削，其工作部分的长度又大于被加工螺纹的长度，故工件只需要旋转 1. 25 ~ 1. 5 转就可加工完成，生产率很高。螺纹铣削的螺距精度一般能达 8 ~9 级，表面粗糙度值为 $Ra0.63 \sim Ra5\mu m$。这种方法适用于成批生产一般精度的螺纹工件或磨削前的粗加工。

6. 螺纹磨削

螺纹磨削（见图 2-4）主要用于在螺纹磨床上加工淬硬工件的精密螺纹。

螺纹磨削按砂轮截面形状不同分单线砂轮磨削和多线砂轮磨削两种。单线砂轮磨削能达到的螺距精度为 5 ~ 6 级，表面粗糙度值为 $Ra0.08 \sim Ra1.25\mu m$，砂轮修整较方便。这种方法适于磨削精密丝杠、螺纹量规、蜗杆、小批量的螺纹工件和铲磨精密滚刀。多线砂轮磨削又分纵磨法和切入磨法两种。纵磨法的砂轮宽度小于被磨螺纹长度，砂轮纵向移动一次或数次行程即可将螺纹磨到最后尺寸。切入磨法的砂轮宽度大于被磨螺纹长度，砂轮径向切入工件表面，工件约转 1.25 转就可磨好，生产率较高，但精度稍低，砂轮修整比较复杂。切入磨法适于铲磨批量较大的丝锥和磨削某些紧固用的螺纹。

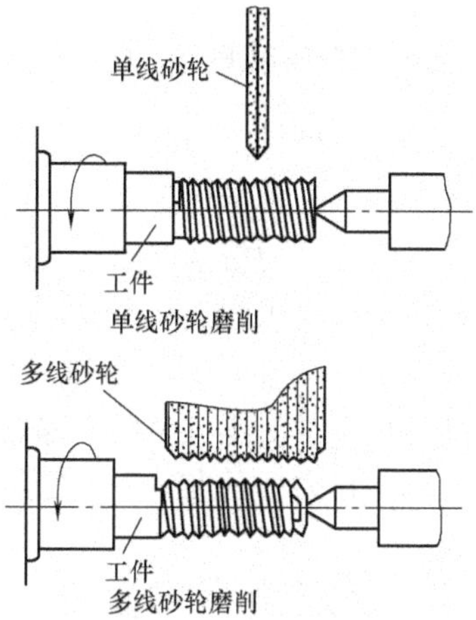

图 2-4　螺纹磨削

7. 螺纹研磨

用铸铁等较软材料制成螺母型或螺杆型的螺纹研具，对工件上已加工的螺纹存在螺距误差的部位进行正反向旋转研磨，以提高螺距精度。淬硬的内螺纹通常也用研磨的方法消除变化，提高精度。

8. 攻螺纹和套螺纹

攻螺纹（见图 2-5）是用一定的转矩将丝锥旋入工件上预钻的底孔中加工出内螺纹。套螺纹（见图 2-6）是用板牙在棒料（或管料）工件上切出外螺纹。攻螺纹或套螺纹的加工精度取决于丝锥或板牙的精度。加工内、外螺纹的方法虽然很多，但小直径的内螺纹只能依靠丝锥加工。攻螺纹和套螺纹可用手工操作，也可用车床、钻床、攻丝机和套丝机。

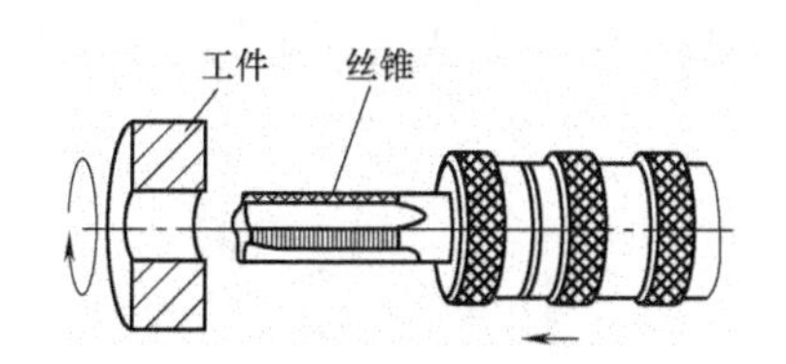

图 2-5　用丝锥攻螺纹

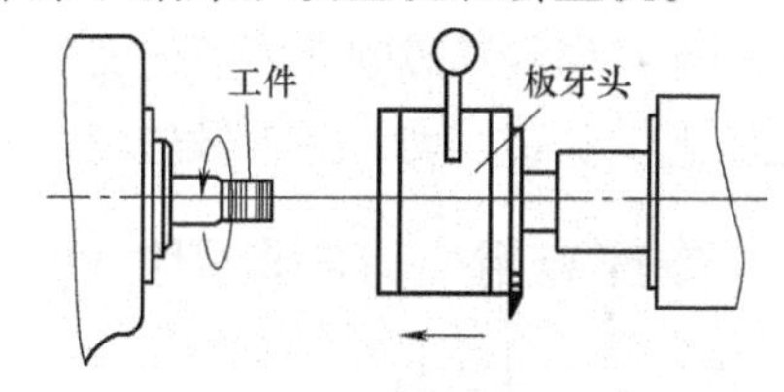

图 2-6　用板牙套螺纹

2.3　确定定位方案

基面的选择是工艺规程设计的重要工作之一，基面选择的正确与合理，可以使加工质量得以保证，生产率得以提高。否则，加工工艺过程中会问题百出，甚至会造成零件的大批报废，使生产无法正常运行。

2.3.1　粗基准的选择

选择粗基准时，主要要求保证各加工面有足够的加工余量，使加工面与不加工面间的位置符合图样要求，并特别注意要尽快获得精基准面。

对于图 2-1 所示丝杠零件而言，在选择粗基准时，主要考虑两个问题：一是保证加工面与不加工面之间的相互位置精度要求；二是合理分配各加工面的加工余量。按照粗基准的选择原则，本零件应该选用丝杠的右端面作为粗基准，先采用丝杠的右端面作为粗基准加工左端面，接着以左端面为基准加工右端面，可以为后续的工序准备好基准。

2.3.2 精基准的选择

经过机械加工的基准称为精基准，精基准的选择应从保证零件加工精度出发，同时考虑装夹方便、夹具结构简单。

根据零件的技术要求和装配要求，选择设计基准丝杠的左端面和丝杠中心轴线作为精基准，符合“基准重合”原则。同时，零件上的很多表面都可以采用该组表面作为精基准。又遵循了“基准统一”原则。丝杠中心轴线是设计基准，选择它为精基准有利于避免被加工零件由于基准不重合而引起的误差。另外，为了避免在机械加工中产生夹紧变形，选用丝杠左端面作为精基准，夹紧稳定可靠。

2.4 确定装夹方案

2.4.1 车床夹具的类型

车床主要用于加工零件的内、外圆柱面，圆锥面，回转成形面，螺纹以及端平面等。根据加工特点和夹具在机床上安装的位置，将车床夹具分为两种基本类型。

1. 安装在车床主轴上的夹具

这类夹具在加工时随机床主轴一起旋转，切削刀具做进给运动。

2. 安装在滑板或床身上的夹具

对于某些形状不规则和尺寸较大的工件，常常把夹具安装在车床滑板上，刀具则安装在车床主轴上做旋转运动，夹具做进给运动。

2.4.2 车床专用夹具的典型结构

1. 心轴类车床夹具

心轴类车床夹具多用于工件以内孔作为定位基准，加工外圆柱面的情况。常见的车床心轴有圆柱心轴、弹簧心轴、顶尖式心轴等。

2. 角铁式车床夹具

角铁式车床夹具的结构特点是具有类似角铁的夹具体。它常用于加工壳体、支座、接头类零件上的圆柱面及端面。当被加工工件的主要定位基准是平面，被加工面的轴线对主要基准面保持一定的位置关系（平行或成一定的角度）时，相应地夹具上的平面定位件设在与车床主轴轴线相平行或成一定角度的位置上。

3. 花盘式车床夹具

花盘式车床夹具的夹具体为圆盘形。在花盘式夹具上加工的工件一般形状都较复杂，多数情况下，工件的定位基准为圆柱面和与其垂直的端面。夹具上的平面定位件与车床主轴的轴线相垂直。

4. 安装在拖板上的车床夹具

通过机床改装（拆去刀架、小拖板）使其固定在大拖板上，工件做直线运动，刀具则转动。这种方式可扩大车床用途，以车代镗，解决大尺寸工件无法安装在主轴上或转速难以提高的问题。

2.4.3 车床夹具设计

1. 定位装置的设计要求

在车床上加工回转面时，要求工件被加工面的轴线与车床主轴的旋转轴线重合，夹具上定位装置的结构和布置，必须保证这一点。因此，对于轴套类和盘类工件，要求夹具定位元件工作表面的对称中心线与夹具的回转轴线重合。对于壳体、接头或支座等工件，被加工的回转面轴线与工序基准之间有尺寸联系或相互位置精度要求时，应以夹具轴线为基准确定定位元件工作表面的位置。

2. 夹紧装置的设计要求

在车削过程中，由于工件和夹具随主轴旋转，除工件受切削转矩的作用外，整个夹具还受到离心力的作用。此外，工件定位基准的位置相对于切削力和重力的方向是变化的。因此，夹紧机构必须产生足够的夹紧力，自锁性能要可靠。对于角铁式夹具，还应注意施力方式，防止引起夹具变形。

3. 夹具与机床主轴的连接

机床夹具与机床主轴的连接精度对夹具的回转精度有决定性的影响。因此，要求夹具的回转轴线与主轴轴线应具有尽可能高的同轴度。心轴类车床夹具以莫氏锥柄与机床主轴锥孔配合连接，用螺杆拉紧。根据径向尺寸的大小，其他专用夹具在机床主轴上的安装连接一般有两种方式：

1）对于径向尺寸 $D<140\text{mm}$，或 $D<(2\sim3)d$ 的小型夹具，一般用锥柄安装在车床主轴的锥孔（直径 d）中，并用螺杆拉紧。这种连接方式定心精度较高。

2）对于径向尺寸较大的夹具。一般通过过渡盘与车床主轴头端连接。过渡盘的使用，使夹具省去了与特定机床的连接部分，从而增加了通用性，即通过同规格的过渡盘可用于别的机床。同时也便于用百分表在夹具校正环或定位面上找正的办法来减少其安装误差。因而在设计圆盘式车床夹具时，应对定位面与校正面间的同轴度以及定位面对安装平面的垂直度误差提出严格要求。

4. 总体结构设计要求

车床夹具一般是在悬臂的状态下工作，为保证加工的稳定性，夹具的结构应力求紧凑、轻便，悬伸长度要短，使重心尽可能靠近主轴。由于加工时夹具随同主轴旋转，如果夹具的总体结构不平衡，则在离心力的作用下将造成振动，影响工件的加工精度和表面粗糙度，加剧机床主轴和轴承的磨损。因此，车床夹具除了控制悬伸长度外，结构上还应基本平衡。角铁式车床夹具的定位装置及其他元件总是安装在主轴轴线的一边，不平衡现象最严重，所以在确定其结构时，特别要注意对它进行平衡。平衡的方法有两种：设置配重块或加工减重孔。为保证安全，夹具上的各种元件一般不允许超出夹具体圆形轮廓之外。此外，还应注意切屑缠绕和切削液飞溅等问题，必要时应设置防护罩。

5. 车床夹具的安装误差

夹具的安装误差值与下列因素有关：

1）夹具定位元件与本体安装基面的相互位置误差。

2）夹具安装基面本身的制造误差以及与安装面的连接误差。

①对于心轴。夹具的安装误差就是心轴工作表面轴线与中心孔或者心轴锥柄轴线间的同轴度误差。

②对于其他车床专用夹具。一般使用过渡盘与主轴轴颈连接。当过渡盘是与夹具分离的机床附件时，产生夹具安装误差的因素是：定位元件与夹具体止口轴线间的同轴度误差，或者相互位置尺寸误差；夹具体止口与过渡盘凸缘间的配合间隙；过渡盘定位孔与主轴轴颈间的配合间隙。

2.4.4 丝杠装夹方案的确定

所设计的夹具为车床夹具，其设计目的为实现铣外圆 ϕ18mm 上的键槽。加工时需要限制 5 个自由度，只有轴向转动不用限制，并以 ϕ18mm 外圆和左端面为定位基准。所以选择夹紧机构方法如下：

1）夹紧方式为手动加紧，采用压块与螺杆螺母配合夹紧。

2）用两个 V 形块和挡板实现定位，定位分析如下：两 V 形块限制 y、z 轴方向上的移动和转动，挡板限制 x 轴方向上的移动。

2.5 拟定工艺路线

2.5.1 丝杠零件工艺路线

1. 工艺路线方案一

毛坯（热处理）—车端面、钻中心孔—外圆粗加工—校直—重钻中心孔（修整）—外圆半精加工—铣键槽—校直、低温时效—修整中心孔—外圆、螺纹精加工。

2. 工艺路线方案二

锻造（直线度误差不超过 5mm）—球面退火—校直—车端面、钻中心孔—车外圆—粗铣键槽—半精车外圆—粗磨外圆—粗车螺纹—半精磨外圆—半精车螺纹—校直—热处理—低温时效—研磨外圆—终磨外圆。

2.5.2 工艺方案的比较与分析

1. 丝杠的校直及热处理

丝杠工艺除毛坯工序外，在粗加工及半精加工阶段，都安排了校直及热处理工序。校直的目的是减少工件的弯曲度，使机械加工余量均匀。时效热处理以消除工件的残余应力，保证工件加工精度的稳定性。一般情况下，需安排两次。一次是校直，它安排在毛坯成形以后，还有一次是校直及低温时效，安排在外圆精加工之前。

2. 定位基准面的加工

丝杠两端的中心孔是定位基准面，在安排工艺路线时，应首先将它加工出来，中心孔的精度对加工质量有很大影响，丝杠多选用带有 120°保护锥的中心孔。此外，在热处理后，最后精车螺纹以前，还应适当修整中心孔以保持其精度。丝杠加工的定位基准面除中心孔外，还要用丝杠外圆表面作为辅助基准面，以便在加工中采用跟刀架，增加刚度。

3. 螺纹的粗、精加工

粗车螺纹工序一般安排在精车外圆以后。不淬硬丝杠一般采用车削工艺，经多次加工，逐渐减少切削力和内应力；对于淬硬丝杠，则采用“先车后磨”或“全磨”两种不同的工艺。后者是从淬硬后的光杠上直接用单线砂轮或多线砂轮粗磨出螺纹，然后用单线砂轮精磨螺纹。

4. 重钻中心孔

工件热处理后，会产生变形。其外圆面加工余量增加，为减少其加工余量，而采用重钻中心孔的方法。在重钻中心孔之前，先找出工件上径向圆跳动为最大值的一半的两点，以这两点作为定位基准面，用切端面的方法切去原来的中心孔，重新钻中心孔。当使用新的中心孔定位时，工件所必须切去的额外的加工余量将减少到原有值。

由于该丝杠为单件生产，要求较高，故加工工艺过程严格按照工序划分阶段的原则，将整个工艺过程分为五个阶段：准备和预先热处理阶段、粗加工阶段、半精加工阶段、精加工阶段、终加工阶段。为了消除残余应力，整个工艺过程安排了消除残余应力的热处理，并严格规定机械加工和热处理后不准冷校直，以防止产生残余应力。为了消除加工过程中的变形，每次加工后工件应垂直吊放，并保留加工余量，经过多道工序逐步消除加工过程中引起的变形。所以选择方案一为最佳方案。

丝杠加工中，中心孔是定位基准，但由于丝杠是柔性件，刚度很差，极易产生变形，出现较大的直线度误差、圆柱度误差等加工误差，不易达到图样上的几何精度和表面质量等技术要求，加工时还需增加辅助支承。将外圆表面与跟刀架相接触，防止因切削力造成的工件弯曲变形。同时，为了确保定位基准的精度，在工艺过程中先后安排了三次加工中心孔工序。由于丝杠螺纹是关键部位，为防止因淬火应力集中所引起的裂纹和避免螺纹在全长上的变形而使磨削余量不均等弊病，螺纹加工采用“全磨”加工方法，即在热处理后直接采用磨削螺纹工艺，以确保螺纹加工精度。

2.6 设计工序内容

2.6.1 丝杠零件机械加工工艺过程卡

丝杠零件机械加工工艺过程卡见表2-2。

表2-2　丝杠零件机械加工工艺过程卡

工序号	工序名称	工 序 内 容	工艺装备
1	下料	棒料 ϕ45mm×850mm	锯床
2	热处理	正火 180～220HBW	
3	粗车	用自定心卡盘装夹工件一端，车另一端面见平即可，钻中心孔 B2.5	CA6140
4	粗车	调头，夹工件另一端，车端面，保证总长 840mm，钻中心孔 B2.5	CA6140

（续）

工序号	工序名称	工序内容	工艺装备
5	粗车	夹工件左端顶尖顶右端，车外圆至尺寸 $\phi(42\pm0.5)$mm，车右端至尺寸 $\phi(30\pm0.5)$mm×85mm	CA6140
6	粗车	调头，夹工件右端顶尖顶左端，车左端外圆至尺寸 $\phi(30\pm0.5)$mm×40mm	CA6140
7	校直	依图样使同轴度误差符合要求	YH40-10 油压校直机
8	车	夹工件左端，修研右端中心孔	CA6140
9	车	调头，夹工件右端，修研左端中心孔	CA6140
10	半精车	一夹一顶装夹工件，辅以跟刀架，半精车外圆至尺寸 $\phi36.8$mm，车右端外圆 $\phi18^{+0.03}_{0}$mm 至图样尺寸长 50mm，车外圆 $\phi20^{+0.018}_{0}$mm 至尺寸 $\phi20.8$mm，长 45mm，车距右端面 5mm 处的 4mm×$\phi15$mm 槽	CA6140
11	半精车	调头，一夹一顶装夹工件，车左端 $\phi20^{+0.018}_{0}$mm 至尺寸 $\phi20.8$mm，长 45mm	CA6140
12	划线	划(6 ± 0.015)mm×20mm 键槽线	
13	铣	以两 $\phi20.8$mm（工艺尺寸）外圆定位装夹工件铣(6 ± 0.015)mm×20mm 键槽	X5032 组合夹具
14	校直	依图样使零件误差符合要求	YH40-10 油压校直机
15	热处理	低温时效	
16	磨	以两中心孔定位装夹工作，磨外圆至图样尺寸 $\phi(36\pm0.05)$mm，磨两端 $\phi20^{+0.018}_{0}$mm 外圆至图样尺寸	M1432B
17	精车	以两中心孔定位装夹工件，辅以跟刀架，粗、精车 Tr36×6-7e 梯形螺纹	CA6140
18	热处理	调质处理 28～32HRC	
19	钳	修毛刺	
20	检验	按图样要求检查工件各部尺寸及精度	
21	入库	入库	

2.6.2 丝杠零件机械加工工序卡

丝杠零件机械加工工序卡见表 2-3。

表 2-3　丝杠零件机械加工工序卡

全工序	机械加工工序卡片	产品型号		
		产品名称	丝杠	
		设备	夹具	量具
		CK3050	自定心卡盘	千分尺、游标卡尺、M42 环规
		程序号	工序工时/min	
			准终工时/min	单件工时/min

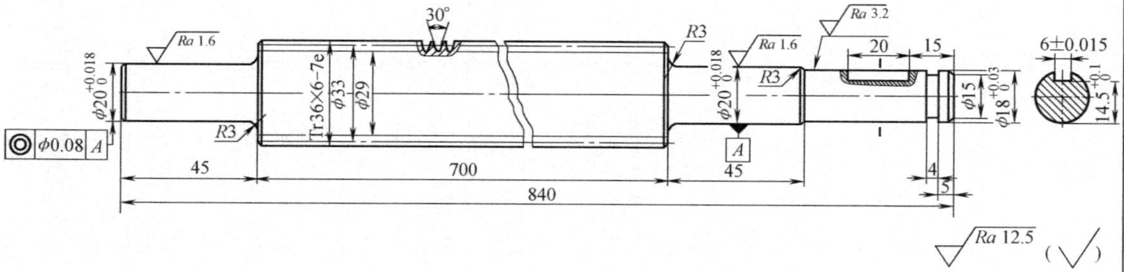

工步号	工步内容	切削参数 v_c/(m/s)	n/(r/min)	a_p/mm	v_f/(mm/min)	冷却方式	刀号
5	检查毛坯尺寸						
10	车一端面见平后调头车另一端面，保证总长 840mm	180	1000	1	300	水冷	T01
15	车外圆至尺寸 $\phi(42 \pm 0.5)$mm，车右端至尺寸 $\phi(30 \pm 0.5)$mm × 85mm，调头车左端外圆至尺寸 $\phi(30 \pm 0.5)$mm × 40mm	180	1000	1	300	水冷	T01
20	车左端 $\phi20^{+0.018}_{0}$mm 至尺寸 $\phi20.8$mm，长 45mm	200	1200	0.3	150	水冷	T02
25	铣 (6 ± 0.015)mm × 20mm 键槽	180	1000	1	300	水冷	T03
30	磨外圆至图样尺寸 $\phi(36 \pm 0.05)$mm，磨两端 $\phi20^{+0.018}_{0}$mm 外圆至图样尺寸	200	500	0.3	250		
35	车 Tr36 × 6-7e 梯形螺纹	180	300	1	30	水冷	T04
40	检验，入库						
			设计	校对	审核	标准化	会签
标记	处数	更改文件号					

2.6.3 丝杠零件刀具卡

丝杠零件刀具卡见表2-4。

表2-4 丝杠零件刀具卡

<table>
<tr><td colspan="2">（工序号）</td><td colspan="2">工序刀具清单</td><td colspan="5">共1页 第1页</td></tr>
<tr><td rowspan="2">序号</td><td rowspan="2">刀具名称</td><td colspan="4">刀具规格</td><td colspan="3">备注（长度要求）</td></tr>
<tr><td>型号</td><td>刀号</td><td>刀片规格标记</td><td>刀尖圆弧半径 r_{ε}/mm</td><td colspan="3"></td></tr>
<tr><td>1</td><td>95°外圆粗车刀</td><td>MCLNL2020K09</td><td>T01</td><td>CNMG090308-UM</td><td>0.8</td><td colspan="3"></td></tr>
<tr><td>2</td><td>93°外圆精车刀</td><td>SVJCL1616K16-S</td><td>T02</td><td>VCMT160404-UM</td><td>0.4</td><td colspan="3"></td></tr>
<tr><td>3</td><td>铣刀</td><td>SDKR1203AUEN-S</td><td>T03</td><td>SDKR1203AESR-MJ</td><td>0.6</td><td colspan="3"></td></tr>
<tr><td>4</td><td>螺纹车刀</td><td>SER1616H116T</td><td>T04</td><td>16ER1.5</td><td></td><td colspan="3"></td></tr>
<tr><td colspan="2"></td><td></td><td></td><td>设计</td><td>校对</td><td>审核</td><td>标准化</td><td>会签</td></tr>
<tr><td>处数</td><td>标记</td><td colspan="3">更改文件号</td><td></td><td></td><td></td><td></td></tr>
</table>

2.7 考核评价小结

1. 形成性考核评价（30%）

丝杠零件形成性考核评价由教师根据考勤、学生课堂表现等进行考核评价。其评价表见表2-5。

表2-5 丝杠零件形成性考核评价表

<table>
<tr><td>小　组</td><td>成　员</td><td>考　勤</td><td>课堂表现</td><td>汇报人</td><td>补充发言
自由发言</td></tr>
<tr><td rowspan="4">1</td><td></td><td></td><td></td><td rowspan="4"></td><td rowspan="4"></td></tr>
<tr><td></td><td></td><td></td></tr>
<tr><td></td><td></td><td></td></tr>
<tr><td></td><td></td><td></td></tr>
<tr><td rowspan="4">2</td><td></td><td></td><td></td><td rowspan="4"></td><td rowspan="4"></td></tr>
<tr><td></td><td></td><td></td></tr>
<tr><td></td><td></td><td></td></tr>
<tr><td></td><td></td><td></td></tr>
<tr><td rowspan="4">3</td><td></td><td></td><td></td><td rowspan="4"></td><td rowspan="4"></td></tr>
<tr><td></td><td></td><td></td></tr>
<tr><td></td><td></td><td></td></tr>
<tr><td></td><td></td><td></td></tr>
</table>

2. 工艺设计考核评价（70%）

丝杠零件工艺设计考核评价由学生自评、小组内互评、教师评价三部分组成，其评价表见表2-6。

表 2-6　丝杠零件工艺设计考核评价表

项目名称							
	评价项目	扣分标准	配分	自评（15%）	互评（20%）	教评（65%）	得分
1	定位基准的选择	不合理，扣5～10分	10				
2	确定装夹方案	不合理，扣5分	5				
3	拟定工艺路线	不合理，扣10～20分	20				
4	确定加工余量	不合理，扣5～10分	10				
5	确定工序尺寸	不合理，扣5～10分	10				
6	确定切削用量	不合理，扣1～10分	10				
7	机床夹具的选择	不合理，扣5分	5				
8	刀具的确定	不合理，扣5分	5				
9	工序图的绘制	不合理，扣5～10分	10				
10	工艺文件内容	不合理，扣5～10分	15				
互评小组：				指导教师：		项目得分：	
备注				合计：			

拓展练习

完成图 2-7 所示双头零件的加工工艺编制。

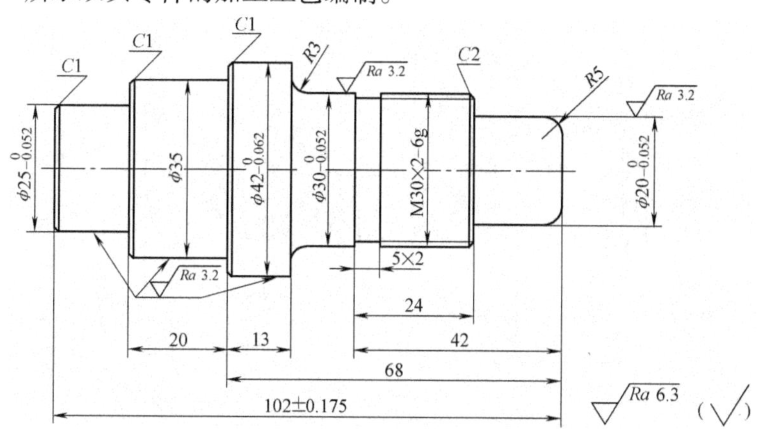

图 2-7　双头零件

项目3　盘套类零件加工工艺

【项目概述】

盘套类零件在机器中主要起支承、连接和导向作用。盘类零件主要由端面、外圆、内孔等组成，一般零件直径大于零件的轴向尺寸，如图3-1所示的齿轮坯零件。套类零件主要由有较高同轴度要求的内、外圆表面组成，零件的壁厚较小，易产生变形，轴向尺寸一般大于外圆直径，如图3-2所示的轴套零件。本项目主要介绍典型盘套类零件的加工工艺设计过程，学生应掌握工件定位的基本原理；掌握工件定位基准、定位元件和夹具的选用以及定位误差的分析；掌握典型盘套类零件的加工工艺设计方法。

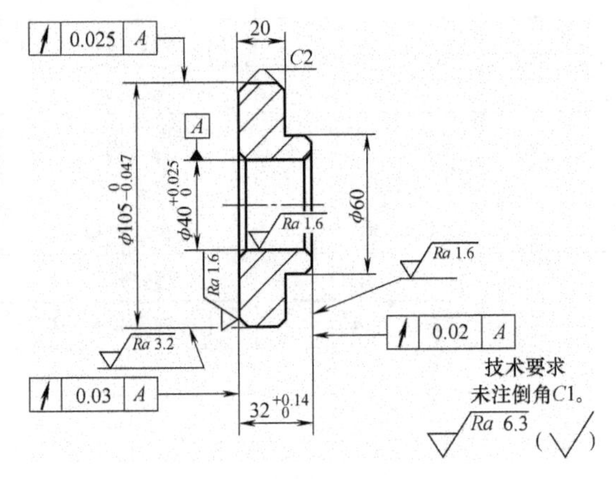

图3-1　齿轮坯零件图

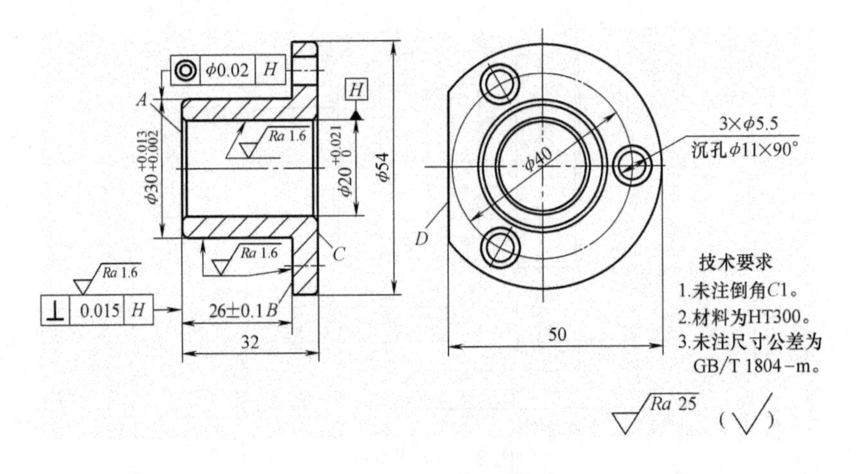

图3-2　轴套零件图

【教学目标】

1. 能力目标

对典型盘套类零件进行加工工艺设计分析，学生应能运用车削盘套类零件加工的相关知识，完成典型盘套类零件的加工工艺分析、定位基准的确定和加工工艺路线的拟定，并初步具备盘套类零件的加工工艺设计能力。

2. 知识目标

1）了解基准的概念及分类。

2）了解工件定位的概念和要求。

3）掌握六点定位原理。

4）掌握常用定位元件、夹具的使用和选择。

5）了解定位误差的分析方法。

6）掌握典型盘套类零件的加工工艺设计方法。

【任务描述】

盘套类零件是机械中常见的一种零件，它们的应用很广泛，如齿轮、带轮、法兰盘、端盖、套环、滑动轴承、夹具体中的导向套、液压系统中的液压缸以及内燃机上的气缸套等。由于盘套类零件的功用不同，其结构和尺寸有很大的差异，但结构上也有共同特点。所以，本项目针对典型盘套类零件设有如下任务：

①分析盘套类零件的加工要求及工艺性。

②分析盘套类零件的加工方法、定位基准和装夹方法。

③合理确定盘套类零件的加工工艺规程。

【任务实施】

3.1 零件工艺分析

如图3-2所示，该轴套零件的结构简单，由端面、外圆柱面和内孔等组成，零件有同轴度公差$\phi 0.02$mm和垂直度公差0.015mm的要求。

3.1.1 轴套零件材料

由图3-2可知，该零件选用的材料是HT300（珠光体类型的灰铸铁）。其强度高，耐磨性好，但白口倾向大，铸造性能差，需进行人工时效处理。常用于制造机械中的重要铸件，如床身导轨、车床、压力机及受力较大的床身、主轴箱齿轮等；还可用于制造高压液压缸、泵体、阀体等以及镦模、冷冲模和需经表面淬火的零件。

3.1.2 轴套零件的加工技术要求

1）$\phi 30^{+0.013}_{+0.002}$mm外圆柱面轴线对$\phi 20^{+0.021}_{0}$mm内孔轴线的同轴度公差为$\phi 0.02$mm，表面粗糙度值为$Ra1.6\mu m$。

2）A端面对$\phi 20^{+0.021}_{0}$mm孔的轴线H的垂直度公差为$\phi 0.015$mm，表面粗糙度值为$Ra1.6\mu m$。

3）其他技术要求：未注尺寸公差为GB/T 1804-m。即图样上未注公差的线性尺寸均按中等级加工和检验。

3.2 预备基础知识

3.2.1 工艺规程制定的基本原则和步骤

1. 制定工艺规程的原则

制定工艺规程的总体原则是优质、高产、低消耗，即在保证产品质量的前提下，尽可能提高生产率和降低成本。同时，还应在充分利用本企业现有生产条件的基础上，尽可能采用国内外先进工艺技术和检测技术，在规定的生产批量下采用最经济并能取得最好经济效益的加工方法，此外还应保证工人具有良好而安全的劳动条件。

2. 制定工艺规程的原始资料

1）产品装配图和零件图以及产品验收的质量标准。

2）零件的生产纲领及投产批量、生产类型。

3）毛坯和半成品的资料、毛坯制造方法、生产能力及供货状态等。

4）现场的生产条件，包括工艺装备及专用设备的制造能力、规格性能、工人技术水平及各种工艺资料和相应标准等。

5）国内外同类产品的有关工艺资料等。

3. 制定工艺规程的步骤

制定工艺规程的主要步骤如下。

1）计算零件生产纲领，确定生产类型。

2）图样分析，主要进行零件技术要求分析和结构工艺性分析。

3）选择毛坯，确定毛坯制造方法。

4）拟定工艺路线，选择表面加工方法，划分加工阶段，安排加工顺序等。

5）确定各工序所用机床及工艺装备。

6）确定各工序的加工余量及工序尺寸。

7）确定各工序的切削用量和工时定额。

8）填写工艺文件，即填写工艺过程卡、工艺卡、工序卡等。

3.2.2 机械零件的结构工艺性分析评价

1. 零件表面组成

零件的结构千差万别，但都是由一些基本表面和特形表面所组成的。基本表面主要有内外圆柱面、平面等；特形表面主要指成形表面。

2. 零件表面组合情况分析

对于零件结构分析的另一方面是分析零件表面的组合情况和尺寸大小。组合情况和尺寸大小的不同，形成了各种零件在结构特点和加工方案选择上的差别。在机械制造业中，通常按零件结构特点和工艺过程的相似性，将零件大体上分为轴类、箱体类、盘套类等。

3. 零件的结构工艺性分析

零件结构工艺性是指零件的结构在保证使用要求的前提下，是否能以较高的生产率和较低的成本而方便地制造出来的特性。许多功能相同而结构不同的零件，它们的加工方法与制造成本往往差别很大，所以应仔细分析零件的结构工艺性。

4. 典型实例

表3-1列出了常见零件机械加工工艺性对比的示例。

表3-1　零件机械加工工艺性对比

序号	工艺性不合理	工艺性合理	说　　明
1	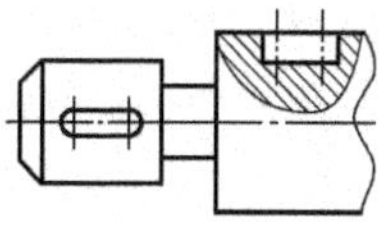	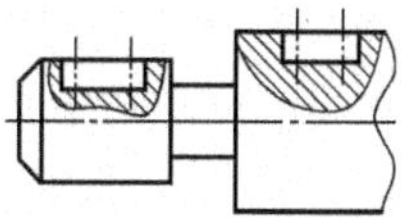	键槽的尺寸、方位相同，可在一次装夹中加工出全部键槽，以提高生产率
2	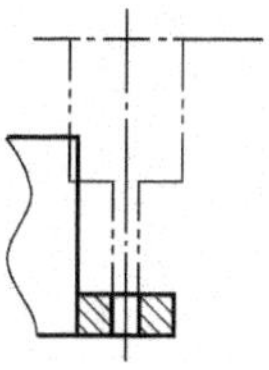	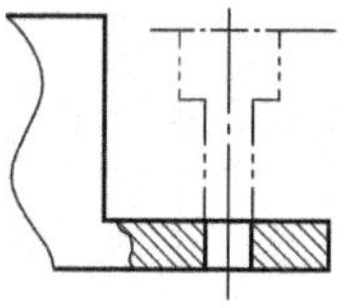	孔中心与箱体壁之间尺寸太小，无法引进刀具
3	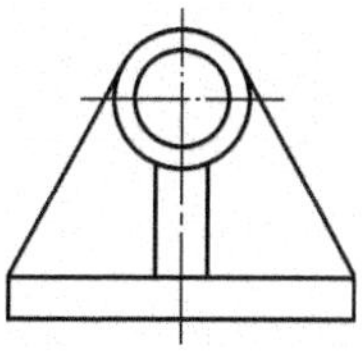	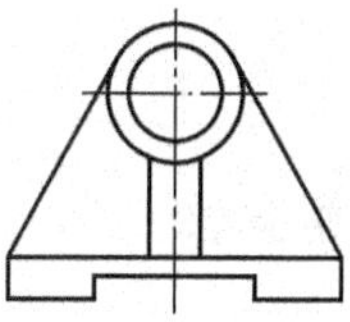	减少接触面积，减少加工量，提高稳定性
4	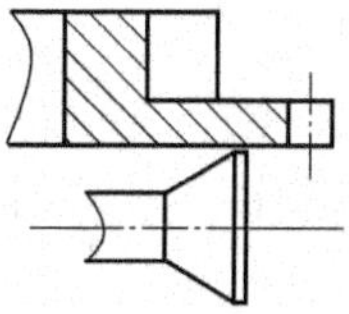	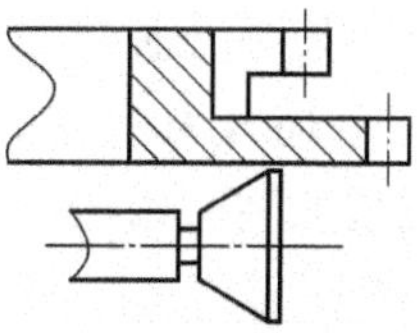	应设计退刀槽，减少刀具或砂轮的磨损
5	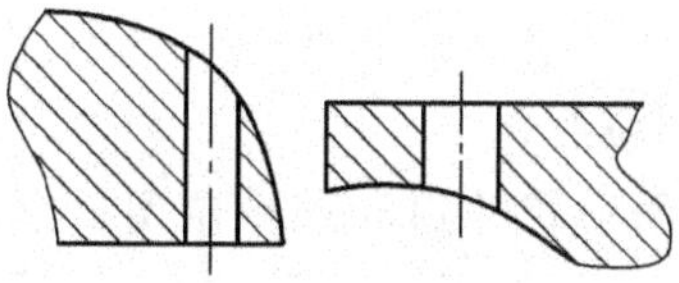	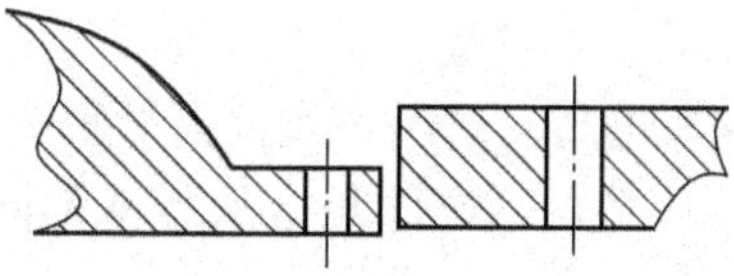	钻头容易引偏或折断
6	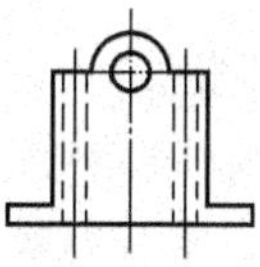	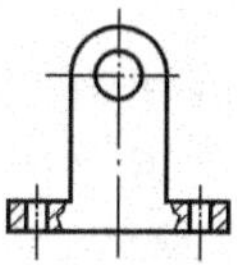	避免深孔加工，提高连接强度，节约材料，减少加工量
7	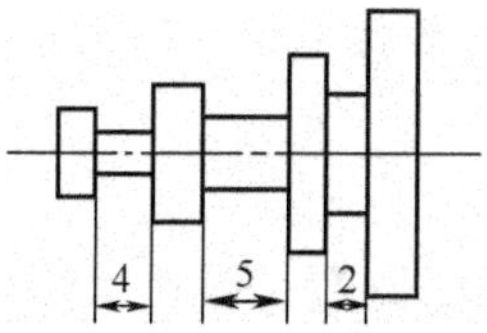	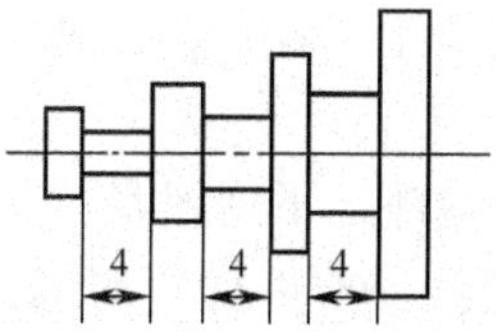	为减少刀具种类和换刀时间，应设计为相同的宽度

（续）

序号	工艺性不合理	工艺性合理	说　明
8	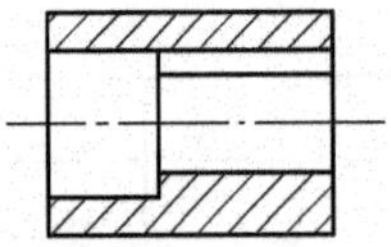	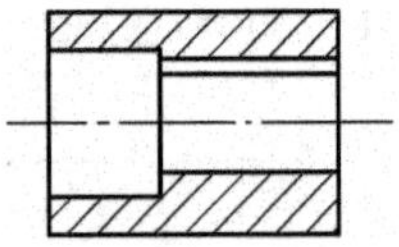	为便于加工，槽的底面不应与其他加工面重合
9	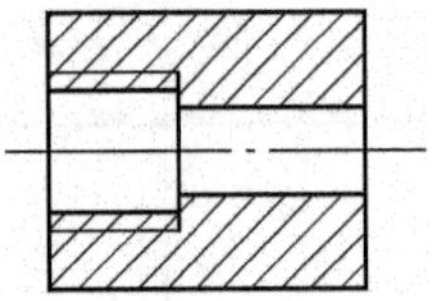	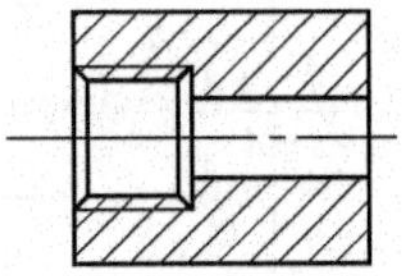	为便于加工，内螺纹根部应有退刀槽
10	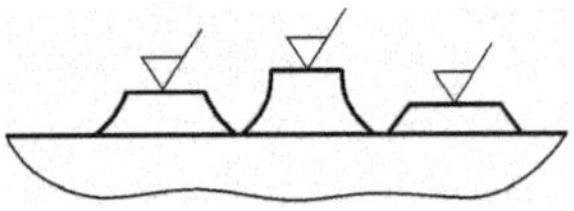	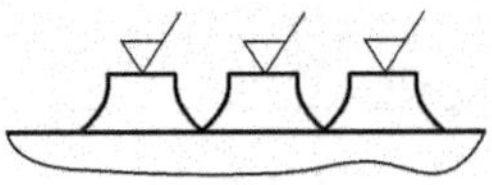	为便于一次加工，生产率高，凸台表面应处于同一水平面

3.2.3 零件毛坯的选择与确定

1. 毛坯类型

机械制造中常用的毛坯有以下几种。

（1）铸件　形状复杂的毛坯宜采用铸造方法制造。目前，生产中的铸件大多数是用砂型铸造的，少数尺寸较小的优质铸件可采用特种铸造，如金属型铸造、离心铸造、熔模铸造和压力铸造等。

（2）锻件　锻件有自由锻和模锻两种。自由锻件的加工余量大，锻件精度低，生产率不高，要求工人的技术水平较高，适用于单件小批生产。模锻件的加工余量小，锻件精度高，生产率高，但成本也高，适用于大批大量生产小型锻件。

（3）型材下料件　型材下料件是指从各种不同截面形状的热轧和冷拉型材上切下的毛坯件，如角钢、工字钢、槽钢、圆棒料、钢管、塑钢等。热轧型材的精度较低，适用于一般零件的毛坯。冷拉型材的精度较高，多用于毛坯精度要求较高的中小型零件和自动机床上加工零件的毛坯。型材下料件的表面一般不再加工，但需注意其规格。

（4）焊接件　焊接件是用焊接的方法将同种材料或不同种材料焊接在一起，从而获得的毛坯，如采用焊条电弧焊、氩弧焊、气焊等。焊接方法特别适宜于实现大型毛坯、结构复杂毛坯的制造。

焊接的优点是生产周期短、效率高、成本低，但缺点是焊接变形比较大。

2. 毛坯选择的方法

在进行毛坯选择时，应考虑下列因素。

（1）零件材料的工艺性　零件材料的工艺性是指材料的铸造、锻造、切削性和热处理性能等以及零件对材料组织和力学性能的要求，如材料为铸铁或青铜的零件，应选择铸件毛坯。

（2）零件的结构形状与外形尺寸　一般用途的阶梯轴，如台阶直径相差不大，单件生产时可用棒料；若台阶直径相差较大，则宜用锻件，以节约材料和减少机械加工量。大型零件毛坯受设备条件限制，一般只能用自由锻件或砂型铸造件；中小型零件根据需要可选用模锻件或特种铸造件。

（3）生产类型　大批大量生产时，应选择毛坯精度和生产率均高的先进毛坯制造方法，使毛坯的形状、尺寸尽量接近零件的形状、尺寸，以节约材料，减少机械加工量，由此而节约的费用往往会超出毛坯制造所增加的费用，以获得良好的经济效益。单件小批生产时，若采用先进的毛坯制造方法，则所节约的材料和机械加工成本，相对于毛坯制造所增加的设备和专用工艺装备费用就得不偿失了，故应选择毛坯精度和生产率均比较低的一般毛坯制造方法，如自由锻和手工砂型铸造等方法。

（4）生产条件　选择毛坯时，应考虑现有生产条件，如现有毛坯的制造水平和设备情况，外协的可能性等。在可能时，应尽量组织外协，实现毛坯制造的社会专业化生产，以获得好的经济效益。

（5）充分考虑利用新技术、新工艺和新材料　随着毛坯制造专业化生产的发展，目前毛坯制造方面的新工艺、新技术和新材料的应用越来越多，精铸、精锻、冷轧、冷挤压、粉末冶金和工程塑料的应用日益广泛，这些都可以大大减少机械加工量，节约材料并有十分显著的经济效益。

3. 毛坯选择实例

1）为使工件安装稳定，有些铸件毛坯需要铸出工艺凸台。工艺凸台在零件加工后应切除。

2）为提高机械加工生产率，对于一些类似图3-3所示需经锻造的小零件，常将若干零件先锻造成一件毛坯，经加工之后再切割分离成单个零件。

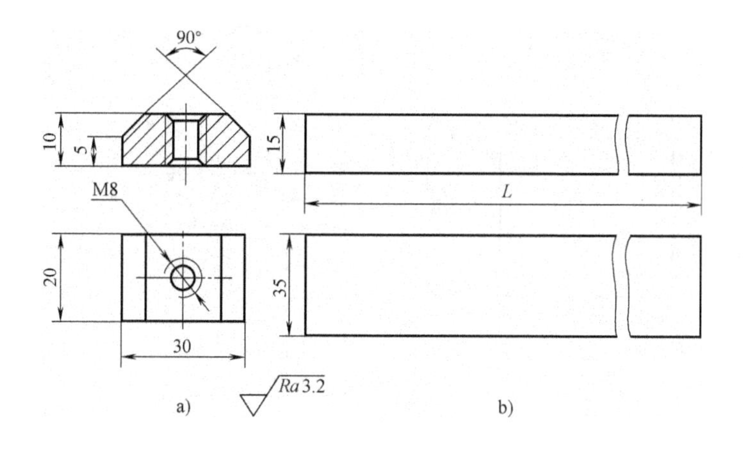

图3-3　滑键的零件图及毛坯图

a）零件图　b）毛坯件

3）对于垫圈类的较小零件，应将多件合成一个毛坯，先加工外圆和切槽，然后再钻孔切割成若干个零件，如图3-4所示。

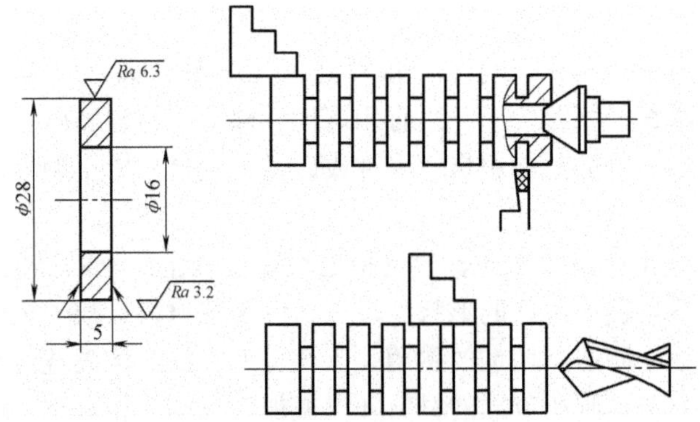

图 3-4　垫圈的整体毛坯及加工

3.2.4　基准与工件定位

制定机械加工规程时，定位基准的选择是否合理，将直接影响零件加工表面的尺寸精度和相互位置精度。同时对加工顺序的安排也有重要影响。定位基准选择不同，工艺过程也将随之而异。

1. 基准的概念及其分类

所谓基准是用来确定生产对象上几何要素间的几何关系所依据的那些点、线、面。基准根据功用不同可分为设计基准和工艺基准两大类。

（1）设计基准　所谓设计基准是指设计图样上采用的基准。图 3-5a 所示的钻套轴线 *O*-*O* 是各外圆表面及内孔的设计基准；端面 *A* 是端面 *B*、*C* 的设计基准；内孔表面 *D* 的轴线是 ϕ40h6 外圆表面的径向圆跳动和端面 *B* 的轴向圆跳动的设计基准。同样，图 3-5b 中的 *F* 面是 *C* 面和 *E* 面的设计基准，也是两孔垂直度和 *C* 面平行度的设计基准；*A* 面为 *B* 面的距离尺寸及平行度设计基准。

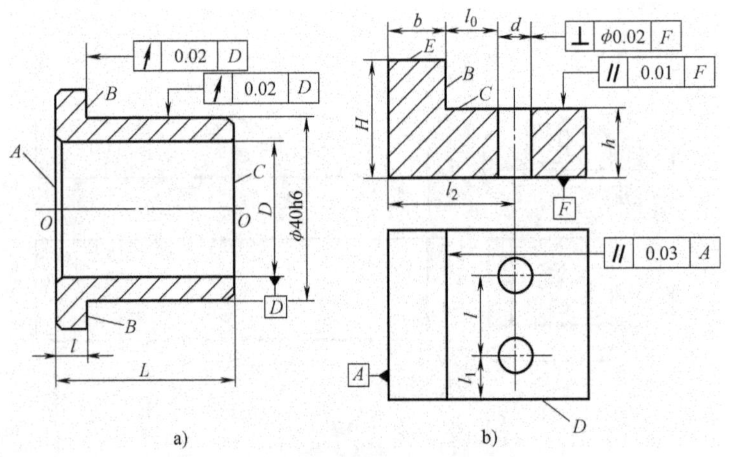

图 3-5　基准分析示例

作为设计基准的点、线、面在工件上有时不一定具体存在，如表面的几何中心、对称线、对称面等，而常常由某些具体表面来体现，这些具体表面称为基面。

（2）工艺基准　所谓工艺基准是指在机械加工工艺过程中用来确定本工序的加工表面

加工后的尺寸、形状、位置的基准。工艺基准按不同的用途可分为工序基准、定位基准、测量基准和装配基准。

1）工序基准。在工序图上用来确定本工序的加工表面加工后的尺寸、形状、位置的基准，称为工序基准。如图3-6a所示，A为加工面，素线至A面的距离h为工序尺寸，位置要求为A面B面的平行度（没有标出则包括在h的尺寸公差内）。所以素线为本工序的工序基准。

有时确定一个表面就需要数个工序基准。如图3-6b所示，孔为加工表面，要求其中心线与A面垂直，并与B面及C面保持距离L_1、L_2，因此表面A、B和C均为本工序的工序基准。

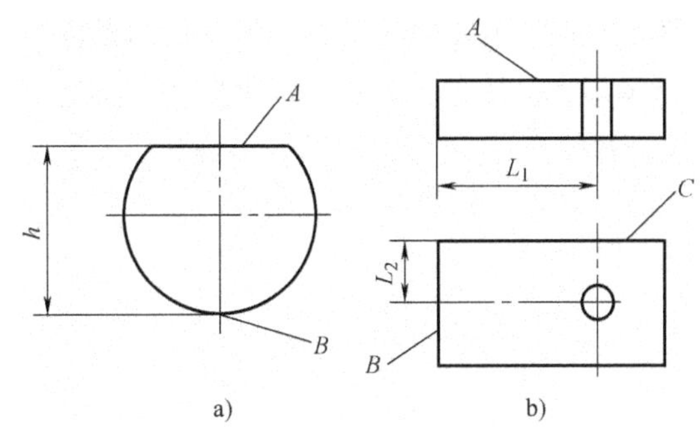

图3-6　工序基准与工序尺寸

2）定位基准。在加工中用作定位的基准称为定位基准。例如，将图3-5a所示的零件的内孔套在心轴上加工ϕ40h6外圆时，内孔中心线即为定位基准。加工一个表面，往往需要数个定位基准同时使用。如图3-6b所示的零件，加工孔时，为保证对A面的垂直度，要用A面作为定位基准；为保证L_1、L_2的距离尺寸，要用B、C面作为定位基准。

作为定位基准的点、线、面在工件上也不一定存在，但必须由相应的实际表面来体现。这些实际存在的表面称为定位基面。

3）测量基准。测量时采用的基准称为测量基准。例如，图3-5a中，以内孔套在心轴上去检验ϕ40h6外圆的径向圆跳动和端面B的轴向圆跳动，内孔中心线为测量基准。

4）装配基准　装配时用来确定零件或部件在产品中相对位置时所用的基准称为装配基准。图3-5b所示的支承块，底面F为装配基准。

2. 工件定位的概念及定位要求

(1) 工件定位的概念　机床、夹具、刀具和工件组成了一个工艺系统。工件加工面的相互位置精度是由工艺系统间的正确位置关系来保证的。因此加工前，应首先确定工件在工艺系统中的正确位置，即工件的定位。

而工件是由许多点、线、面组成的一个复杂的空间几何体。当考虑工件在工艺系统中占据一正确位置时，是否将工件上的所有点、线、面都列入考虑范围内呢？显然是不必要的。在实际加工中，进行工件定位时，只要考虑作为设计基准的点、线、面是否在工艺系统中占有正确的位置即可。所以工件定位的本质，是使加工面的设计基准在工艺系统中占据一个正确位置。

工件定位时，由于工艺系统在静态下的误差，会使工件加工面的设计基准在工艺系统中的位置发生变化，影响工件加工面与其设计基准的相互位置精度，但只要这个变动值在允许的误差范围以内，即可认定工件在工艺系统中已占据了一个正确的位置，即工件已正确地定位。

(2) 工件定位的要求　工件定位的目的是保证工件加工面与加工面的设计基准之间的位置公差（如同轴度、平行度、垂直度等）和距离尺寸精度。工件加工面的设计基准与机床的正确位置是工件加工面与加工面的设计基准之间位置公差的保证；工件加工面的设计基准与刀具的正确位置是工件加工面与加工面的设计基准之间距离尺寸精度的保证。所以工件定位时有以下两点要求：一是使工件加工面的设计基准与机床保持正确的位置；二是使工件加工面的设计基准与刀具保持正确的位置。下面分别从这两方面进行说明。

1）为了保证加工面与其设计基准间的位置公差（同轴度、平行度、垂直度等），工件定位时应使加工表面的设计基准相对于机床占据正确的位置。

如图 3-5a 所示零件，为了保证外圆表面 ϕ40h6 的径向圆跳动要求，工件定位时必须使其设计基准（内孔轴线 O-O）与机床主轴回转轴线 O_1-O_1 重合，如图 3-7a 所示。对于图 3-5b 所示零件，为了保证加工面 B 与其设计基准 A 的平行度要求，工件定位时必须使设计基准 A 与机床工作台的纵向直线运动方向平行，如图 3-7b 所示。孔加工时为了保证孔与其设计基准（底面 F）的垂直度要求，工件定位时必须使设计基准 F 面与机床主轴轴线垂直，如图 3-7c 所示。

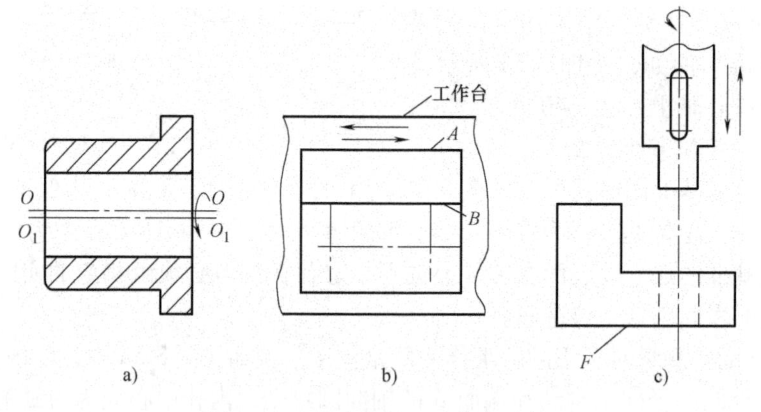

图 3-7　工件定位的正确位置示例

2）为了保证加工面与其设计基准间的距离尺寸精度，工件定位时，应使加工面的设计基准相对于刀具有正确的位置。

表面间距离尺寸精度的获得通常有两种方法：试切法和调整法。

试切法是通过试切—测量加工尺寸—调整刀具位置—试切的反复过程来获得距离尺寸精度的。由于这种方法是在加工过程中，通过多次试切才能获得距离尺寸精度，所以加工前工件相对于刀具的位置可不必确定。试切法多用于单件小批生产中。

调整法是一种加工前按规定的尺寸调整好刀具与工件相对位置及进给行程，从而保证在加工时自动获得所需距离尺寸精度的加工方法。这种加工方法在加工时不再试切。生产率高，其加工精度取决于机床、夹具的精度和调整误差，用于大批量生产。

3. 工件定位的方法

（1）直接找正法定位　直接找正法定位是利用百分表、划针或目测等方法在机床上直接找正工件加工面的设计基准，使其获得正确位置的定位方法。如图 3-8 所示，零件在磨床上磨削内孔，若零件的外圆与内孔有很高的同轴度要求，此时可用单动卡盘装夹工件，并在加工前用百分表等控制外圆的径向圆跳动，从而保证加工后零件外圆与内孔的同轴度要求。

这种方法的定位精度和找正的快慢取决于找正工人的水平，一般来说，此法比较费时，多用于单件小批生产或要求位置精度特别高的工件。

（2）划线找正法定位　划线找正法定位是在机床上使用划针按毛坯或半成品上待加工处预先划出的线段找正工件，使其获得正确的位置的定位方法，如图 3-9 所示。此法受划线精度和找正精度的限制，定位精度不高。主要用于批量小，毛坯精度低及大型零件等不便于使用夹具进行加工的粗加工。

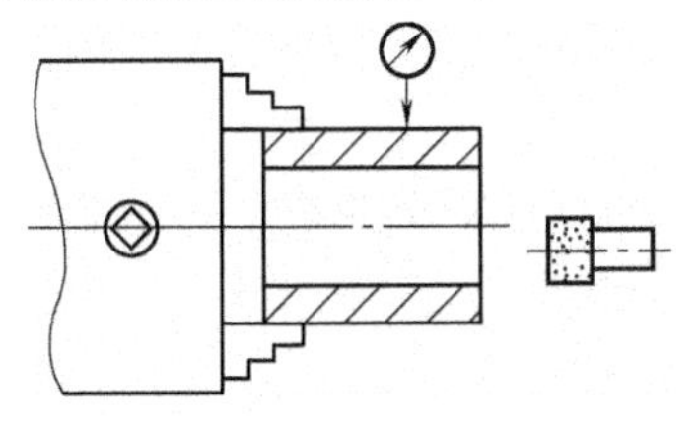
图 3-8　直接找正法示例

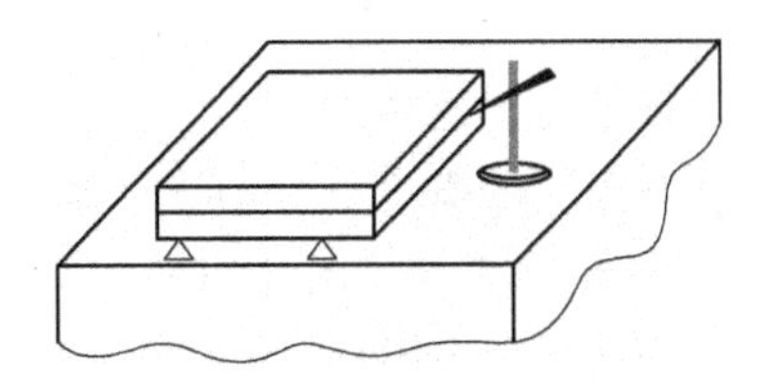
图 3-9　划线找正法示例

（3）使用夹具定位　夹具定位即直接利用夹具上的定位元件使工件获得正确位置的定位方法。由于夹具的定位元件与机床和刀具的相对位置均已预先调整好，故工件定位时不必再逐个调整。此法定位迅速、可靠，定位精度较高，广泛用于成批生产和大量生产中。

4. 机床夹具的工作原理

图 3-10 所示为套筒钻孔所用的夹具。钻孔时，应首先借助于夹具体 1 的底面 A_1 及钻套 2 的内孔 A_2 实现钻模在机床上的定位，并用机床上的定位螺栓夹紧在机床工作台面上；然后工件以孔基准 S_1 和端面 S_2 为定位基准放在心轴 3 的表面上定位，并借助于快换垫片 4，用螺母 5 夹紧工件；最后将刀具插入钻套 2 的导向套孔便可进行钻削加工。

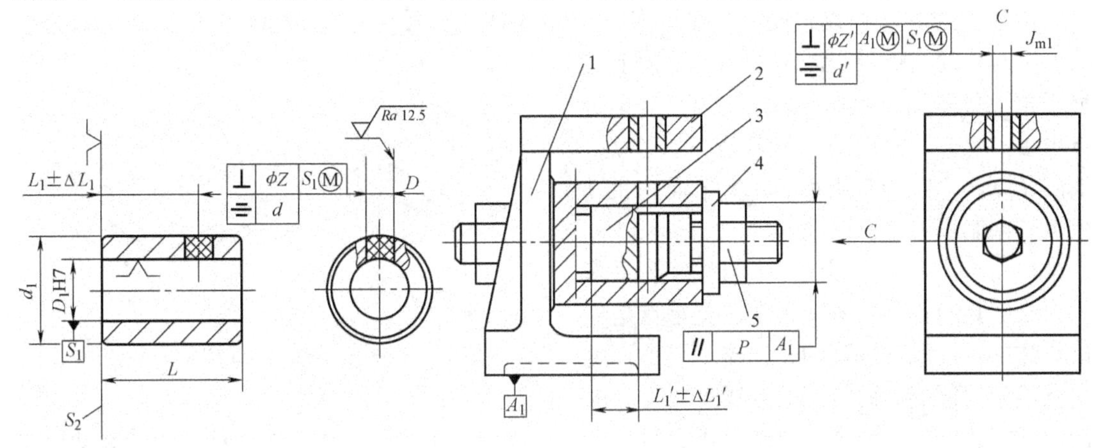

图 3-10　钻模夹具的工作原理

1—夹具体　2—钻套　3—心轴　4—快换垫片　5—螺母

如此，同一批工件在夹具中便可取得确定位置。显然本工序所要求的与基准直接联系的距离尺寸 $L_1 \pm \Delta L_1$（单位为 mm）及垂直度公差 ϕZ（单位为 mm）主要靠夹具来保证。

综合上述分析可知：欲保证工件加工面的位置精度要求，工艺系统各环节之间必须保证如下的正确几何关系：

①使工件与夹具具有确定的相互位置。

②使机床与夹具具有确定的相互位置。

③使刀具与夹具具有确定的距离尺寸联系。

所以，机床夹具是能使同一批工件在加工前迅速进行装夹并使工件相对于机床、刀具具有确定位置且在整个加工过程中保持上述位置关系的一种工艺装备。

3.2.5 六点定位原则

1. 工件定位的基本原理

（1）自由度的概念　由刚体运动学可知，一个自由刚体，在空间有且仅有6个自由度。图3-11所示的工件，它在空间的位置是任意的，即它既能沿 Ox、Oy、Oz 三个坐标轴移动，称为移动自由度，分别表示为 $\vec{x}$、$\vec{y}$、$\vec{z}$；又能绕 Ox、Oy、Oz 三个坐标轴转动，称为转动自由度，分别表示为 $\overset{\frown}{x}$、$\overset{\frown}{y}$、$\overset{\frown}{z}$。

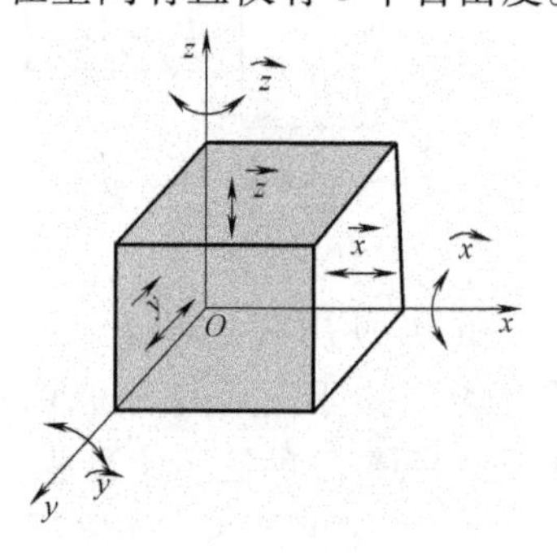

图3-11　未定位工件的6个自由度

（2）六点定位原则　由上可知，如果要使一个自由刚体在空间有一个确定的位置，就必须设置相应的6个约束，分别限制刚体的6个运动自由度。在讨论工件的定位时，工件就是我们所指的自由刚体。如果工件的6个自由度都加以限制了，工件在空间的位置也就完全被确定下来了。因此，定位实质上就是限制工件的自由度。

分析工件定位时，通常是用1个支承点限制工件的1个自由度。用合理设置的6个支承点，限制工件的6个自由度，使工件在夹具中的位置完全确定，这就是六点定位原则。

例如，图3-12所设置的6个固定点，长方体的3个面分别与这些点保持接触，长方体的6个自由度均被限制。其中 xOy 平面上的呈三角形分布的三点限制了 $\overset{\frown}{x}$、$\overset{\frown}{y}$、$\vec{z}$ 3个自由度；yOz 平面内的水平放置的2个点，限制了 $\vec{x}$、$\overset{\frown}{z}$ 2个自由度；xOz 平面内的1个点，限制了1个自由度 $\vec{y}$。

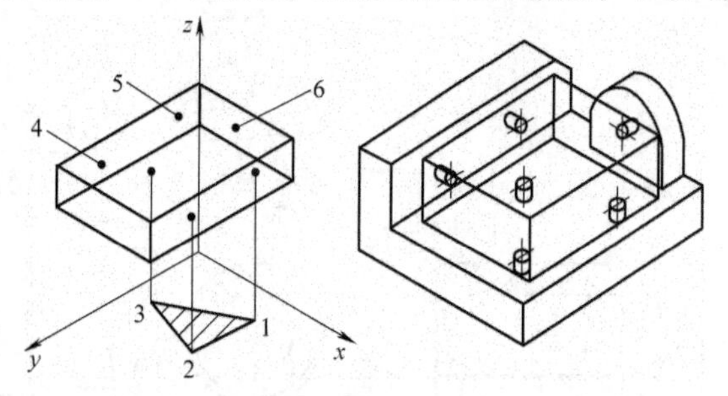

图3-12　长方体定位时支承点的分布

1）定位支承点是定位元件抽象而来的。在夹具的实际结构中，定位支承点是通过具体的定位元件体现的，即支承点不一定用点或销的顶端，而常用面或线来代替。根据数学概念可知，两个点决定一条直线，三个点决定一个平面，即一条直线可以代替两个支承点，一个平面可代替三个支承点。在具体应用时，还可用窄长的平面（条形支承）代替直线，用较小的平面来替代点。

2）定位支承点与工件定位基准面始终保持接触，才能起到限制自由度的作用。

3）分析定位支承点的定位作用时，不考虑力的影响。工件的某一自由度被限制，是指工件在某个坐标方向有了确定的位置，并不是指工件在受到使其脱离定位支承点的外力时不能运动。使工件在外力作用下不能运动，要靠夹紧装置来完成。

（3）工件定位中的几种情况

1）完全定位　完全定位是指不重复地限制了工件的6个自由度的定位。当工件在 x、y、z 三个坐标方向均有尺寸要求或位置精度要求时，一般采用这种定位方式，如图3-12所示。

2）不完全定位。根据工件的加工要求，有时并不需要限制工件的全部自由度，这样的定位方式称为不完全定位，如图3-13所示。工件在定位时应该限制的自由度数目应由工序的加工要求而定，不影响加工精度的自由度可以不加限制。采用不完全定位可简化定位装置，因此不完全定位在实际生产中也广泛应用。

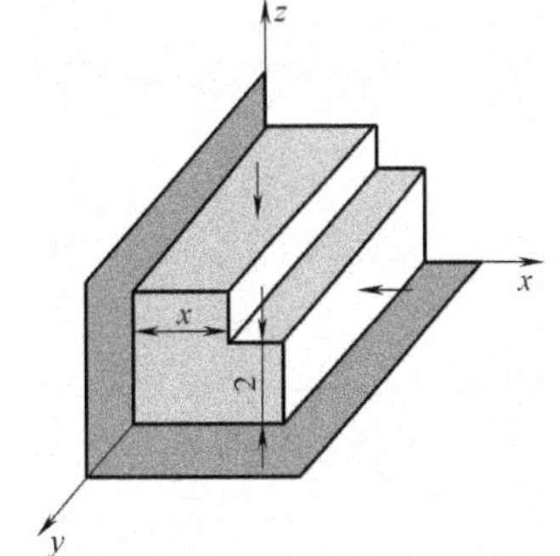

图3-13　不完全定位分析示例

3）欠定位。根据工件的加工要求，应该限制的自由度没有完全被限制的定位称为欠定位。欠定位无法保证加工要求。因此，在确定工件在夹具中的定位方案时，决不允许有欠定位的现象产生。

4）过定位。夹具上的两个或两个以上的定位元件重复限制同一个自由度的现象，称为过定位。如图3-14所示，心轴的大端面限制的自由度为：x、z轴方向的转动，y轴方向的移动；心轴的长销限制的自由度为：x、y轴方向的移动和转动，即x轴方向的转动和y轴方向的移动被重复限制。

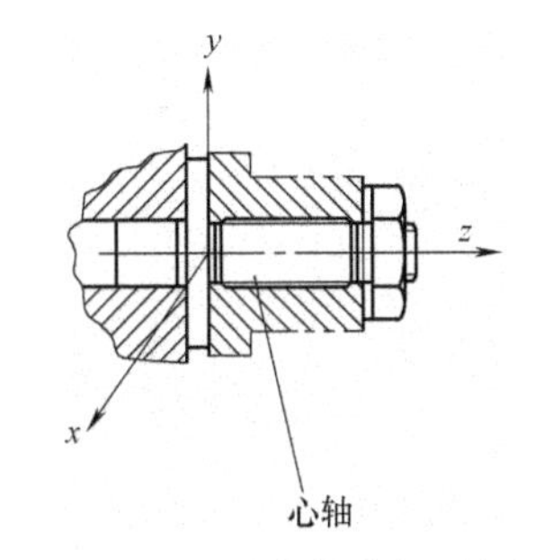

图3-14　过定位分析示例

消除或减少过定位引起的干涉，一般有两种方法：一是改变定位元件的结构，如缩小定位元件工作面的接触长度；或者减小定位元件的配合尺寸，增大配合间隙等。二是控制或者提高工件定位基准之间以及定位元件工作表面之间的位置精度。

2. 常用定位元件

工件在夹具中要想获得正确定位，首先应正确选择定位基准，其次是选择合适的定位元件。工件定位时，工件定位基准和夹具的定位元件接触形成定位副，以实现工件的六点定位。

（1）对定位元件的基本要求

1）限位基面应有足够的精度。定位元件具有足够的精度，才能保证工件的定位精度。

2）限位基面应有较好的耐磨性。由于定位元件的工作表面经常与工件接触和摩擦，容易磨损，为此要求定位元件限位表面的耐磨性要好，以保持夹具的使用寿命和定位精度。

3）支承元件应有足够的强度和刚度。定位元件在加工过程中，受工件重力、夹紧力和切削力的作用，因此要求定位元件应有足够的刚度和强度，避免使用中变形和损坏。

4）定位元件应有较好的工艺性。定位元件应力求结构简单、合理，便于制造、装配和更换。

5）定位元件应便于清除切屑。定位元件的结构和工作表面形状应有利于清除切屑，以防切屑嵌入夹具内影响加工和定位精度。

（2）常用定位元件所能限制的自由度　常用定位元件可按工件典型定位基准面分为以下几类。

1）用于平面定位的定位元件。它包括固定支承（支承钉和支承板）、自位支承、可调支承和辅助支承。

2）用于外圆柱面定位的定位元件。它包括V形架、定位套和半圆定位座等。

3）用于孔定位的定位元件。它包括定位销（圆柱定位销和圆锥定位销）、圆柱心轴和小锥度心轴。

常用定位元件所能限制的自由度见表3-2。

表3-2　常用定位元件所能限制的自由度

工件定位基面	定位元件	定位简图	定位元件特点	限制的自由度
平面 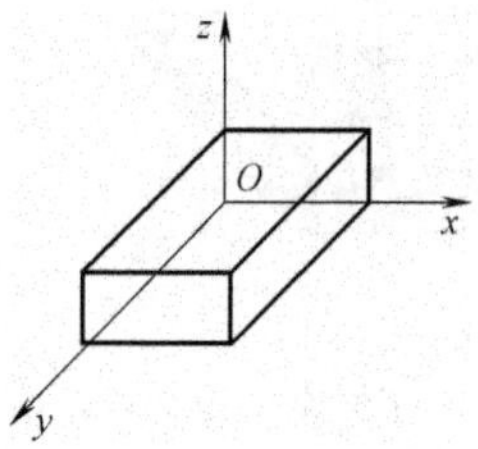	支承钉	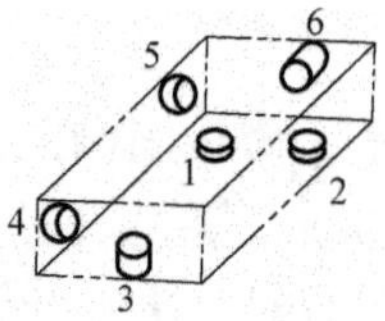		1，2，3—$\vec{z}$，$\overset{\frown}{x}$，$\overset{\frown}{y}$ 4，5—$\vec{x}$，$\overset{\frown}{z}$ 6—$\vec{y}$
	支承板	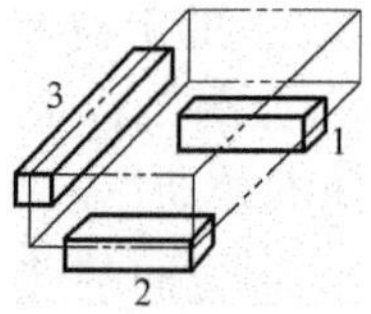		1，2—$\vec{z}$，$\overset{\frown}{x}$，$\overset{\frown}{y}$ 3—$\vec{x}$，$\overset{\frown}{z}$
圆孔 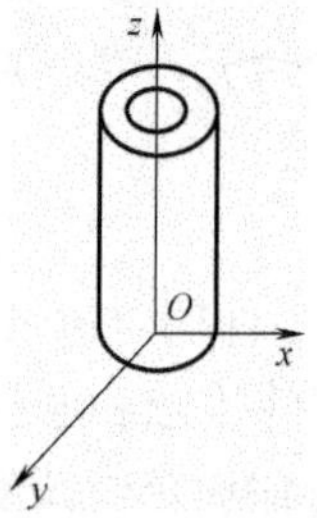	定位销（心轴）		短销（短心轴）	$\vec{x}$，$\vec{y}$
		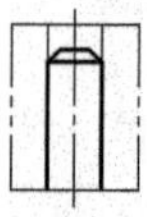	长轴（长心轴）	$\vec{x}$，$\vec{y}$ $\overset{\frown}{x}$，$\overset{\frown}{y}$
	锥销	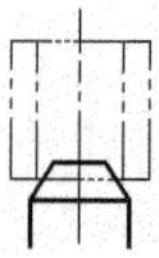		$\vec{x}$，$\vec{y}$，$\vec{z}$
		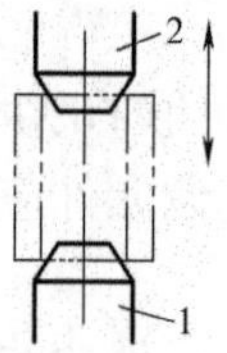	1—固定销 2—活动销	$\vec{x}$，$\vec{y}$，$\vec{z}$ $\overset{\frown}{x}$，$\overset{\frown}{y}$
外圆柱面 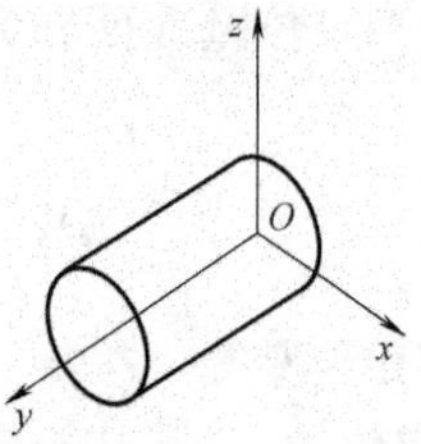	定位套	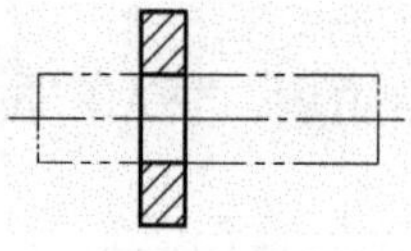	短套	$\vec{x}$，$\vec{z}$
		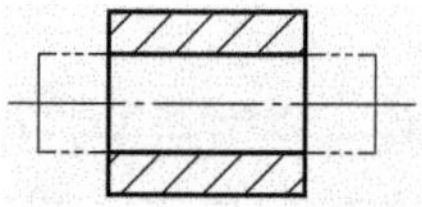	长套	$\vec{x}$，$\vec{z}$ $\overset{\frown}{x}$，$\overset{\frown}{z}$

（续）

工件定位基面	定位元件	定位简图	定位元件特点	限制的自由度
外圆柱面	半圆套		短半圆套	$\vec{x}$，$\vec{z}$
			长半圆套	$\vec{x}$，$\vec{z}$ $\overset{\frown}{x}$，$\overset{\frown}{z}$
	锥套			$\vec{x}$，$\vec{y}$，$\vec{z}$
		1　2	1—固定锥套 2—活动锥套	$\vec{x}$，$\vec{y}$，$\vec{z}$ $\overset{\frown}{x}$，$\overset{\frown}{z}$
	支承板或支承钉		短支承板或支承钉	$\vec{z}$
			长支承板或两个支承钉	$\vec{z}$，$\overset{\frown}{x}$
	V形块		窄V形块	$\vec{x}$，$\vec{z}$
			宽V形块	$\vec{x}$，$\vec{z}$ $\overset{\frown}{x}$，$\overset{\frown}{z}$

3.2.6　定位误差分析

“六点定位原理”解决了消除工件自由度的问题，即解决了工件在夹具中位置“定与不定”的问题。但是，由于一批工件逐个在夹具中定位时，各个工件所占据的位置不完全一致，即出现工件位置定得“准与不准”的问题。如果工件在夹具中所占据的位置不准确，加工后各工件的加工尺寸必然大小不一，形成误差。这种只与工件定位有关的误差称为定位误差，用 Δ_D 表示。

在工件的加工过程中，产生误差的因素很多，定位误差仅是加工误差的一部分，为了保证加工精度，一般限定定位误差不超过工件加工公差 T 的 1/5 ~ 1/3，即

$$\Delta_D \leqslant (1/5 \sim 1/3)T \tag{3-1}$$

式中　Δ_D——定位误差(mm)；

T——工件的加工误差(mm)。

1. 定位误差产生的原因

工件逐个在夹具中定位时，各个工件的位置不一致的原因主要是基准不重合，而基准不重合又分为两种情况：一是定位基准与限位基准不重合，产生的基准位移误差；二是定位基准与工序基准不重合，产生的基准不重合误差。

（1）基准位移误差 Δ_Y　由于定位副的制造误差或定位副配合间所导致的定位基准在加工尺寸方向上的最大位置变动量，称为基准位移误差，用 Δ_Y 表示。不同的定位方式，基准位移误差的计算方式也不同。

如图 3-15a 所示，工件以内孔中心 O 为定位基准，套在心轴上，铣上平面，工序尺寸为 $H^{+\Delta_H}_{0}$。从定位角度看，孔中心线与轴线重合，即设计基准与定位基准重合，$\Delta_Y = 0$。实际上，定位心轴和工件内孔都有制造误差，而且为了便于工件套在心轴上，还应留有间隙，如图 3-15b 所示。故安装后孔和轴的中心必然不重合，使得两个基准发生位置变动，此时基准位移误差：$\Delta_Y = (\Delta_D + \Delta_d)/2$。

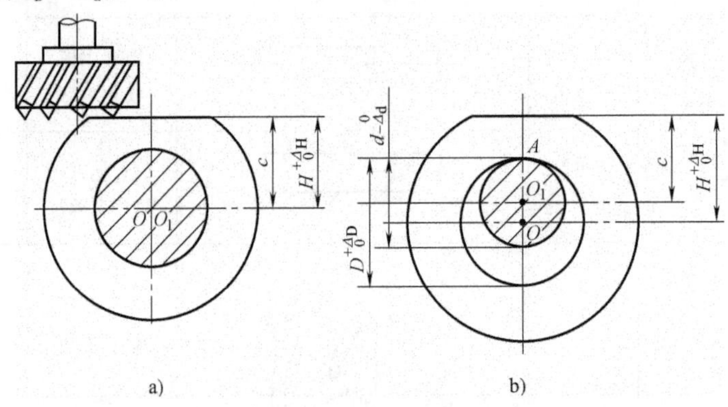

图 3-15　基准位移误差分析示例

（2）基准不重合误差 Δ_B　由于工序基准与定位基准不重合所导致的工序基准在加工尺寸方向上的最大位置变动量，称为基准不重合误差，用 Δ_B 表示。如图 3-16 所示，加工台阶面 1 时定位基准为底面 3，而设计基准为顶面 2，即基准不重合。即使本工序刀具以底面为

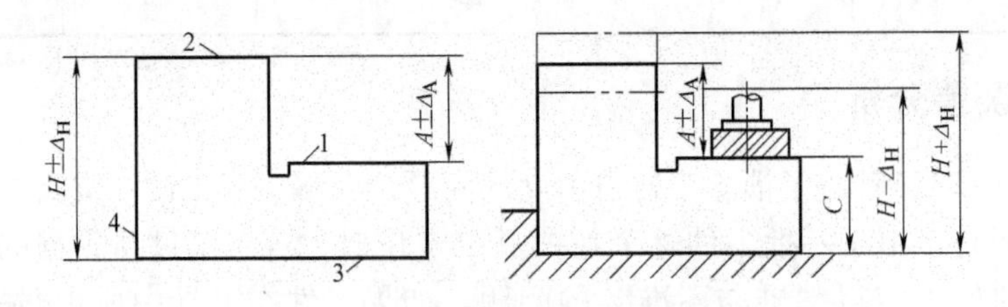

图 3-16　基准不重合误差分析示例

基准调整得绝对准确，且无其他加工误差，仍会由于上一工序加工后顶面2在$H \pm \Delta_H$范围内变动，导致加工尺寸$A \pm \Delta_A$变为$A \pm \Delta_A \pm \Delta_H$，其误差为$2\Delta_H$，即基准不重合误差$\Delta_B = 2\Delta_H$。

2. 定位误差的计算

计算定位误差时，可以分别求出基准位移误差和基准不重合误差，再求出它们在加工尺寸方向上的矢量和；也可以按最不利情况，确定工序基准的两个极限位置，根据几何关系求出这两个位置的距离，将其投影到加工方向上，求出定位误差。

1）$\Delta_B = 0$、$\Delta_Y \neq 0$时，产生定位误差的原因是基准位移误差，即

$$\Delta_D = \Delta_Y \tag{3-2}$$

2）$\Delta_B \neq 0$、$\Delta_Y = 0$时，产生定位误差的原因是基准不重合误差，即

$$\Delta_D = \Delta_B \tag{3-3}$$

3）$\Delta_B \neq 0$、$\Delta_Y \neq 0$时，若造成定位误差的原因是相互独立的因素时，应将两项误差相加，即

$$\Delta_D = \Delta_B + \Delta_Y \tag{3-4}$$

若造成定位误差的原因是不相互独立的因素时，则应进行合成，即

$$\Delta_D = \Delta_B \pm \Delta_Y \tag{3-5}$$

特别注意：Δ_B与Δ_Y的变动方向相同时，取“+”号；变动方向相反时，取“-”号。

综上所述，工件在夹具上定位时，因定位基准发生位移、定位基准与工序基准不重合产生定位误差。基准位移误差和基准不重合误差分别独立、互不相干，它们都使工序基准位置产生变动。定位误差包括基准位移误差和基准不重合误差。当无基准位移误差时，$\Delta_Y = 0$；当定位基准与工序基准重合时，$\Delta_B = 0$；若两项误差都没有，则$\Delta_D = 0$。分析和计算定位误差的目的，是对定位方案能否保证加工要求，有一个明确的定量概念，以便对不同定位方案进行分析比较，同时也是在决定定位方案时的一个重要依据。

3.2.7　工艺路线的拟定

1. 表面加工方法的选择

零件上各种典型表面都有多种加工方法（车、铣、刨、磨、镗、钻等），但每种加工方法所能达到的加工精度和表面粗糙度相差较大。在拟定零件机械加工工艺路线时，表面加工方法的选择应根据零件各表面所要求的加工精度和表面粗糙度，尽可能选择与经济加工精度和表面粗糙度相适应的加工方法。

（1）经济加工精度　所谓经济加工精度（简称经济精度），是指在正常生产条件下（采用符合质量标准的设备、工艺装备和标准技术等级的工人，不延长加工时间），采用某种加工方法所能达到的加工精度。各种加工方法都有一个经济加工精度和表面粗糙度的范围。选择表面加工方法时，应使工件的加工要求与之相适应。

（2）选择表面加工方法应考虑的主要因素　在选择表面加工方法时，除应保证加工表面的加工精度和表面粗糙度外，还应综合考虑如下因素。

1）工件材料的性质。加工方法的选择常要受到工件材料性质的限制。例如，淬火钢的精加工要用到磨削，而非铁金属的精加工不宜采用磨削（易堵塞砂轮），通常采用金刚镗或高速精细车等高速切削方法。

2）工件的形状和尺寸。形状复杂、尺寸较大的零件，其上的孔一般不采用拉削或磨削，应采用镗削；直径较大（$d>60$mm 的孔）或长度较短的孔，宜选镗削；孔径较小时宜采用铰削。

3）生产类型。加工方法的选择应与生产类型相适应，对于大批大量生产，应尽可能选用专用高效率的加工方法，如平面和孔的加工选用拉削方法；而单件小批生产应尽量选择通用设备和常用刀具进行加工，如平面采用刨削或铣削，但刨削因生产率低，在成批生产中逐步被铣削所代替。对于孔加工来说，因镗削刀具简单，在单件小批生产中得到广泛的应用。

4）具体生产条件。工艺人员必须熟悉企业的现有加工设备及其工艺能力，工人的技术水平，以及利用新工艺、新技术的可能性等。只有做到熟练掌握，方能充分利用现有设备和工艺手段，挖掘企业潜能。

2. 加工阶段的划分

粗加工阶段：主要切除各加工表面的大部分加工余量。此阶段应尽量提高生产率。

半精加工阶段：完成次要表面的终加工，并为主要表面的精加工做准备。

精加工阶段：保证各主要表面达到图样的全部技术要求，此阶段的主要问题是保证加工质量。

超精加工阶段：当零件上有要求特别高的表面时，需在精加工之后再用精密磨削、金刚石车削、金刚镗、研磨、珩磨、抛光或无屑加工等达到图样要求的精度。

3. 加工顺序的确定

（1）机械加工顺序的安排原则　一般原则如下。

1）先粗后精。即粗加工—半精加工—精加工，最后安排主要表面的终加工。

2）先主后次。零件的主要工作表面、装配基准应先加工，以便尽快为后续工序的加工提供精基准。

3）先面后孔。这是因为平面定位比较稳定可靠，故对于箱体、支架、连杆等平面轮廓尺寸较大的零件，一般先加工平面，然后以平面定位再去加工孔。

4）基面先行。在各阶段中，先加工基准面，然后以其定位去加工其他表面。

此外，除用作基准的表面外，精度高、表面粗糙度值小的表面应放在后面加工，以防铁屑等划伤。

（2）热处理工序的安排　热处理工序在工艺路线中的位置安排，主要由零件的材料及热处理的目的来决定。

为了改善工件材料的切削加工性、消除残余应力，正火和退火常安排在粗加工之前；若为最终热处理做组织准备，则调质处理一般安排在粗加工与精加工之间进行；时效处理用以消除毛坯制造和机械加工中产生的内应力；为了提高零件的强度、表面硬度和耐磨性及防腐等，淬火及渗碳淬火（淬火后应回火）、碳氮共渗、渗氮等应安排在精加工磨削之前进行；对于某些硬度和耐磨性要求不高的零件，调质处理也可作为最终热处理，其工序位置应安排在精加工之前进行；表面装饰性发蓝、镀层处理，应安排在全部机械加工完后进行。

（3）辅助工序的安排

1）检验工序。为了确保工件的加工质量，应合理安排检验工序。通常在重要关键工序前后，各加工阶段之间及工艺过程的最后均应安排检验工序。

2）划线工序。在单件、小批生产中，对一些形状复杂的铸件，为了在机械加工中安装方便，并使工序加工余量均匀，应安排划线工序。

3）去毛刺和清洗。切削加工后在零件表层或内部有时会留下毛刺，它们将会影响装配质量甚至影响产品的性能，应专门安排去毛刺工序。工件在装配前，应安排清洗工序。清洗一方面要去掉黏附在工件表面上的砂粒；另一方面要清洗掉易使工件发生锈蚀的物质，如切削液中的硫、氯等物质。

4）特殊需要的工序。例如，平衡应安排在零件或部件完成后。退磁工序则一般安排在精加工之后、终检之前。

4. 工序的集中与分散

在选定零件各表面的加工方法及加工顺序之后，制定工艺路线时可采用两种完全相反的原则，一个是工序集中原则，另一个是工序分散原则。所谓工序集中原则，就是每一工序中尽可能包含多的加工内容，从而使工序的总数减少，实现工序集中；而工序分散原则正好与工序集中原则含义相反。工序集中与工序分散各有特点，在制定工艺路线时，究竟采用哪种原则需视具体情况决定。

（1）工序集中的优点

1）可减少工件的装夹次数。在一次装夹下即可把各个表面全部加工出来，有利于保证各表面之间的位置精度和减少装夹次数。尤其适合于表面位置精度要求高的工件的加工。

2）可减少机床数量和占地面积，同时便于采用高效率机床加工，有利于提高生产率。

3）简化了生产组织计划与调度工作。因为工序少、设备少、工人少，自然便于生产的组织与管理。

工序集中的最大不足之一是不利于划分加工阶段；二是所需设备与工装复杂，机床调整、维修费时，投资大，产品转型困难。

工序分散的优点与不足正好与上述相反。其优点是工序包含的内容少，设备工装简单、维修方便，对工人的技术水平要求较低，在加工时可采用合理的切削用量，更换产品容易；缺点是工艺路线较长。

（2）工序集中与工序分散的实际应用　在拟定工艺路线时，工序集中或分散影响整个工艺路线的工序数目。具体选择时，依据如下几方面。

1）生产类型。对于单件、小批生产，为简化生产流程、减少工艺装备，应采用工序集中。尤其数控机床和加工中心的广泛使用，多品种小批量产品几乎全部采用了工序集中；中批生产或现场数控机床不足时，为便于装夹、加工检验，并能合理均衡地组织生产，宜采用工序分散的原则。

2）零件的结构、大小和重量。对于尺寸大、重量重、形状又复杂的零件，宜采用工序集中，以减少安装与搬运次数。为了使用自动机床，中、小尺寸的零件，多数也采用了工序集中。

3）零件的技术要求与现场工艺设备条件。零件上技术要求高的表面，需采用高精度设备来保证其质量时，可采用工序分散；生产现场多数为数控机床和加工中心时，应采用工序集中；零件上某些表面的位置精度要求高时，加工这些表面易采用工序集中的方案。

3.2.8 工艺尺寸链的计算

在机械加工中，工件由毛坯到成品，期间经过多道加工工序，然而这些工序之间存在一定的联系，应用尺寸链理论揭示它们之间的内在联系，并确定工序尺寸及其公差，是尺寸链计算的主要任务。由此可知，尺寸链理论是分析机械加工过程各工序之间以及各工序内相关尺寸之间的关系，进而合理地确定机械加工工艺的重要手段。

1. 尺寸链的基本概念

（1）尺寸链的概念　尺寸链是零件加工过程中，由相互联系的尺寸组成的封闭图形。图 3-17a 所示为一台阶零件，L_a 和 L_b 为图样上的标注尺寸。在加工中该零件以 A 面定位先加工 C 面，得尺寸 L_a；再加工 B 面得尺寸 L_b，从而间接得到尺寸 L_0。于是尺寸 L_0、L_a、L_b 就组成一个封闭的尺寸图形，即形成一个尺寸链，如图 3-17b 所示。再如图 3-18a 所示，A_1 和 A_0 为图样上的标注尺寸，若按图样尺寸加工时尺寸 A_0 不便测量，但通过保证尺寸 A_1 和易于测量的尺寸 A_2，间接得到尺寸 A_0，那么尺寸 A_1、A_2 和 A_0 就组成一个尺寸链，如图 3-18b 所示。

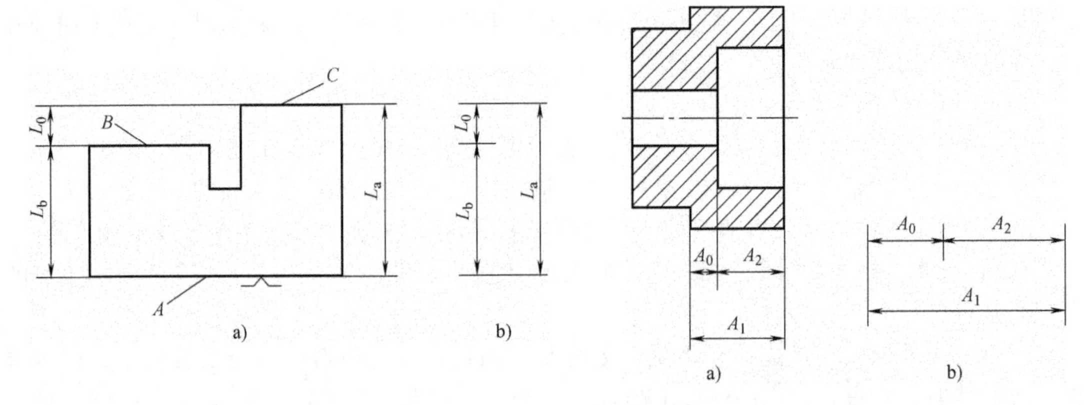

图 3-17　加工台阶零件的尺寸链

图 3-18　加工套筒零件的尺寸链

（2）工艺尺寸链的组成　在工艺尺寸链中，每一个尺寸称为尺寸链的环，尺寸链的环按性质不同可分为组成环和封闭环。

组成环是加工过程中直接得到的尺寸，如图 3-17b 所示的尺寸 L_a、L_b 和图 3-18b 所示的尺寸 A_2、A_1 均为加工过程直接得到的尺寸，故为组成环。

封闭环是加工过程中间接得到的尺寸，如图 3-17b 所示的尺寸 L_0 和图 3-18b 所示的尺寸 A_0 均为封闭环。封闭环的右下角通常用“0”表示。

在尺寸链中，若其余组成环保持不变，当某一组成环增大时，则封闭环也随之增大，该组成环便为增环；反之，使封闭环减小的环，便为减环。图 3-17b 中的 L_a 和图 3-18b 中的 A_1 为增环，其上用一向右的箭头表示，即 $\vec{L}_a$、$\vec{A}_1$；图中的 L_b 和 A_2 为减环，其上用一向左的箭头表示，即 $\overleftarrow{L}_b$、$\overleftarrow{A}_2$。

（3）工艺尺寸链的特征　工艺尺寸链具有如下特征。

1）关联性。组成工艺尺寸链的各尺寸之间存在内在关系，相互无关的尺寸不会组成尺寸链。在工艺尺寸链中每一个组成环不是增环就是减环，其中任何一个尺寸发生变化时，均要引起封闭环尺寸的变化。对工艺尺寸链的封闭环没有影响的尺寸，就不是该工艺尺寸链的组成环。

2）封闭性。尺寸链是一个首尾相接且封闭的尺寸图形，其中包含一个间接得到的尺寸。不构成封闭的尺寸图形就不是尺寸链。

2. 工艺尺寸链的分类

按尺寸链各环尺寸的几何特征不同，工艺尺寸链可分为长度尺寸链和角度尺寸链。

（1）长度尺寸链　组成尺寸链的各环均为长度尺寸的工艺尺寸链，如图3-17b和图3-18b所示。

（2）角度尺寸链　组成尺寸链的各环均为角度尺寸的工艺尺寸链，这种尺寸链多为几何公差构成的尺寸链，如图3-19所示。

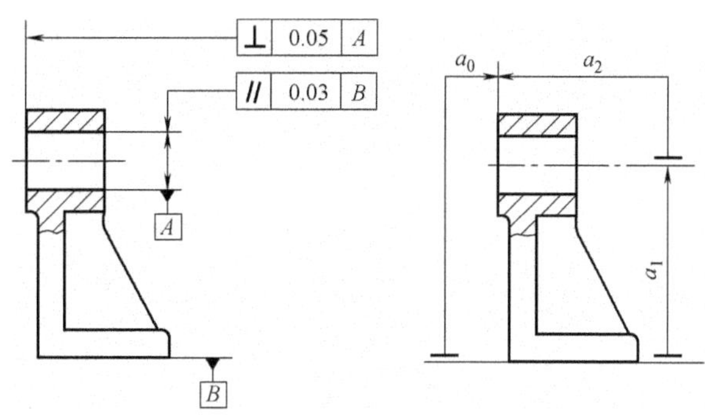

图3-19　角度尺寸链

按尺寸链各环的空间位置区分，工艺尺寸链又可分为直线尺寸链、平面尺寸链和空间尺寸链三种。其中直线尺寸链最为常见，后面的讨论均以直线尺寸链和长度尺寸链为例。

3. 尺寸链的计算

尺寸链的计算方法有极值法和概率法两种。极值法是从组成环可能出现最不利的情况出发，即当所有增环均为上极限尺寸而所有减环均为下极限尺寸，或所有增环均为下极限尺寸而所有减环均为上极限尺寸，来计算封闭环的极限尺寸和公差，一般应用于中、小批量生产和可靠性要求高的场合；概率法一般用于大批量生产（如汽车工业）中，或用于装配尺寸链。下面主要介绍极值法的计算公式。

（1）封闭环的公称尺寸　封闭环的公称尺寸等于所有组成环公称尺寸的代数和，即

$$A_0 = \sum_{i=1}^{m} \overrightarrow{A}_i - \sum_{i=1}^{n} \overleftarrow{A}_i \tag{3-6}$$

式中　m——增环数；

n——减环数。

（2）封闭环的极限尺寸

$$A_{0\max} = \sum_{i=1}^{m} \overrightarrow{A}_{i\max} - \sum_{i=1}^{n} \overleftarrow{A}_{i\min} \tag{3-7}$$

$$A_{0\min} = \sum_{i=1}^{m} \overrightarrow{A}_{i\min} - \sum_{i=1}^{n} \overleftarrow{A}_{i\max} \tag{3-8}$$

式中　$A_{0\max}$、$A_{0\min}$——封闭环的上、下极限尺寸；

$\overrightarrow{A}_{i\max}$、$\overrightarrow{A}_{i\min}$——增环的上、下极限尺寸；

$\overleftarrow{A}_{i\max}$、$\overleftarrow{A}_{i\min}$——减环的上、下极限尺寸。

（3）封闭环的上、下极限偏差　由封闭环的极限尺寸减去其公称尺寸即可得到封闭环的上、下极限偏差，即

$$\mathrm{ES}(A_0) = \sum_{i=1}^{m} \mathrm{ES}(\overrightarrow{A}_i) - \sum_{i=1}^{n} \mathrm{EI}(\overleftarrow{A}_i) \tag{3-9}$$

$$\mathrm{EI}(A_0) = \sum_{i=1}^{m} \mathrm{EI}(\overrightarrow{A}_i) - \sum_{i=1}^{n} \mathrm{ES}(\overleftarrow{A}_i) \tag{3-10}$$

式中　$ES(A_0)$、$EI(A_0)$——封闭环的上、下极限偏差；

$ES(\vec{A}_i)$、$EI(\vec{A}_i)$——增环的上、下极限偏差；

$ES(\overleftarrow{A}_i)$、$EI(\overleftarrow{A}_i)$——减环的上、下极限偏差。

（4）封闭环的公差 T_0　封闭环的公差等于各组成环公差之和，即

$$T_0 = \sum_{i=1}^{m+n} T_i \tag{3-11}$$

式中　T_0——封闭环公差；

T_i——组成环公差。

（5）组成环的平均公差

$$T_{av} = \frac{T_0}{m+n} \tag{3-12}$$

式中　T_{av}——组成环的平均公差。

在用极值法计算时，封闭环的公差大于任一组成环的公差。当封闭环的公差一定时，组成环数目越多，其公差就越小，这就必然造成工序加工困难。因此在分析尺寸链时，应使尺寸链的组成环数为最少，即应遵循尺寸链最短的原则。

在大批量生产中，各组成环出现极限尺寸的可能性并不大，尤其当尺寸链中组成环数较多时，所有组成环均出现极限尺寸（如增环为最大尺寸，减环为最小尺寸）的可能性很小，因此用极值法计算显得过于保守。为此，在封闭环公差较小且组成环数较多的情况下，可采用概率法计算，其公式为

$$T_0 = \sqrt{\sum_{i=1}^{m+n} T_i^2} \tag{3-13}$$

4. 工艺尺寸链的应用

在机械加工中，每道工序加工的结果都以一定的尺寸值表示出来，而工艺尺寸就是反映相互关联的一组尺寸之间的关系，也就反映了这组尺寸所对应的加工工序之间的相互联系。一般地，在工艺尺寸链中，组成环是各工序的工序尺寸，是加工过程中直接保证的尺寸；封闭环是间接得到的设计尺寸或工序加工余量，有时封闭环是中间工序尺寸。

（1）工艺尺寸链求解的几种情况　应用尺寸链计算公式求解工艺尺寸链，有如下几种情况。

1）已知封闭环和部分组成环的尺寸，求其他组成环的尺寸。在工艺过程中，尺寸链多数是这种类型。

2）已知所有组成环的极限尺寸，求封闭环的极限尺寸。这种情况一般用于工艺过程中确定各工艺尺寸时的设计计算。在工艺过程设计时，往往是封闭环的极限尺寸与组成环的公称尺寸是已知的，需通过公差分配与工艺尺寸链解算求出各组成环各道工序尺寸的上、下极限偏差。公差分配有以下三种方法。

①等公差值分配法。所谓等公差值分配法，就是把封闭环的公差均匀地分配给各组成环。这种方法虽然计算简单，但其缺陷就是忽视了组成环公称尺寸的大小。因此按此法进行公差分配，当某些组成环尺寸较大时，会出现不宜使用的结果。

②等公差级分配法。所谓等公差级分配法，即依据各组成环尺寸的大小按相同的公差等级进行分配。在分配中必须保证：

$$T_0 \approx \sum_{i=1}^{m+n} T_i \tag{3-14}$$

这种方法比较合理，它通过保证各组成环具有相同的公差等级，从而使各道工序在加工时的难易程度基本均衡。其不足之处是，当各道工序采用不同的加工方法时，这种分配会出现一定的不合理性。因为不同的加工方法对应的经济加工精度等级是不同的，再加上各工序尺寸的作用也不可能相同。

③组成环主次分类法。所谓组成环主次分类法，即先把组成环按作用的重要性进行主次分类，然后再按相应的加工方法的经济加工精度，确定各组成环合理的公差等级。这种方法在生产中应用较多。

（2）建立工艺尺寸链的步骤　工艺尺寸链的建立，主要依据下列三步进行。

1）确定封闭环。封闭环一般是间接得到的设计尺寸或工序加工余量，有时也可能是中间工序尺寸。

2）查找组成环。从封闭环的某一端开始，按照尺寸之间的联系，首尾相接依次画出对封闭环有影响的尺寸，直到封闭环的另一端。所形成的封闭尺寸图形就构成一个工艺尺寸链，如图3-20a所示，由 $L_0 \to L_b \to L_a \to L_0$ 的另一端，或者由 $L_0 \to L_a \to L_b \to L_0$ 的另一端。

3）确定增、减环。具体方法为，先给封闭环任画一个与其尺寸线平行的箭头，然后沿此方向，绕工艺尺寸链依次给各组成环画出箭头，凡与封闭环箭头方向相同的为减环；反之，为增环。如图3-20b所示，L_a 为增环，L_b 为减环。

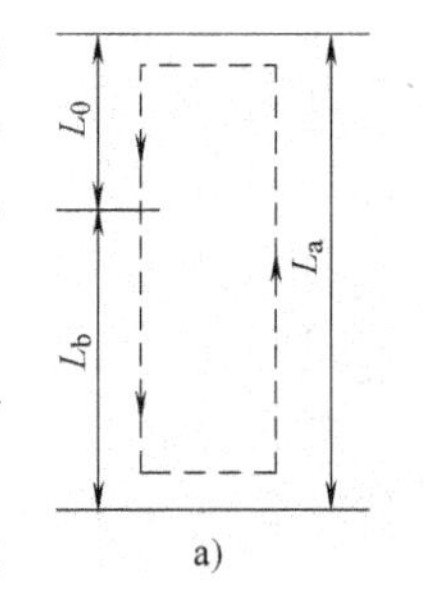

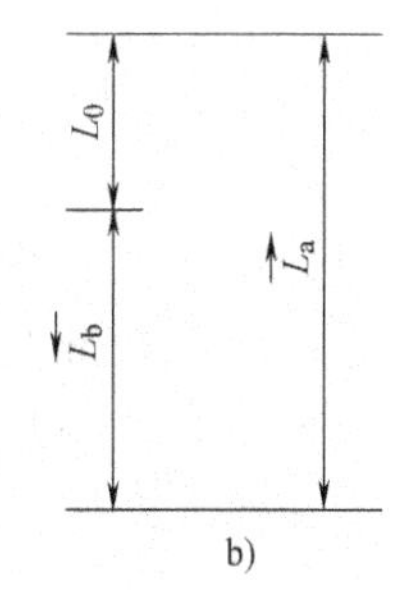

图3-20　尺寸链增、减环的确定

（3）工艺尺寸链计算示例

1）基准不重合时工序尺寸及其公差的确定。当定位基准与设计基准或工序基准不重合时，需按工序尺寸链进行分析计算。

①测量基准与设计基准不重合时工序尺寸及其公差的计算。

【例3-1】　如图3-21所示，加工时要保证尺寸（6±0.1）mm，但该尺寸在加工时不便测量，只好通过测量尺寸 L 来间接保证。试求工序尺寸 L 及其上、下极限偏差。

解：（1）确定封闭环　在图3-20中，其他尺寸均为直接得到的，只有(6±0.1)mm尺寸是间接保证的，故(6±0.1)mm为封闭环，即 L_0 = (6±0.1)mm。

（2）画工艺尺寸链图，并确定增、减环　从封闭环 L_0 一端开始，画首尾相接的尺寸图形，便得到工艺尺寸链图，如图3-21b所示。其中尺寸 L、L_2 = (26±0.05)mm为增环，尺寸 $L_1 = 36_{-0.05}^{\ 0}$mm为减环。

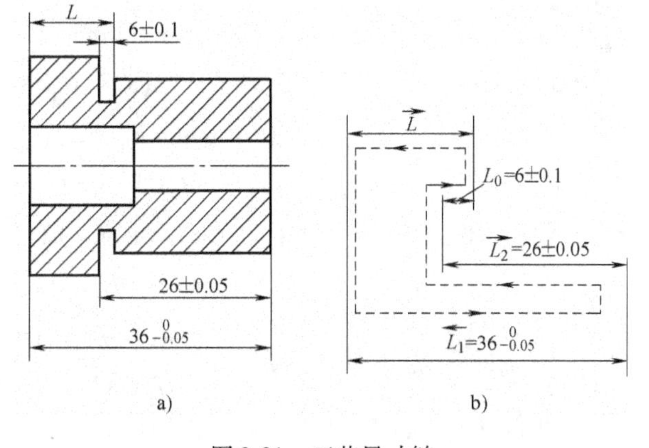

图3-21　工艺尺寸链

由式（3-6）得 $$L_0 = L + L_2 - L_1$$

$$6\text{mm} = L + 26\text{mm} - 36\text{mm}$$

整理得 $$L = 16\text{mm}$$

由式（3-9）得 $$\text{ES}(L_0) = \text{ES}(\vec{L}) + \text{ES}(\vec{L}_2) - \text{EI}(\overleftarrow{L}_1)$$

$$0.1\text{mm} = \text{ES}(\vec{L}) + 0.05\text{mm} - (-0.05\text{mm})$$

整理得 $$\text{ES}(\vec{L}) = 0$$

由式（3-10）得 $$\text{EI}(L_0) = \text{EI}(\vec{L}) + \text{EI}(\vec{L}_2) - \text{ES}(\overleftarrow{L}_1)$$

$$-0.1\text{mm} = \text{EI}(\vec{L}) - 0.05\text{mm} - 0\text{mm}$$

整理得 $$\text{EI}(\vec{L}) = -0.05\text{mm}$$

所以有 $$L = 16_{-0.05}^{\ 0}\text{mm}$$

②定位基准与设计基准不重合时工序尺寸及其公差的计算。

【例 3-2】 零件加工时，当加工表面的定位基准与设计基准不重合时，也需进行工艺尺寸链的换算。如图 3-22 所示，孔的设计基准是表面 C 而不是定位表面 A。在镗孔前，表面 A、B、C 已加工好。镗孔时，为使工件装夹方便，选择表面 A 作为定位基准。显然，定位基准与设计基准不重合，此时设计尺寸（120 ± 0.15）mm 为间接得到的，是封闭环。为保证设计尺寸（120 ± 0.15）mm，必须将 L_3 控制在一定范围内，这就需要进行工艺尺寸链的计算。

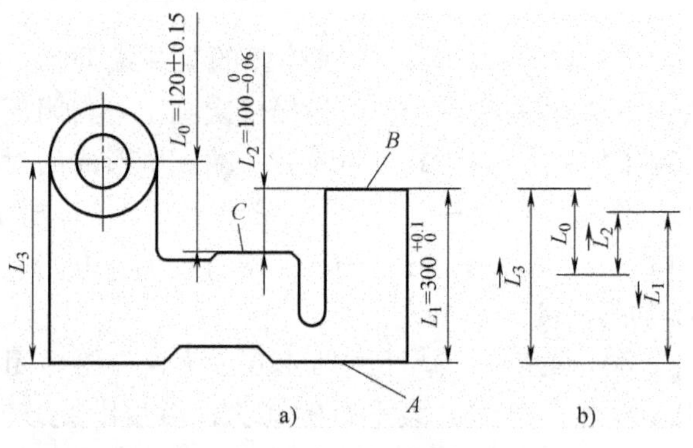

图 3-22　定位基准与设计基准不重合的尺寸换算

解：（1）确定封闭环　设计尺寸 L_0 为间接得到，故 L_0 为封闭环。

（2）画出工艺尺寸链图，并确定增、减环　由工艺尺寸链图可知，L_2、L_3 为增环，L_1 为减环。

（3）确定 L_3 的公称尺寸及其上、下极限偏差

由式（3-6）得 $$L_0 = L_3 + L_2 - L_1$$

$$120\text{mm} = L_3 + 100\text{mm} - 300\text{mm}$$

所以 $$L_3 = 120\text{mm} + 300\text{mm} - 100\text{mm} = 320\text{mm}$$

由式（3-9）得 $$\text{ES}(L_0) = \text{ES}(\vec{L}_3) + \text{ES}(\vec{L}_2) - \text{EI}(\overleftarrow{L}_1)$$

$$0.15\text{mm} = \text{ES}(\vec{L}_3) + 0\text{mm} - 0\text{mm}$$

所以 $$\text{ES}(\vec{L}_3) = 0.15\text{mm}$$

由式（3-10）得 $$\text{EI}(L_0) = \text{EI}(\vec{L}_3) + \text{EI}(\vec{L}_2) - \text{ES}(\overleftarrow{L}_1)$$

$$-0.15\text{mm} = \text{EI}(\vec{L}_3) - 0.06\text{mm} - 0.1\text{mm}$$

$$\text{EI}(\vec{L}_3) = 0.01\text{mm}$$

求得 $$L_3 = 320_{+0.01}^{+0.15}\text{mm}$$

2）中间工序的工序尺寸及其公差的计算。

【例 3-3】 在工件加工过程中，其他工序尺寸及偏差均已知，求某中间工序的尺寸及其

偏差，称为中间尺寸计算。图3-23所示为一齿轮内孔的简图，内孔为$\phi 40^{+0.05}_{0}$mm，键槽尺寸深度为$46^{+0.3}_{0}$mm。内孔及键槽的加工顺序如下：①精镗孔至$\phi 39.6^{+0.1}_{0}$mm；②插键槽至尺寸A；③热处理；④磨内孔至设计尺寸$\phi 40^{+0.05}_{0}$mm，同时间接保证键槽深度$46^{+0.3}_{0}$mm。计算中间工序尺寸A。

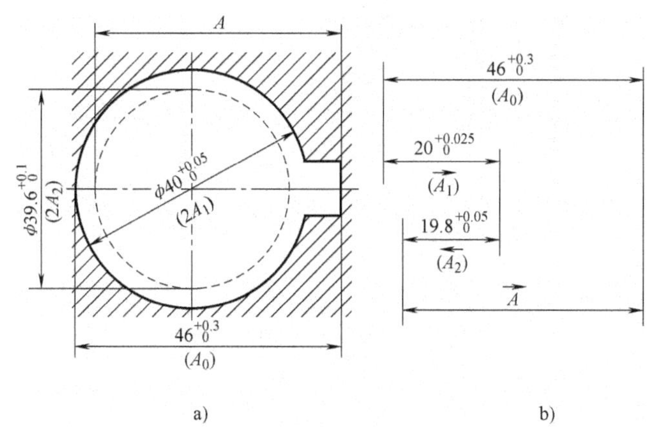

图3-23 中间尺寸换算

解：(1) 确定封闭环 由键槽加工顺序可知，其他尺寸都是直接得到的，而$46^{+0.3}_{0}$mm尺寸是间接保证的，所以该尺寸为封闭环。

(2) 画出工艺尺寸链图，并确定增、减环 由工艺尺寸链图可知，A、A_1为增环，A_2为减环。

(3) 计算中间工序的工序尺寸及其公差

由式(3-6)得 $$A_0 = A + A_1 - A_2$$

$$46\text{mm} = A + 20\text{mm} - 19.8\text{mm}$$

整理得 $$A = 45.8\text{mm}$$

由式(3-9)得 $$\text{ES}(A_0) = \text{ES}(\vec{A}) + \text{ES}(\vec{A}_1) - \text{ES}(\overleftarrow{A}_2)$$

$$0.3\text{mm} = ES(\vec{A}) + 0.025\text{mm} - 0\text{mm}$$

所以 $$\text{ES}(\vec{A}) = 0.275\text{mm}$$

由式(3-10)得 $$\text{EI}(A_6) = \text{EI}(\vec{A}) + \text{EI}(\vec{A}_1) - \text{EI}(\overleftarrow{A}_2)$$

$$0 = \text{EI}(\vec{A}) + 0 - 0.05$$

所以 $$EI(\vec{A}) = 0.05\text{mm}$$

故中间工序尺寸 $$A = 45.8^{+0.275}_{+0.05}\text{mm}$$

3) 保证渗碳或渗氮层厚度时工艺尺寸及公差的计算。工件渗碳或渗氮后，表面一般需经磨削才能保证尺寸精度，同时还需要保证在磨削后能获得图样要求的渗入层厚度。显然，这里渗碳层的厚度是封闭环。

【例3-4】 图3-24所示为轴类零件，其加工过程为：车外圆至$\phi 20.6^{0}_{-0.04}$mm—渗碳淬火—磨外圆至$\phi 20^{0}_{-0.02}$mm。试计算保证渗碳层厚度为0.7～1.0mm（$0.7^{+0.3}_{0}$mm）时，渗碳工序的渗入厚度及其公差。

解：(1) 确定封闭环 由题意可知，其他尺寸均是直接得到的，只有磨后要保证的渗碳层厚度0.7～1.0mm（$0.7^{+0.3}_{0}$mm）为间接得到的，故该尺寸为封闭环。

（2）画工艺尺寸链图，并确定增、减环　由工艺尺寸链图可知，L_3、L_2 为增环，L_1 为减环。

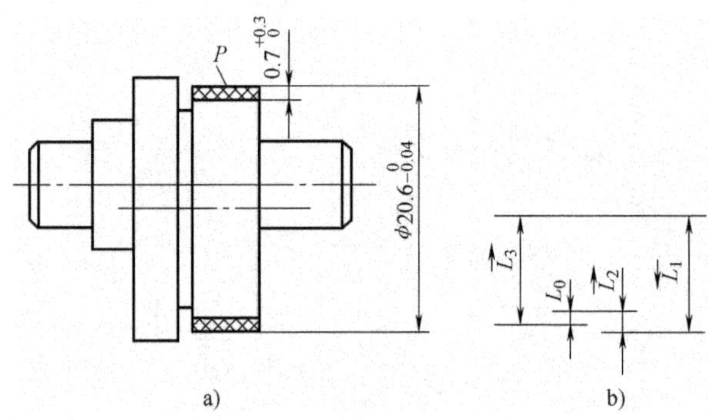

图3-24　偏心轴渗碳磨削工艺尺寸链

（3）计算渗碳层尺寸及其公差

由式（3-6）得
$$L_0 = L_2 + L_3 - L_1$$
$$0.7\text{mm} = L_2 + 10\text{mm} - 10.3\text{mm}$$

整理得
$$L_2 = 1\text{mm}$$

由式（3-9）得
$$\text{ES}(L_0) = \text{ES}(\vec{L_2}) + \text{ES}(\vec{L_3}) - \text{ES}(\overleftarrow{L_1})$$
$$0.3\text{mm} = \text{ES}(\vec{L_2}) + 0\text{mm} - (-0.02\text{mm})$$

所以
$$\text{ES}(\vec{L_2}) = 0.28\text{mm}$$

由式（3-10）得
$$\text{EI}(L_0) = \text{EI}(\vec{L_2}) + \text{EI}(\vec{L_3}) - \text{EI}(\overleftarrow{L_1})$$
$$0\text{mm} = \text{EI}(\vec{L_2}) + (-0.01\text{mm}) - 0\text{mm}$$

所以
$$\text{EI}(\vec{L_2}) = 0.01\text{mm}$$

因此渗碳层深度尺寸
$$L_2 = 1^{+0.28}_{+0.01}\text{mm}$$

上述计算的工艺尺寸链都比较简单，但当组成尺寸链的环数较多、工序基准变换比较复杂时，采用上述方法建立与解算尺寸链就比较麻烦且容易出错。对此，采用图解跟踪法或尺寸式法建立和解算工艺尺寸链较为方便，关于这一内容此处就不再赘述，请读者查阅有关资料。

3.3　确定装夹方案

3.3.1　盘类零件的定位基准和装夹方法

1. 基准选择

1）以端面为主（如支承块），其零件加工中的主要定位基准为平面。

2）以内孔为主，同时辅以端面的配合。

3）以外圆柱面为主（较少），往往也需要有端面的辅助配合。

2. 装夹方案

（1）用自定心卡盘装夹　用自定心卡盘装夹外圆柱面时，为定位稳定可靠，常采用反爪装夹（共限制工件除绕轴转动外的5个自由度）；装夹内孔时，以卡盘的离心力作用完成工件的定位、夹紧（亦限制了工件除绕轴转动外的5个自由度）。

（2）用专用夹具装夹　以外圆柱面作为径向定位基准时，可以定位环作定位件；以内孔作径向定位基准时，可用定位销（轴）作为定位件。根据零件构型特征及加工部位、要求，选择径向夹紧或端面夹紧。

（3）用台虎钳装夹　生产批量小或单件生产时，可采用台虎钳装夹（如支承块上侧面、十字槽加工）。

3.3.2　套类零件的定位基准和装夹方法

装夹方法有以下三种：

1. 一次装夹下加工全部表面

当零件的尺寸较小时，尽量在一次装夹下加工出较多表面，既减小装夹次数及装夹误差，又容易获得较高的位置精度。

当套的尺寸较小时，常用长棒料作毛坯，棒料可穿入机床主轴通孔。此时可用自定心卡盘夹棒料外圆，一次装夹下加工完工件的所有表面，这样既装夹方便又因为消除了装夹误差而容易获得较高的位置精度。若工件外径较大，毛坯不能通过主轴通孔，也可以在确定毛坯尺寸时将其长度加长些供装夹使用，只是这样较浪费材料，当工件较长时装夹不便。

2. 以孔定位加工外圆

1）用心轴装夹，如图3-25所示。

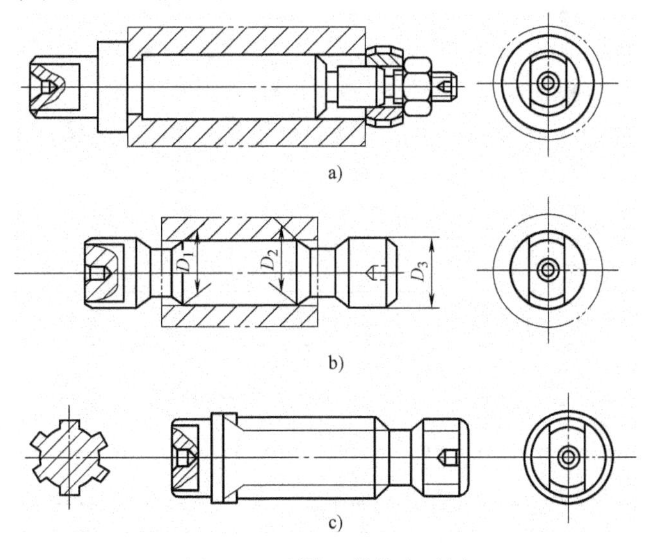

图3-25　刚性心轴装夹示例

2）用两圆锥销装夹，如图3-26所示。

3）以外圆柱面定位。①用自定心卡盘装夹；②用单动卡盘装夹；③用专用夹具装夹。

综上所述，本零件（见图3-2）的加工基准及装夹方案设计如下：

①以 $\phi54$mm 外圆柱面为粗基准，在一次装夹中车出 A 面、$\phi30^{+0.013}_{+0.002}$mm 外圆及 B 面、$\phi20^{+0.021}_{0}$mm 内孔。

②加工 $\phi54$mm 外圆及端面 C 时，可用 $\phi30^{+0.013}_{+0.002}$mm 外圆柱面为精基准。

③加工 $3\times\phi5.5$mm 孔时，用 $\phi30^{+0.013}_{+0.002}$mm 外圆柱面和 A 端面为精基准。

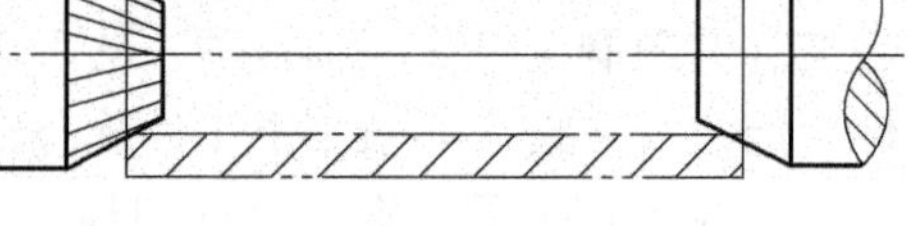

图 3-26 大头顶尖和梅花顶尖

④加工 D 面时，用 $\phi20^{+0.021}_{0}$mm 内孔、端面 C 和任一 $\phi5.5$mm 的孔为精基准。

3.4 拟定工艺路线

为保证套筒内外圆的同轴度要求和 A、B 端面对轴线的垂直度，采用在一次装夹中先粗、精车端面 A，$\phi30^{+0.013}_{+0.002}$mm 外圆柱面和 B 端面，再钻、扩、铰 $\phi20^{+0.021}_{0}$mm 的孔，最后车 C 面及 $\phi54$mm 外圆，钻、扩、铰内孔，刨 D 面。

3.5 设计加工工艺过程卡

盘套零件机械加工工艺过程卡见表 3-3。

表 3-3 机械加工工艺过程卡（单件小批生产）

工序号	工序名称	工 序 内 容	定位基准
1	铸造	铸造毛坯	
2	车	①粗、精车端面 A、$\phi30^{+0.013}_{+0.002}$mm 外圆及端面 B，保证长度尺寸（26 ±0.1）mm ②钻孔 $\phi12$mm，扩孔至 $\phi19.8$mm，粗铰至 $\phi19.94$mm，精铰至 $\phi20^{+0.021}_{0}$mm ③内外圆倒角 C_1 ④调头夹 $\phi30^{+0.013}_{+0.002}$mm 外圆，车端面 C，保证长度 32mm，车 $\phi54$mm 外圆至图样尺寸 ⑤内外圆倒角 C_1	外圆柱面
3	划	$3\times\phi5.5$mm 孔线及 D 面加工线	
4	钻	钻 $3\times\phi5.5$mm 孔，锪 $3\times\phi11$mm ×90°沉孔	孔线
5	刨	刨 D 面，保证尺寸 50mm	划线找正
6	钳	去毛刺	
7	检验		

3.6 考核评价小结

1. 形成性考核评价（30%）

盘套零件形成性考核评价由教师根据考勤、学生课堂表现等进行考核评价，其评价表见表 3-4。

表 3-4　盘套零件形成性考核评价表

小　　组	成　　员	考　　勤	课堂表现	汇报人	补充发言 自由发言
1					
2					
3					

2. 工艺设计考核评价（70%）

盘套零件工艺设计考核评价由学生自评、小组内互评、教师评价三部分组成，其评价表见表 3-5。

表 3-5　盘套零件工艺设计考核评价表

项 目 名 称							
	评价项目	扣分标准	配分	自评 （15%）	互评 （20%）	教评 （65%）	得分
1	定位基准的选择	不合理，扣 5～10 分	10				
2	确定装夹方案	不合理，扣 5 分	5				
3	拟定工艺路线	不合理，扣 10～20 分	20				
4	确定加工余量	不合理，扣 5～10 分	10				
5	确定工序尺寸	不合理，扣 5～10 分	10				
6	确定切削用量	不合理，扣 1～10 分	10				
7	机床夹具的选择	不合理，扣 5 分	5				
8	刀具的确定	不合理，扣 5 分	5				
9	工序图的绘制	不合理，扣 5～10 分	10				
10	工艺文件内容	不合理，扣 5～15 分	15				
互评小组：				指导教师：		项目得分：	
备注				合计：			

拓展练习

如图 3-27 所示，试完成以下任务：1）进行液压缸本体零件图的工艺性分析；2）液压缸零件几何公差分析；3）液压缸零件加工方法、定位基准、工艺装备分析；4）确定液压缸本体零件的加工工艺规程。

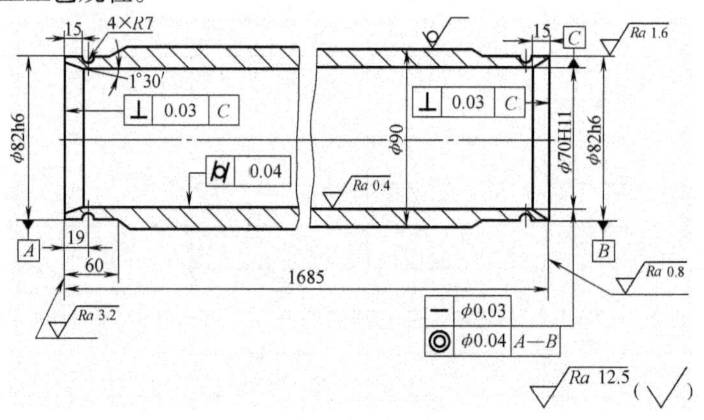

图 3-27　液压缸零件图

项目4　箱体类零件加工工艺

【项目概述】

在本项目中学生要对小型蜗杆减速器箱体进行机械加工工艺的设计，其零件图如图4-1所示。本项目融合了箱体类零件的铣削加工基础知识，学生应初步掌握铣削、镗削加工的基本方法，通过对典型箱体类零件的加工，学生应了解箱体类零件的功用、结构特点、技术要求、材料和毛坯；熟悉铣削与镗削加工特点；掌握箱体类零件加工中的主要工艺问题；了解常用铣削刀具的结构。

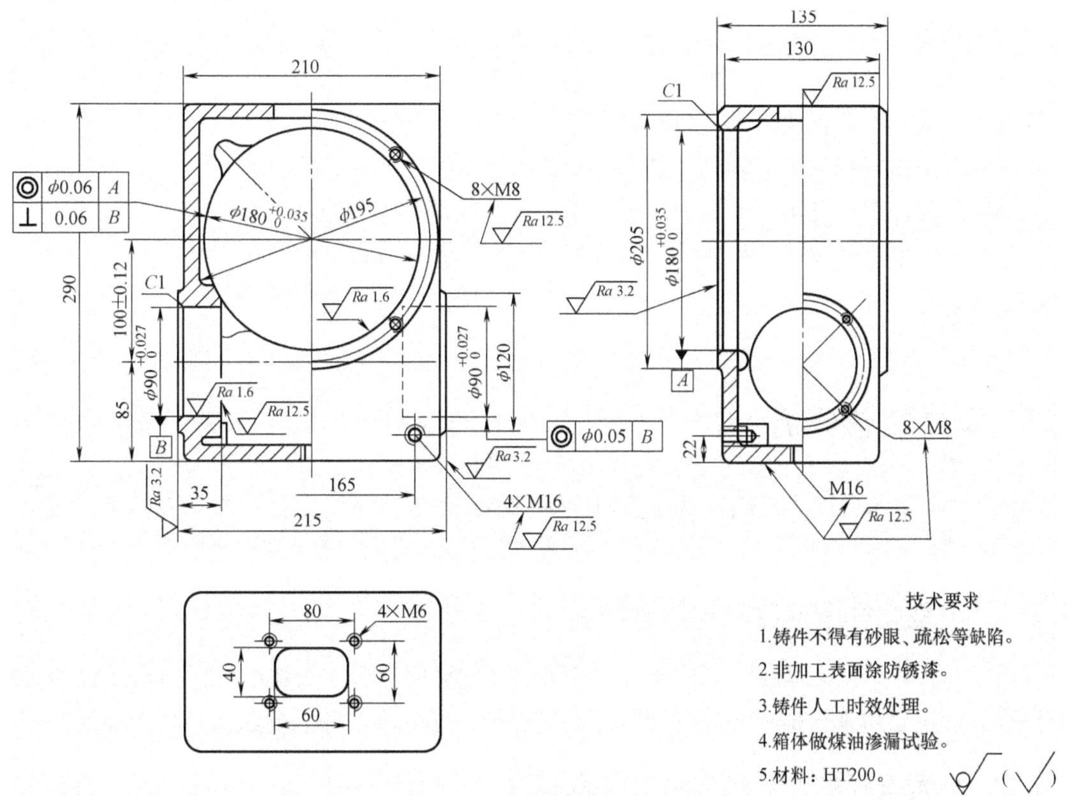

图4-1　小型蜗杆减速器箱体零件图

【教学目标】

1. 能力目标

1）具备铣削及镗削加工设计能力。

2）具有正确选择平面加工方案的能力。

3）具有正确选择孔加工方案的能力。

4）具有正确选择刀具的能力。

5）具有正确分析箱体类零件加工工艺过程和编制工艺文件的能力。

2. 知识目标

1）认识箱体类零件的功用、结构特点、技术要求、常用材料和毛坯。

2）理解箱体类零件中平面及孔的各种常用的加工方法与工艺装备。

3）掌握铣削用量四要素。

4）了解常用铣削刀具的结构。

5）理解箱体类零件加工中的主要工艺问题。

【任务描述】

箱体类零件是机器或部件的基础零件。它将机器或部件中的轴、套、齿轮等有关零件组装成一个整体，使它们之间保持正确的相互位置，并按照一定的传动关系协调地传递运动或动力。因此，箱体的加工质量将直接影响机器或部件的精度、性能和寿命。箱体的结构形式虽然多种多样，但仍有共同的主要特点：形状复杂、壁薄且不均匀、内部呈腔形、加工部位多、加工难度大，既有精度要求较高的孔系和平面，也有许多精度要求较低的紧固孔。本项目针对小型蜗轮减速器箱体零件设有如下任务：

①分析小型蜗杆减速器箱体的加工要求及工艺型。

②分析箱体类零件加工要素的加工方法、定位基准和装夹方法。

③确定小型蜗杆减速器箱体零件的合理的加工工艺规程。

【任务实施】

4.1 零件工艺分析

如图4-1所示，该小型蜗杆减速器箱体体积小，壁薄，结构比较简单，主要由平面及孔组成，零件加工精度较高，有同轴度公差、垂直度公差要求，具体分析如下。

4.1.1 小型蜗杆减速器箱体零件材料

由图4-1可知，该零件选用材料为HT200。该材料抗拉强度和塑性低，但铸造性能和减振性能好，主要用来铸造汽车发动机气缸、气缸套、车床床身等承受压力及振动部件。

4.1.2 小型蜗杆减速器箱体加工技术要求

1）$\phi180^{+0.035}_{0}$mm孔中心线对$\phi90^{+0.027}_{0}$mm孔中心线B的垂直度公差为0.06mm。

2）$\phi180^{+0.035}_{0}$mm两孔中心线同轴度公差为$\phi0.06$mm。

3）$\phi90^{+0.027}_{0}$mm两孔中心线同轴度公差为$\phi0.05$mm。

4）箱体内部做煤油渗漏试验。

5）铸件人工时效处理。

6）非加工表面涂防锈漆。

7）铸件不能有砂眼、疏松等缺陷。

4.2　预备基础知识

4.2.1　平面加工的方法及加工方案

平面加工方法有刨、铣、拉、磨等，刨削和铣削常用作平面的粗加工和半精加工，而磨削则用作平面的精加工。此外还有刮研、研磨、超精加工、抛光等光整加工方法。加工方法的选取需根据零件的形状、尺寸、材料、技术要求、生产类型及工厂现有设备来决定。

1. 刨削

刨削是单件小批量生产中平面加工最常用的加工方法，尺寸公差等级一般可达 IT7 ~ IT9 级，表面粗糙值为 *Ra*1.6 ~ *Ra*12.5μm。刨削可以在牛头刨床或龙门刨床上进行，如图 4-2 所示。刨削的主运动是变速往复直线运动。因为在变速时有惯性，限制了切削速度的提高，并且在回程时不切削，所以刨削加工生产率低。但刨削所需的机床、刀具结构简单，制造安装方便，调整容易，通用性强。因此在单件、小批生产中特别是加工狭长平面时被广泛应用。

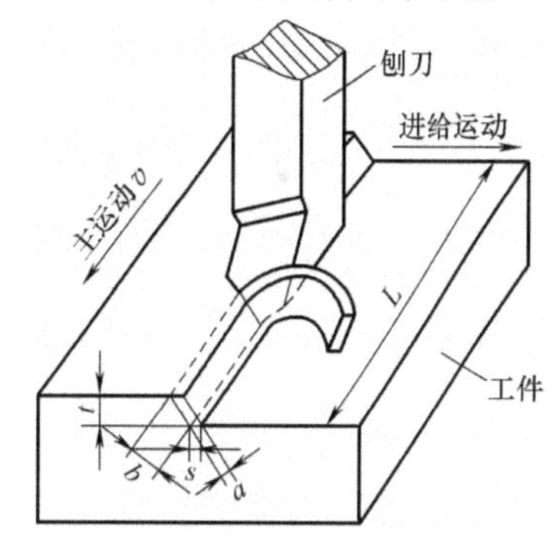

图 4-2　刨削

当前，普遍采用宽刃刀精刨代替刮研，能取得良好的效果。采用宽刃刀精刨，切削速度较低（2 ~ 5m/min），加工余量小（预刨余量 0.08 ~ 0.12mm，终刨余量 0.03 ~ 0.05mm），工件发热变形小，可获得较小的表面粗糙度值（*Ra*0.2 ~ *Ra*0.8μm）和较高的加工精度（直线度为 0.02mm/1000mm），且生产率也较高。图 4-3 所示为宽刃精刨刀，前角为 -10° ~ 15°，有挤光作用；后角为 5°，可增加后面支承，防止振动；刃倾角为 3° ~ 5°。加工时用煤油作切削液。

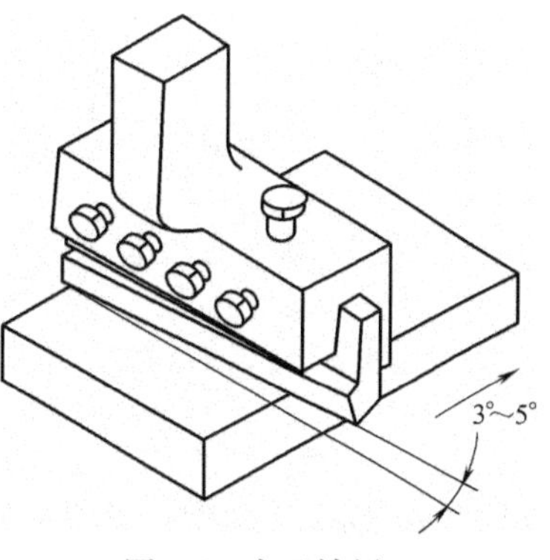

图 4-3　宽刃精刨刀

2. 铣削

铣削是平面加工中应用最普遍的一种方法，利用各种铣床、铣刀和附件，可以铣削平面、沟槽、弧形面、螺旋槽、齿轮、凸轮和特形面，如图 4-4 所示。一般经粗铣、精铣后，尺寸公差等级可达 IT7 ~ IT9 级，表面粗糙度值可达 *Ra*0.63 ~ *Ra*12.5μm。

铣削的主运动是铣刀的旋转运动，进给运动是工件的直线运动。图 4-5 所示为圆柱铣刀和面铣刀的切削运动。

（1）铣削的工艺特征及应用范围　铣刀由多个刀齿组成，各刀齿依次切削，没有空行程，而且铣刀高速回转，因此与刨削相比，铣削生产率较高，在中批以上生产中多用铣削加工平面。

当加工尺寸较大的平面时，可在龙门铣床上，用几把铣刀同时加工各有关平面，这样，既可保证平面之间的相互位置精度，也可获得较高的生产率。

（2）铣削工艺特点　生产率高但不稳定。由于铣削属于多刃切削，且可选用较大的切

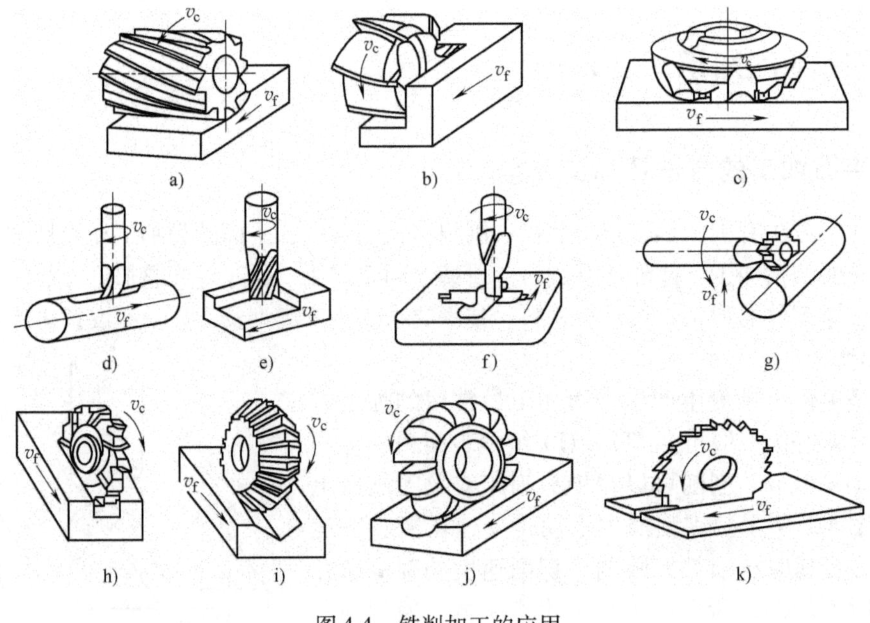

图 4-4　铣削加工的应用

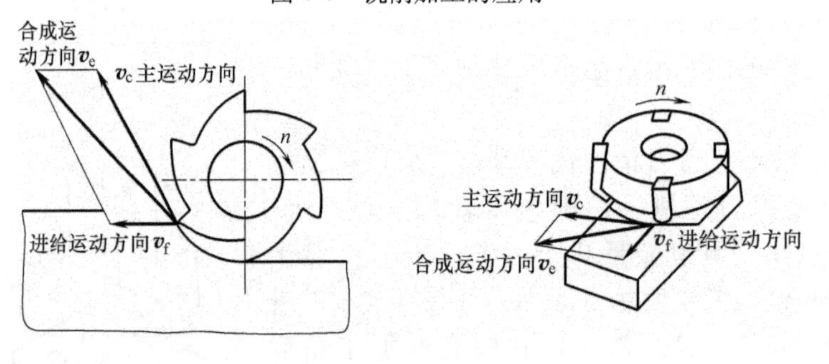

图 4-5　铣削运动

削速度，所以铣削效率较高。但由于各种原因易导致刀齿负荷不均匀，磨损不一致，从而引起机床的振动，造成切削不稳，直接影响工件的表面粗糙度。

（3）断续切削　铣刀刀齿切入或切出时产生冲击，一方面使刀具的寿命缩短，另一方面引起周期性的冲击和振动。但由于刀齿间断切削，工作时间短，在空气中冷却时间长，故散热条件好，有利于提高铣刀的寿命。

（4）半封闭切削　由于铣刀是多齿刀具，刀齿之间的空间有限，若切屑不能顺利排出或没有足够的容屑槽，则会影响铣削质量或造成铣刀的破损，所以选择铣刀时要把容屑槽当作一个重要因素考虑。

（5）铣削用量四要素　如图 4-6 所示，铣削用量四要素如下。

1）铣削速度 v_c。铣刀旋转时的切削速度。

$$v_c = \frac{\pi d_0 n}{1000} \tag{4-1}$$

式中　v_c——铣削速度（m/min）；

d_0——铣刀直径（mm）；

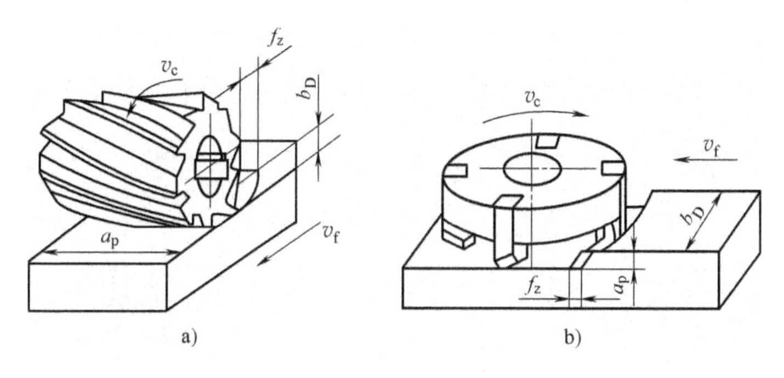

图4-6　铣削用量

n——铣刀转速（r/min）。

2）进给量。进给量指工件相对铣刀移动的距离，分别用三种方法表示：f、f_z、v_f。

①每转进给量f。每转进给量是指铣刀每转动一周，工件与铣刀的相对位移量，单位为mm/r。

②每齿进给量f_z。每齿进给量是指铣刀每转过一个刀齿，工件与铣刀沿进给方向的相对位移量，单位为mm/z。

③进给速度v_f。进给速度是指单位时间内工件与铣刀沿进给方向的相对位移量，单位为mm/min。通常情况下，铣床加工时的进给量均指进给速度v_f。

三者之间的关系为

$$v_f = f_z z n \tag{4-2}$$

式中　z——铣刀齿数；

n——铣刀转速（r/min）。

3）铣削深度a_p。铣削深度是指平行于铣刀轴线方向测量的切削层尺寸。

4）铣削宽度b_D。铣削宽度是指垂直于铣刀轴线并垂直于进给方向度量的切削层尺寸。

（6）铣削方式及其合理选用

1）铣削方式的选用。铣削方式是指铣削时铣刀相对于工件的运动关系。

2）周铣法（圆周铣削方式）。周铣法铣削工件时有两种方式，即逆铣与顺铣。铣削时若铣刀旋转切入工件的切削速度方向与工件的进给方向相反称为逆铣，反之则称为顺铣。

①逆铣。如图4-7a所示，切削厚度从零开始逐渐增大，当实际前角出现负值时，刀齿在加工表面上挤压、滑行，不能切除切屑，既增大了后刀面的磨损，又使工件表面产生较严重的冷硬层。当下一个刀齿切入时，又在冷硬层表面上挤压、滑行，更加剧了铣刀的磨损，同时工件加工后的表面粗糙度值也较大。逆铣时，铣刀作用于工件上的纵向分力$\boldsymbol{F}_f$，总是与工作台的进给方向相反，使得工作台丝杠与螺母之间没有间隙，始终保持良好的接触，从而使进给运动平稳；但是，垂直分力$\boldsymbol{F}_{fN}$的方向和大小是变化的，并且当刀齿切离工件时，$\boldsymbol{F}_{fN}$向上，有挑起工件的趋势，引起工作台的振动，影响工件表面粗糙度。

②顺铣。如图4-7b所示，刀齿的切削厚度从最大开始，避免了挤压、滑行现象；并且垂直分力$\boldsymbol{F}_{fN}$始终压向工作台，从而使切削平稳，提高铣刀寿命和加工表面质量；但纵向分力$\boldsymbol{F}_f$与进给运动方向相同，若铣床工作台丝杠与螺母之间有间隙，则会造成工作台窜动，使铣削进给量不匀，严重时会打刀。因此，若铣床进给机构中没有丝杠和螺母消除间隙机

构，则不能采用顺铣。

3）端铣削方式。端铣削方式有对称铣削、不对称逆铣和不对称顺铣三种方式。

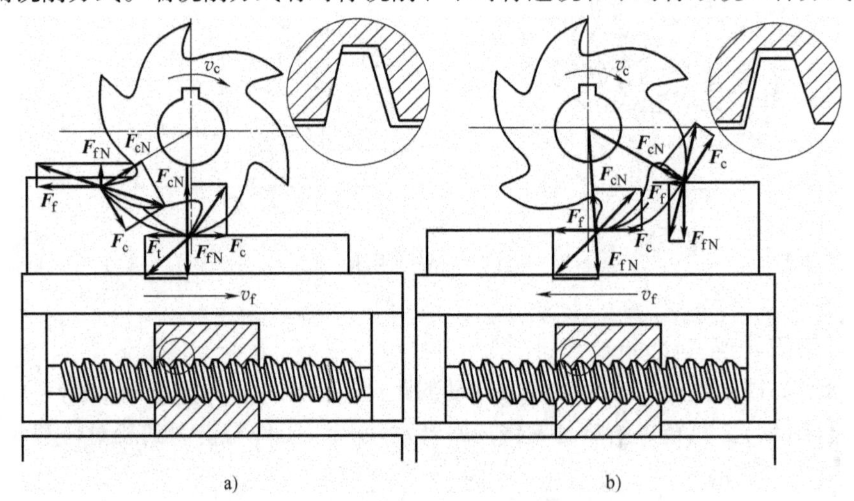

图 4-7　逆铣与顺铣

①对称铣削。如图 4-8a 所示，铣削时铣刀轴线与工件铣削宽度对称中心线重合的铣削方式称为对称铣削。它切入、切出时切削厚度相同，有较大的平均切削厚度。一般端铣多用此种铣削方式，尤其适用于铣削淬硬钢。

②不对称逆铣。如图 4-8b 所示，在不对称铣削中，若切入时的切削厚度小于切出时的切削厚度，称为不对称逆铣。切入时切削厚度小，减小了冲击，切削平稳，刀具寿命和加工表面质量得到提高。它适用于切削普通碳钢和高强度低合金钢。

③不对称顺铣。如图 4-8c 所示，若切入时切削厚度大于切出时的切削厚度，则称为不对称顺铣。不对称顺铣时，刀齿切出工件的切削厚度较小。它适用于切削强度低，塑性大的材料（如不锈钢、耐热钢等）。

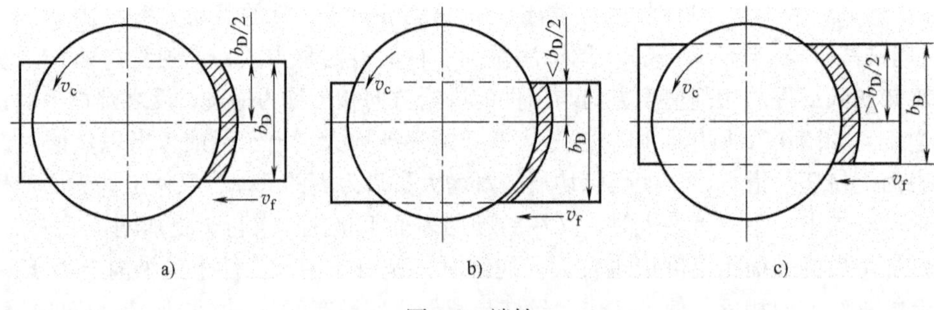

图 4-8　端铣

（7）铣削用量的选择　铣削用量的选择原则是在保证加工质量的前提下，充分发挥机床工作效能和刀具切削性能。在工艺系统刚度所允许的条件下，首先应尽可能选择较大的铣削深度 a_p 和铣削宽度 b_D；其次选择较大的每齿进给量 f_z；最后根据所选定的刀具寿命计算铣削速度 v_c。

1）铣削深度 a_p 和铣削宽度 b_D 的选择。对于面铣刀，选择铣削深度的原则是：当加工余量≤8mm，且工艺系统刚度大，机床功率足够时，留出半精铣余量0.5～2mm以后，应尽可能一次去除多余加工余量；当加工余量>8mm时，可分两次或多次进给。铣削宽度和面铣刀直径应保持以下关系：

$$d_0 = (1.1 \sim 1.6) b_D$$

对于圆柱铣刀，铣削深度 a_p 应小于铣刀长度，铣削宽度 b_D 的选择原则与面铣刀铣削深度的选择原则相同。

2）进给量的选择。每齿进给量 f_z 是衡量铣削加工效率水平的重要指标。粗铣时 f_z 主要受切削力的限制，半精铣和精铣时，f_z 主要受表面粗糙度的限制。每齿进给量 f_z 的推荐值见表4-1。

表4-1　每齿进给量 f_z 的推荐值　（单位：mm/z）

工件材料	工件硬度HBW	硬质合金		高速工具钢			
		面铣刀	三面刃铣刀	圆柱铣刀	立铣刀	面铣刀	三面刃铣刀
低碳钢	<150	0.20～0.40	0.15～0.30	0.12～0.20	0.04～0.20	0.15～0.30	0.12～0.20
	150～200	0.20～0.35	0.12～0.25	0.12～0.20	0.03～0.18	0.15～0.30	0.10～0.15
中、高碳钢	120～180	0.15～0.50	0.15～0.30	0.12～0.20	0.05～0.20	0.15～0.30	0.12～0.20
	180～220	0.15～0.40	0.12～0.25	0.12～0.20	0.04～0.20	0.15～0.25	0.07～0.15
	220～300	0.12～0.25	0.07～0.20	0.07～0.15	0.03～0.15	0.10～0.20	0.05～0.12
灰铸铁	150～180	0.20～0.50	0.12～0.30	0.20～0.30	0.07～0.18	0.20～0.35	0.15～0.25
	180～220	0.20～0.40	0.12～0.25	0.15～0.25	0.05～0.15	0.15～0.30	0.12～0.20
	220～300	0.15～0.30	0.10～0.20	0.10～0.20	0.03～0.10	0.10～0.15	0.07～0.12
可锻铸铁	110～160	0.20～0.50	0.10～0.30	0.20～0.35	0.08～0.20	0.20～0.40	0.15～0.25
	160～200	0.20～0.40	0.10～0.25	0.20～0.30	0.07～0.20	0.20～0.35	0.15～0.20
	200～240	0.15～0.30	0.10～0.20	0.12～0.25	0.05～0.15	0.15～0.30	0.10～0.20
	240～280	0.10～0.30	0.10～0.15	0.10～0.20	0.02～0.08	0.10～0.20	0.07～0.12
碳的质量分数<0.3%的合金钢	125～170	0.15～0.50	0.12～0.30	0.12～0.20	0.05～0.20	0.15～0.30	0.12～0.20
	170～220	0.15～0.40	0.12～0.25	0.10～0.20	0.05～0.10	0.15～0.25	0.07～0.15
	220～280	0.10～0.30	0.08～0.20	0.07～0.12	0.03～0.08	0.12～0.20	0.07～0.12
	280～300	0.08～0.20	0.05～0.15	0.05～0.10	0.025～0.05	0.07～0.12	0.05～0.10
碳的质量分数>0.3%的合金钢	170～220	0.125～0.40	0.12～0.30	0.12～0.20	0.12～0.20	0.15～0.25	0.07～0.15
	220～280	0.10～0.30	0.08～0.20	0.07～0.15	0.07～0.15	0.12～0.20	0.07～0.20
	280～320	0.08～0.20	0.05～0.15	0.05～0.12	0.15～0.12	0.07～0.12	0.05～0.10
	320～380	0.06～0.15	0.05～0.12	0.05～0.10	0.05～0.10	0.05～0.10	0.05～0.10
工具钢	退火状态	0.15～0.50	0.12～0.30				
	36HRC	0.12～0.25	0.08～0.15	0.07～0.15	0.05～0.10	0.12～0.20	0.07～0.15
	46HRC	0.10～0.20	0.06～0.12	0.05～0.10	0.03～0.08	0.07～0.12	0.05～0.10
	56HRC	0.07～0.10	0.05～0.10				
铝镁合金	95～100	0.15～0.38	0.125～0.30	0.15～0.20	0.05～0.15	0.20～0.30	0.07～0.20

注：表中小值用于精铣，大值用于粗铣。

3）铣削速度 v_c 的确定。铣削速度的确定可查铣削用量手册，如《机械加工工艺手册》等。

（8）铣刀的选择

铣刀直径通常据铣削用量选择，一些常用铣刀的选择方法见表4-2、表4-3。

表4-2　圆柱、面铣刀直径的选择（参考）　　（单位：mm）

名称	高速钢圆柱铣刀			硬质合金面铣刀					
铣削深度 a_p	≤5	5～8	8～10	≤4	4～5	5～6	6～7	7～8	8～10
铣削宽度 b_D	≤70	70～90	90～100	≤60	60～90	90～120	120～180	180～260	260～350
铣刀直径 d_0	≤80	80～100	100～125	≤80	100～125	160～200	200～250	320～400	400～500

注：如 a_p、b_D 不能同时与表中数值统一，而 a_p（圆柱铣刀）或 b_D（面铣刀）选择铣刀又较大时，主要应根据 a_p（圆柱铣刀）或 b_D（面铣刀）选择铣刀直径。

表4-3　盘形、锯片铣刀直径的选择　　（单位：mm）

切削深度 a_p	≤8	8～15	15～20	20～30	30～45	45～60	60～80
铣刀直径 d_0	63	80	100	125	160	200	250

3. 磨削

平面磨削与其他表面磨削一样，具有切削速度高、进给量小、尺寸精度易于控制及能获得较小的表面粗糙度值等特点，公差等级一般可达IT5～IT7，表面粗糙度值可达 $Ra0.2$～$Ra1.6\mu m$。平面磨削的加工质量比刨削和铣削都高，而且还可以加工淬硬零件，因而多用于零件的半精加工和精加工。生产批量较大时，箱体的平面常用磨削来精加工。

工艺系统刚度较大的平面磨削时，可采用强力磨削，不仅能对高硬度材料和淬火表面进行精加工，而且还能对带硬皮、加工余量较均匀的毛坯平面进行粗加工。同时平面磨削可在电磁工作平台上同时装夹多个零件，进行连续加工，因此，在精加工中对需保持一定尺寸精度和相互位置精度的中小型零件的表面来说，不仅加工质量高，而且能获得较高的生产率。

平面磨削方式有平磨和端磨两种。

（1）平磨　如图4-9a所示，砂轮的工作面是圆周表面，磨削时砂轮与工件接触面积小，发热少、散热快、排屑与冷却条件好，因此可获得较高的加工精度和表面质量，通常适用于加工精度要求较高的零件。但由于平磨采用间断的横向进给，因而生产率较低。

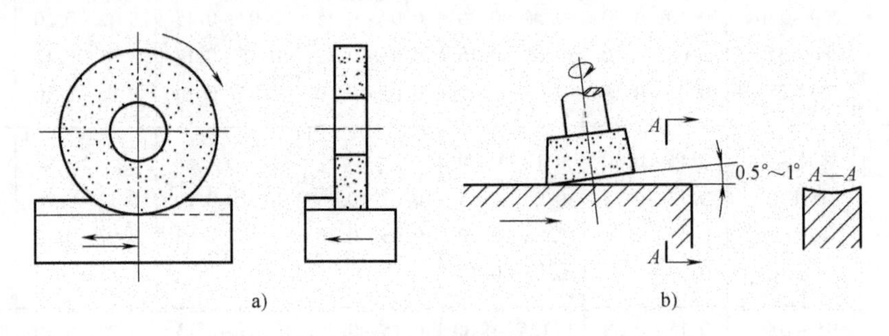

图4-9　平磨与端磨

a）平磨　b）端磨

（2）端磨　如图 4-9b 所示，砂轮工作面是端面。磨削时磨头轴伸出长度短，刚度好，磨头又主要承受轴向力，弯曲变形小，因此可采用较大的磨削用量。砂轮与工件接触面积大，同时参加磨削的磨粒多，故生产率高，但散热和冷却条件差，且砂轮端面沿径向各点圆周速度不等而产生磨损不均匀，故磨削精度较低。一般适用于大批生产中精度要求不太高的零件表面加工，或直接对毛坯进行粗磨。为减小砂轮与工件接触面积，将砂轮端面修成内锥面形，或使磨头倾斜一微小的角度，这样可改善散热条件，提高加工效率，磨出的平面中间略呈凹形，但由于倾斜角度很小，下凹量极微。

磨削薄片工件时，由于工件刚度较差，工件翘曲变形较为突出。变形的主要原因有两个。

1）工件在磨削前已有挠曲度（淬火变形）。当工件在电磁工作台上被吸紧时，在磁力作用下被吸平，但磨削完毕松开后，又恢复原形，如图 4-10a 所示。针对这种情况，可以减小电磁工作台的吸力，吸力大小只需使工件在磨削时不打滑即可，以减小工件的变形。还可在工件与电磁工作台之间垫入一块很薄的纸或橡皮（0.5mm 以下），工件在电磁工作台上吸紧时变形就能减小，因而可得到平面度较高的平面，如图 4-10b 所示。

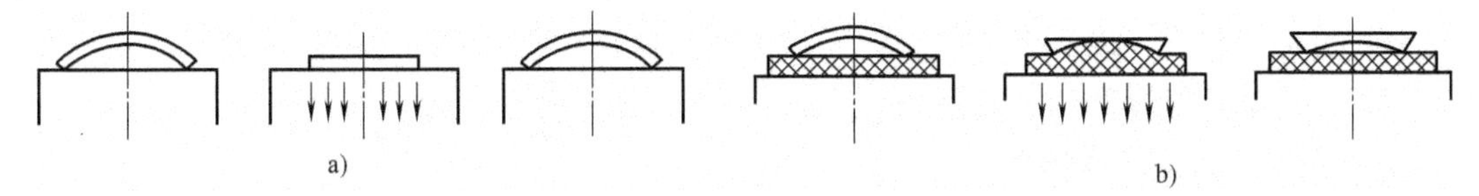

图 4-10　用电磁工作台装夹薄件的情况

2）工件磨削受热产生挠曲。磨削热使工件局部温度升高，上层热下层冷，工件就会突起，如两端被夹住不能自由伸展，工件势必产生翘曲。针对这种情况，可用开槽砂轮进行磨削。由于工件和砂轮间断接触，改善了散热条件，而且工件受热时间缩短，温度升高缓慢。磨削过程中采用充足的切削液也能收到较好的效果。

4. 平面的光整加工

对于尺寸精度和表面粗糙度要求很高的零件，一般都要进行光整加工。平面的光整加工方法很多，一般有研磨、刮研、超精加工、抛光。下面介绍研磨和刮研。

（1）研磨　研磨加工是应用较广的一种光整加工方法。加工公差等级可达 IT5 级，表面粗糙度值可达 $Ra0.006 \sim Ra0.1\mu m$。既可以加工金属材料，也可以加工非金属材料。

研磨加工时，在研具和工件表面间存在分散的细粒度砂粒（磨料和研磨剂）。在两者之间施加一定的压力，并使其产生复杂的相对运动，这样经过砂粒的磨削和研磨剂的化学、物理作用，在工件表面上去掉极薄的一层，获得很高的精度和较小的表面粗糙度值。

研磨的方法按研磨剂的使用条件分以下三类。

1）干研磨。研磨时只需在研具表面涂以少量的润滑附加剂，如图 4-11a 所示。砂粒在研磨过程中基本固定在研具上，它的磨削作用以滑动磨削为主。这种方法生产率不高，但可达到很高的加工精度和较小的表面粗糙度值（$Ra0.01 \sim Ra0.02\mu m$）。

2）湿研磨。在研磨过程中将研磨剂涂在研具上，用分散的砂粒进行研磨。研磨剂中除砂粒外还有煤油、机油、油酸、硬脂酸等物质。在研磨过程中，部分砂粒在研具与工件之间，如图 4-11b 所示。此时砂粒以滚动磨削为主，生产率高，表面粗糙度值为 $Ra0.02 \sim$

$Ra0.04\mu m$，一般作粗加工用，加工表面一般无光泽。

3）软磨粒研磨。在研磨过程中，用氧化铬作磨料的研磨剂涂在研具的工作表面，由于磨料比研具和工件软，因此研磨过程中磨料悬浮于工件与研具之间，主要利用研磨剂与工件表面的化学作用，产生很软的一层氧化膜，凸点处的薄膜很容易被磨料磨去。此种方法能得到极小的表面粗糙度值（$Ra0.01 \sim Ra0.02\mu m$）。

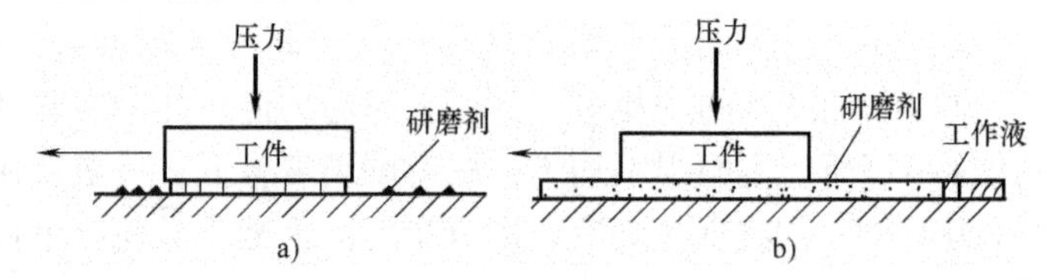

图 4-11　干式研磨与湿式研磨

（2）刮研　刮研平面用于未淬火的工件，它可使两个平面之间达到紧密接触，能获得较高的形状和位置精度，加工公差等级可达 IT7 级以上，表面粗糙度值为 $Ra0.1 \sim Ra0.8\mu m$。刮研后的平面能形成具有润滑油膜的滑动面，因此能减少相对运动时表面间的磨损和增强零件接合面间的接触刚度。刮研表面质量是用单位面积上接触点的数目来评定的，粗刮为 1 ~ 2 点/cm^2，半精刮为 2 ~ 3 点/cm^2，精刮为 3 ~ 4 点/cm^2。

刮研劳动强度大，生产率低；但刮研所需设备简单，生产准备时间短，刮研力小，发热少，变形小，加工精度和表面质量高。此法常用于单件小批生产及维修工作中。

5. 平面加工方案及其选择

表 4-4 所列为常用平面加工方案。应根据零件的形状、尺寸、材料、技术要求和生产类型等情况正确选择平面加工方案。

表 4-4　平面加工方案

序号	加工方法	经济精度（公差等级表示）	经济表面粗糙度值/μm	适用范围
1	粗车	IT11 ~ IT13	Ra12.5 ~ Ra50	端面
2	粗车—半精车	IT8 ~ IT10	Ra3.2 ~ Ra6.3	
3	粗车—半精车—精车	IT7 ~ IT8	Ra0.8 ~ Ra1.6	
4	粗车—半精车—磨削	IT6 ~ IT8	Ra0.2 ~ Ra0.8	
5	粗刨(粗铣)	IT11 ~ IT13	Ra6.3 ~ Ra25	一般为不淬硬平面
6	粗刨(粗铣)—精刨(精铣)	IT8 ~ IT10	Ra1.6 ~ Ra6.3	
7	粗刨(粗铣)—精刨(精铣)—刮研	IT6 ~ IT7	Ra0.1 ~ Ra0.8	精度要求较高的不淬硬平面，批量较大时宜采用宽刃精刨方案
8	粗刨(粗铣)—精刨(精铣)—宽刃精刨	IT7	Ra0.2 ~ Ra0.8	
9	粗刨(粗铣)—精刨(精铣)—磨削	IT7	Ra0.2 ~ Ra0.8	精度要求高的淬硬平面或不淬硬平面
10	粗刨(粗铣)—精刨(精铣)—粗磨—精磨	IT6 ~ IT7	Ra0.025 ~ Ra0.4	
11	粗铣—拉	IT7 ~ IT9	Ra0.2 ~ Ra0.8	大量生产，较小的平面(精度视拉刀精度而定)
12	粗铣—精铣—磨削—研磨	IT5 以上	Ra0.006 ~ Ra0.1	高精度平面

4.2.2　孔加工方法

内孔表面加工方法较多，常用的有钻孔、扩孔、铰孔、镗孔、磨孔、拉孔、研磨孔、珩磨孔、滚压孔等。

1. 钻孔

用钻头在工件实体部位加工孔称为钻孔。钻孔属于粗加工，可达到的尺寸公差等级为IT11～IT13，表面粗糙度值为 $Ra12.5$～$Ra50\mu m$。由于麻花钻长度较长，钻芯直径小而刚度差，又有横刃的影响，故钻孔有以下工艺特点。

（1）钻头容易偏斜。由于横刃的影响定心不准，切入时钻头容易引偏；且钻头的刚度和导向作用较差，切削时钻头容易弯曲。在钻床上钻孔时，如图4-12a所示，容易引起孔的轴线偏移和不直，但孔径应尽可能采用工件回转方式进行钻孔，无显著变化；在车床上钻孔时，如图4-12b所示，容易引起孔径的变化，但孔的轴线仍然是直的。因此，在钻孔前应先加工端面，并用钻头或中心钻预钻一个锥坑，如图4-13所示，以便钻头定心。

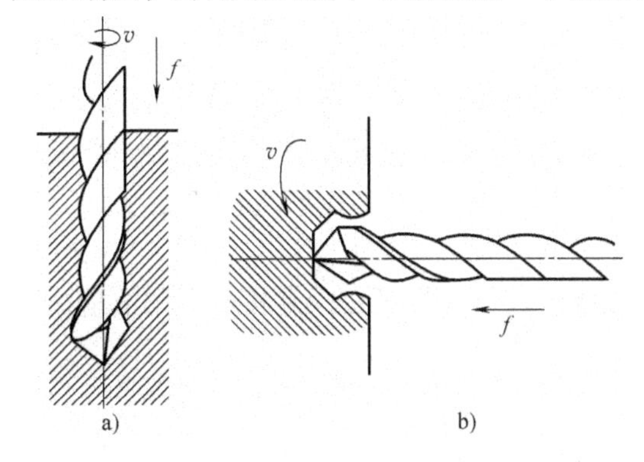

图4-12 两种钻削方式引起的孔的误差

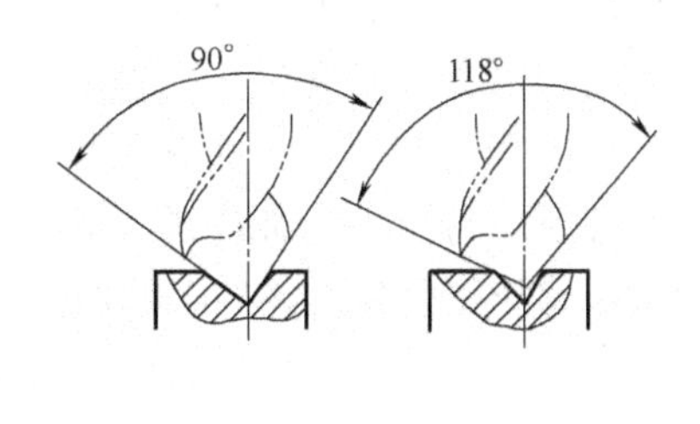

图4-13 钻孔前预钻锥孔

（2）孔径容易扩大 钻削时钻头两切削刃径向力不等将引起孔径扩大；卧式车床钻孔时的切入引偏也是孔径扩大的重要原因；此外钻头的径向圆跳动等也是造成孔径扩大的原因。

（3）孔的表面质量较差 钻削切屑较宽，在孔内被迫卷为螺旋状，流出时与孔壁发生摩擦而刮伤已加工表面。

（4）钻削时轴向力大 这主要是由钻头的横刃引起的。试验表明，钻孔时50%的轴向力和15%的转矩是由横刃产生的。因此，当钻孔直径 $d>30mm$ 时，一般分两次进行钻削。第一次钻出 $(0.5\sim0.7)d$，第二次钻到所需的孔径。由于横刃第二次不参加切削，故可采用较大的进给量，使孔的表面质量和生产率均得到提高。

2. 扩孔

扩孔是用扩孔钻对已钻出的孔做进一步加工，以扩大孔径并提高精度和降低表面粗糙度值。扩孔可达到的尺寸公差等级为IT10～IT11，表面粗糙度值为 $Ra6.3$～$Ra12.5\mu m$，属于孔的半精加工方法，常作铰削前的预加工，也可作为精度要求不高的孔的终加工。

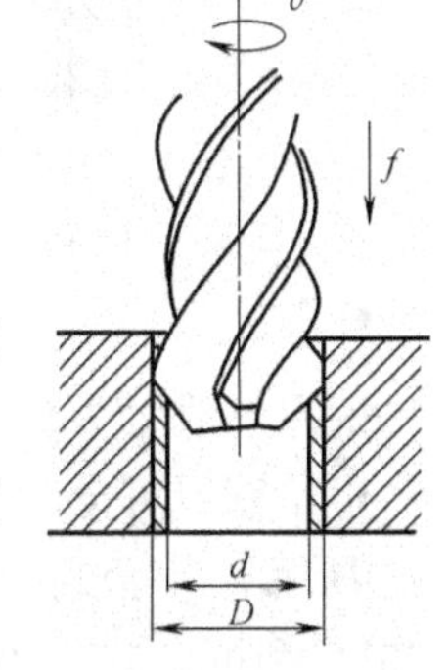

图4-14 扩孔

扩孔方法如图4-14所示，扩孔余量为 $(D-d)$。扩孔钻的形式随直径不同而不同。直径为 $\phi10\sim\phi32mm$ 的扩孔钻为锥柄扩孔钻，如图4-15a所示。直径为 $\phi25\sim\phi80mm$ 的扩孔钻为套式扩孔钻，如图4-15b所示。

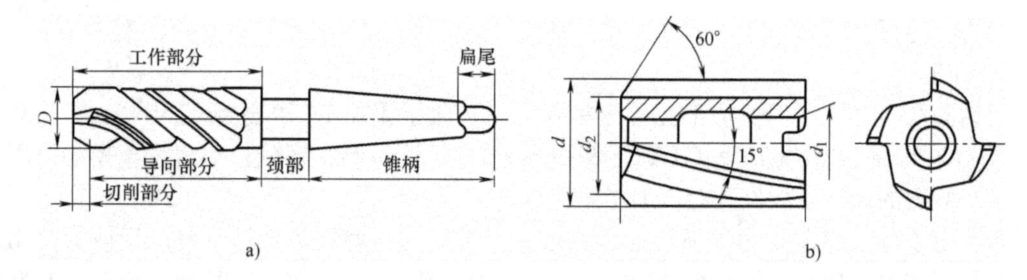

图 4-15　扩孔钻

a）锥柄扩孔钻　b）套式扩孔钻

扩孔钻的结构与麻花钻相比有以下特点。

（1）刚度较好　由于扩孔的背吃刀量小，切屑少，扩孔钻的容屑槽浅而窄，钻芯直径较大，增加了扩孔钻工作部分的刚度。

（2）导向性好　扩孔钻有 3 ~ 4 个刀齿，刀具周边的棱边数增多，导向作用相对增强。

（3）切屑条件较好　扩孔钻无横刃参加切削，切削较快，可采用较大的进给量，生产率较高；又因切屑少，排屑顺利，不易刮伤已加工表面。

因此扩孔与钻孔相比，加工精度高，表面粗糙度值较低，且可在一定程度上校正钻孔的轴线误差。此外，适用于扩孔的机床与钻孔相同。

3. 铰孔

铰孔是在半精加工（扩孔或半精镗）的基础上对孔进行的一种精加工方法。铰孔的尺寸公差等级可达 IT6 ~ IT9，表面粗糙度值可达 $Ra0.2 \sim Ra3.2\mu m$。

铰孔的方式有机铰和手铰两种。在机床上进行铰削称为机铰，如图 4-16 所示；用手工进行铰削的称为手铰，如图 4-17 所示。

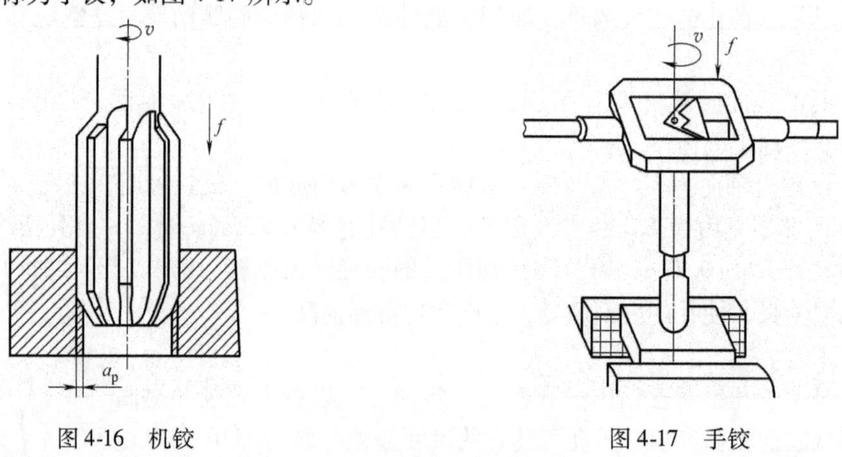

图 4-16　机铰　　　图 4-17　手铰

铰刀一般分为机用铰刀和手用铰刀两种形式，如图 4-18 所示。

机用铰刀可分为带柄的（直径 1 ~ 20mm 为直柄，直径 10 ~ 32mm 为锥柄，如图 4-18a、b、c 所示）和套式的（直径 25 ~ 80mm，如图 4-18f 所示）。手用铰刀可分为整体式（见图 4-18d）和可调式（见图 4-18e）两种。铰削不仅可以用来加工圆柱形孔，也可用锥度铰刀加工圆锥形孔（见图 4-18g、h）。

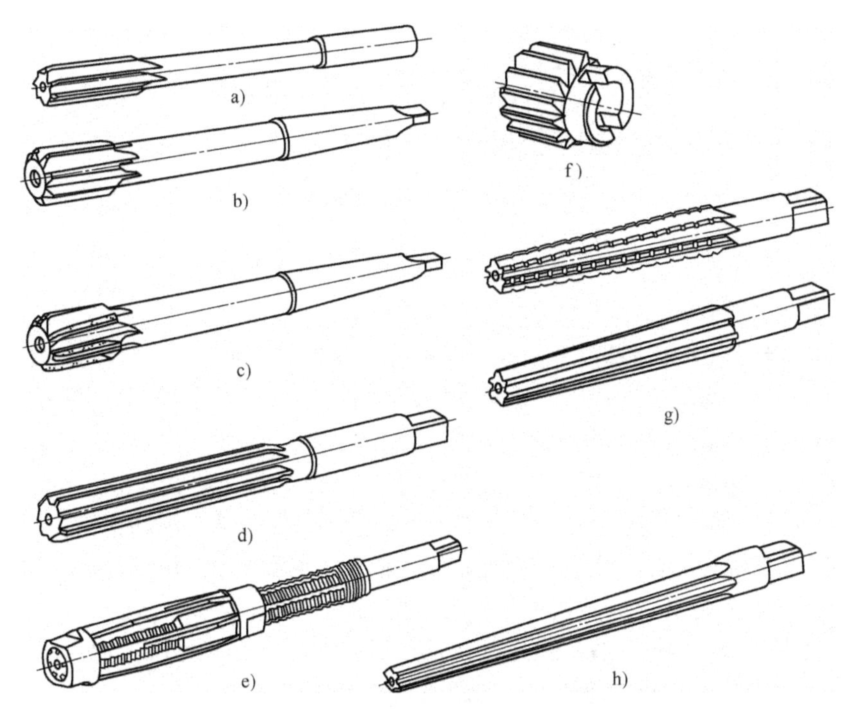

图4-18 铰刀基本类型

a）直柄机用铰刀 b）锥柄机用铰刀 c）硬质合金锥柄机用铰刀 d）整体式手用铰刀
e）可调节手用铰刀 f）整式机用铰刀 g）直柄莫氏圆锥铰刀 h）手用1∶50锥度销子铰刀

（1）铰削方式 铰削的余量很小，若铰削余量过大，则切削温度高，会使铰刀直径膨胀导致孔径扩大，使切屑增多而擦伤孔的表面；若铰削余量过小，则会留下原孔的刀痕而影响表面粗糙度。一般粗铰余量为0.15～0.25mm，精铰余量为0.05～0.15mm。铰削应采用低切削速度，以免产生积屑瘤和引起振动，一般粗铰4～10m/min，精铰1.5～5m/min。机铰的进给量可比钻孔时高3～4倍，一般可达0.5～1.5mm/r。为了散热以及冲排屑末、减小摩擦、抑制振动和降低表面粗糙度值，铰削时应选用合适的切削液。铰削钢件常用乳化液，铰削铸铁件可用煤油。

如图4-19a所示，在车床上铰孔，若装在尾架套筒中的铰刀轴线与工件回转轴线发生偏移，则会引起孔径扩大。如图4-19b所示，在钻床上铰孔，若铰刀轴线与原孔的轴线发生偏移，也会引起孔的形状误差。

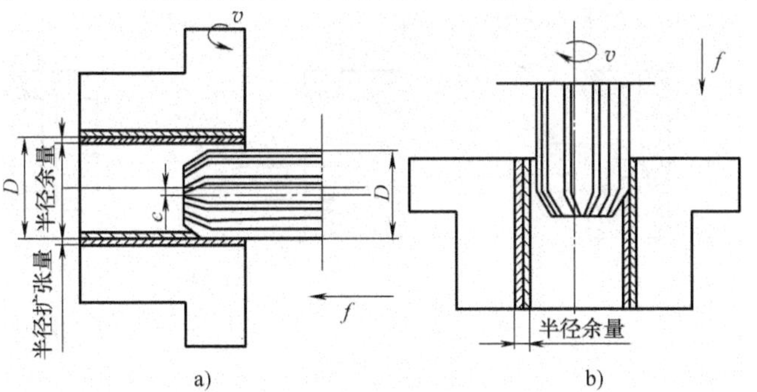

图4-19 铰刀偏斜引起的加工误差

机用铰刀与机床常采用浮动连接，以防止铰削时孔径扩大或产生孔的形状误差。铰刀与机床主轴浮动连接所用的浮动夹头如图4-20所示。浮动夹头的锥柄1安装在机床的锥孔中，铰刀锥柄安装在锥套2中，挡钉3用于承受轴向力，销钉4可传递转矩。由于锥套2的尾部与大孔、销钉4与小孔间均有较大间隙，所以铰刀处于浮动状态。

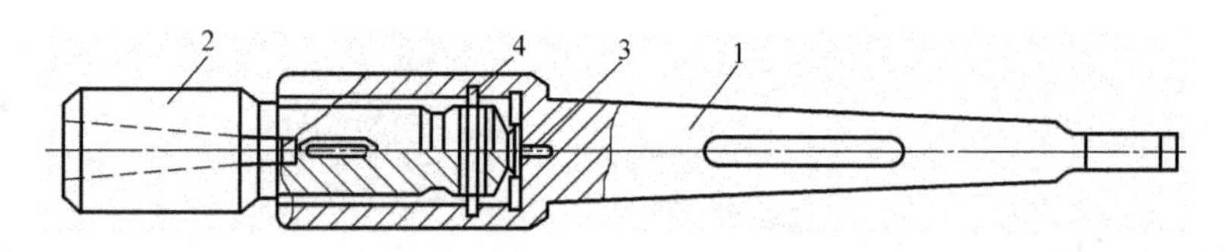

图 4-20　铰刀的浮动夹头

1—锥柄　2—锥套　3—挡钉　4—销钉

（2）铰削的工艺特点

1）铰孔的精度和表面粗糙度并不取决于机床的精度，而取决于铰刀的精度、铰刀的安装方式、加工余量、切削用量和切削液等条件。例如，在相同的条件下，在钻床上铰孔和在车床上铰孔所获得的精度和表面粗糙度基本一致。

2）铰刀为定径的精加工刀具，铰孔比精镗孔容易保证尺寸精度和形状精度，生产率也较高，对于小孔和细长孔更是如此。但由于铰削余量小，铰刀常为浮动连接，故不能校正原孔的轴线偏斜，孔与其他表面的位置精度则需由前工序或后工序来保证。

3）铰孔的适应性较差。一定直径的铰刀只能加工一种直径和尺寸公差等级的孔，如需提高孔径的公差等级，则需对铰刀进行研磨。铰削的孔径一般小于 ϕ80mm，常用的在 ϕ40mm 以下。对于阶梯孔和不通孔，铰削的工艺性较差。

4. 镗孔、车孔

镗孔是用镗刀对已钻出、铸出或锻出的孔做进一步的加工。可在车床、镗床或铣床上进行。镗孔是常用的孔加工方法之一，可分为粗镗、半精镗和精镗。粗镗的尺寸公差等级为 IT12 ~ IT13，表面粗糙度值为 Ra6.3 ~ Ra12.5μm；半精镗的尺寸公差等级为 IT9 ~ IT10，表面粗糙度值为 Ra3.2 ~ Ra6.3μm；精镗的尺寸公差等级为 IT7 ~ IT8，表面粗糙度值为 Ra0.8 ~ Ra1.6μm。

车床车孔如图 4-21 所示。车不通孔或具有直角台阶的孔（见图 4-21b）时，车刀可先做纵向进给运动，切至孔的末端时车刀改做横向进给运动，再加工内端面。这样可使内端面与孔壁良好衔接。车削内孔凹槽（见图 4-21d）时，将车刀伸入孔内，先做横向进给，切至所需的深度后再做纵向进给运动。

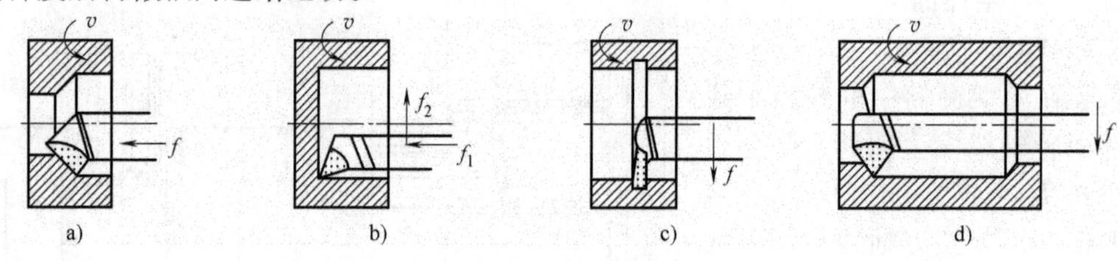

图 4-21　车床车孔

车床上车孔是工件旋转、车刀移动，孔径大小可由车刀的背吃刀量和进给次数予以控制，操作较为方便。车床车孔多用于加工盘套类和小型支架类零件的孔。

5. 孔加工方案及其选择

表 4-5 所列为孔加工方案。根据零件的形状、尺寸、材料、技术要求和生产类型等情况正确选择孔加工方案。

表 4-5　孔加工方案

公差等级	表面粗糙度值/μm	加工方案	适用范围
IT11 ~ IT13	*Ra*12.5 ~ *Ra*50	钻	加工除淬火钢外各种金属实心毛坯上较小的孔
IT9 ~ IT10	*Ra*3.2 ~ *Ra*6.3	钻—扩	
IT7 ~ IT8	*Ra*3.2 ~ *Ra*6.3	钻—扩	
IT6 ~ IT7	*Ra*0.2 ~ *Ra*0.4	钻—扩—机铰—手铰	
IT10 ~ IT13	*Ra*6.3 ~ *Ra*12.5	粗镗	除淬火钢外各种金属，毛坯有铸出孔或锻出孔
IT8 ~ IT9	*Ra*1.6 ~ *Ra*3.2	粗镗—精镗	
IT7 ~ IT8	*Ra*0.8 ~ *Ra*1.6	粗镗—半精镗—精镗	
IT6 ~ IT7	*Ra*0.4 ~ *Ra*0.8	粗镗—半精镗—精镗—精细镗	
IT6 ~ IT7	*Ra*0.1 ~ *Ra*0.2	粗镗—半精镗—粗磨—精磨	主要用于淬火钢，但不宜用于非铁金属

4.2.3　工艺过程的基本概念

1. 生产过程和工艺过程

生产过程：由原材料制成各种零件并装配成机器的全过程。其中包括原材料的运输、保管、生产准备、制造毛坯、切削加工、装配、检验及试车、油漆和包装等。

工艺过程：在生产过程中，直接改变生产对象的形状、尺寸、表面质量、性质及相对位置等，使其成为成品或半成品的过程，如毛坯的制造（包括铸造工艺、锻压工艺、焊接工艺等）、机械加工、热处理和装配等。工艺过程是生产过程的核心组成部分。

机械加工工艺过程：采用机械加工的方法按一定顺序直接改变毛坯的形状、尺寸及表面质量，使其成为合格零件的工艺过程。它是生产过程的重要内容。

2. 机械加工工艺过程的组成

零件的机械加工工艺过程由许多工序组合而成，每个工序又可分为若干个安装、工位、工步和走刀。

（1）工序　工序是机械加工工艺过程的基本单元，是指由一个或一组工人在同一台机床或同一个工作地，对一个或同时对几个工件所连续完成的那一部分工艺过程。

工作地、工人、工件与连续作业构成了工序的四个要素，若其中任一要素发生变更，则构成了另一道工序。

一个工艺过程需要包括哪些工序，是由被加工零件的结构复杂程度、加工精度要求及生产类型所决定的。如图 4-22 所示的阶梯轴，对于不同的生产批量，就有不同的工艺过程及工序，见表 4-6、表 4-7。

（2）安装　工件每经一次装夹后所完成的那部分工序　在一道工序中，工件在加工位置上至少要装夹一次，但有的工件也可能会装夹几次。如表 4-7 中的第 2、3 及 5 工序，需调头经过两次安装才能完成其工序的全部内容。

应尽可能减少装夹次数，多一次装夹就多一次安装误差，又增加了装卸辅助时间。

（3）工位　工件在机床上占据每一个位置所完成的那部分工序　为减少装夹次数，常采用多工位夹具或多轴（多工位）机床，使工件在一次安装中先后经过若干个不同位置顺次进行加工。

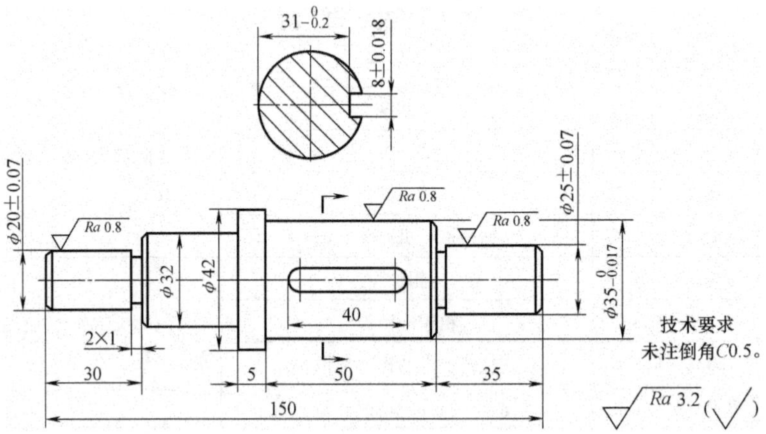

图 4-22　阶梯轴

表 4-6　单件生产阶梯轴的工艺过程

工序号	工序名称和内容	设　备
1	车端面、钻中心孔、车外圆、切退刀槽、倒角	车床
2	铣键槽	铣床
3	磨外圆	磨床
4	去毛刺	钳工台

表 4-7　大批量生产阶梯轴的工艺过程

工序号	工序名称和内容	设　备
1	铣端面，钻中心孔	铣钻联合机床
2	粗车外圆	车床
3	精车外圆、倒角，切退刀槽	车床
4	铣键槽	铣床
5	磨外圆	磨床
6	去毛刺	钳工台

（4）工步　工步是加工表面、切削刀具和切削用量（仅指主轴转速和进给量）都不变的情况下所完成的那一部分工艺过程。变化其中的一个就是另一个工步。

如图 4-23 所示，车削阶梯轴 ϕ85mm 外圆面为第一工步，车削 ϕ65mm 外圆面为第二工步。这是因为加工的表面变了，所以表示两个工步。有时为了提高生产率，把几个待加工表面用几把刀具同时加工，这可看作一个工步，称为复合工步，如图 4-24 所示。

（5）走刀　在一个工步中，如果要切掉的金属层很厚，可分几次切削，每切削一次就称为一次走刀。

图 4-23 所示车削阶梯轴的第二工步中，就包含了两次走刀。

3. 生产纲领和生产类型

（1）生产纲领　生产纲领是指企业在计划期内应当生产的产品产量和进度计划。

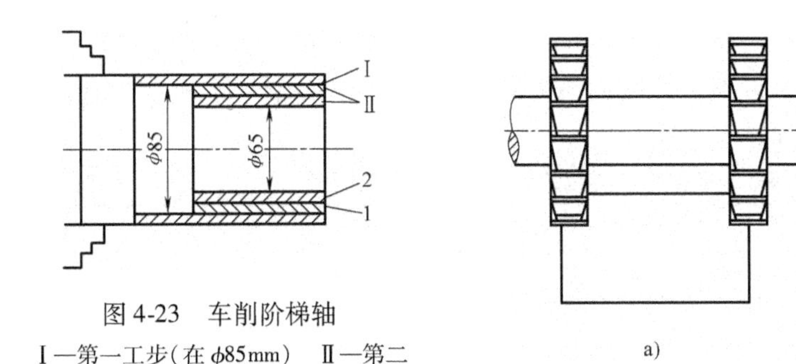

图4-23　车削阶梯轴

Ⅰ—第一工步（在 $\phi85$mm）　Ⅱ—第二工步（在 $\phi65$mm）

1—第二工步第一次走刀　2—第二工步第二次走刀

图4-24　复合工步

零件在计划期为一年的生产纲领 N 可按下式计算

$$N = Qn(1+\alpha)(1+\beta)$$

式中　N——零件的年产量（件/年）；

Q——产品的年产量（台/年）；

n——每台产品中该零件的数量（件/台）；

α、β——备品率（%）和废品率（%）。

当零件的生产纲领确定后，还要根据车间的情况按一定期限分批投产，每批投产的数量，称为生产批量。

（2）生产类型　根据生产纲领的大小和产品品种的多少，机械制造企业的生产可分为单件生产、成批生产和大量生产三种生产类型。

1）单件生产。产品的种类多而同一产品的产量很小，工件地点的加工对象完全不重复或很少重复。例如，重型机器、专用设备或新产品试制都属于单件生产。

2）成批生产。工作地点的加工对象，周期性地进行轮换。普通机床、纺织机械等的制造等多属于此种生产类型。

按照批量的大小，成批生产又可分为小批生产、中批生产和大批生产三种类型。

3）大量生产。产品数量很大，大多数工作地点长期进行某一零件的某一道工序的加工。例如，汽车、轴承、自行车等的制造多属于此种生产类型。

生产类型取决于产品（零件）的年产量、尺寸大小及复杂程度。表4-8列出了各种生产类型的生产纲领及工艺特点。

4. 工件的安装

定位：在进行机械加工之前，必须将工件放在机床的工作台或夹具上，使它占有正确的位置。

工件在定位之后，为了使它在切削过程中，不致因切削力、重力和惯性力的作用而偏离正确的位置，还需把它夹紧。

安装：工件从定位到夹紧的全过程。

安装工件时，一般是先定位后夹紧，而在自定心卡盘上安装工件时，定位与夹紧是同时进行的。

安装方式：

（1）直接安装法　工件直接安放在机床工作台或者通用夹具（如自定心卡盘、单动卡盘、平口钳、电磁吸盘等标准附件）上，有时不另行找正即夹紧，如利用自定心卡盘或电磁吸盘安装工件；有时则需要根据工件上某个表面或划线找正工件，再行夹紧，如在单动卡盘或在机床工作台上安装工件。

表 4-8　各种生产类型的生产纲领及工艺特点　　（单位：件）

生产纲领及特点		单件生产	小批生产	中批生产	大批生产	大量生产
产品类型	重型机械	<5	5～100	100～300	300～1000	>1000
	中型机械	<20	20～200	200～500	500～5000	>5000
	轻型机械	<100	100～500	500～5000	5000～50000	>50000
工艺特点	毛坯的制造方法及加工余量	自由锻造，木模手工造型；毛坯精度低，加工余量大		部分采用模锻，金属型造型；毛坯精度及加工余量中等		广泛采用模锻、机器造型等高效方法；毛坯精度高，加工余量小
	机床设备及机床布置	通用机床按机群式排列；部分采用数控机床及柔性制造单元		通用机床和部分专用机床及高效自动机床；机床按零件类别分工段排列		广泛采用自动机床、专用机床；采用自动线或专用机床流水线排列
	夹具及尺寸保证	通用夹具、标准附件或组合夹具；划线试切保证尺寸		通用夹具，专用或成组夹具；定程法保证尺寸		高效专用夹具；定程及自动测量控制尺寸
	刀具、量具	通用刀具、标准量具		专用或标准刀具、量具		专用刀具、量具，自动测量
	零件的互换性	配对制造，互换性差，多采用钳工修配		多数互换，部分试配或修配		全部互换
	工艺文件的要求	编制简单的工艺过程卡片		编制详细的工艺规程及关键工序的工序卡片		编制详细的工艺规程、工序卡片、调整卡片
	生产率	低		中等		高
	成本	较高		中等		低
	对工人的技术要求	需要技术熟练的工人		需要一定熟练程度的技术工人		对操作工人的技术要求较低，对调整工人的技术要求较高
	发展趋势	采用数控机床、加工中心及柔性制造单元		采用成组工艺，用柔性制造系统或柔性自动线		用计算机控制的自动化制造系统、车间或无人工厂，实现自适应控制

用这种方法安装工件时，找正比较费时，且定位精度的高低主要取决于所用工具或仪表的精度，以及工人的技术水平，定位精度不易保证，生产率较低，所以通常仅适用于单件小批生产。

（2）专用夹具安装法　为某一零件的加工而专门设计和制造夹具，无须进行找正，就可以迅速而可靠地保证工件对机床和刀具的正确相对位置，并可迅速夹紧。

利用专用夹具加工工件，既可保证加工精度，又可提高生产率，但没有通用性。专用夹具的设计、制造和维修需要一定的投资，所以只有在成批生产或大批大量生产中，才能取得比较好的效益。

4.2.4　机械加工工艺规程设计的步骤

1. 零件分析

1）分析零件结构特点，确定零件的主要加工方法。

2）分析零件加工技术要求，确定重要表面的精加工方法。

3）根据零件的结构和精度，做出零件加工工艺性评价。

2. 确定毛坯

1）根据零件的材料和生产批量选择毛坯种类。

2）根据毛坯总余量和毛坯制造工艺特点确定毛坯的形状和大小。

3）绘制毛坯图。

3. 确定各表面加工方法

根据零件各加工表面的形状、结构特点和加工批量逐一列出各表面的加工方法。加工方法可以先列出多种方案，再根据现有条件进行比较，选择一种最适合的方案。

4. 确定定位基准

（1）选择粗基准　按照粗基准的选择原则为第一道工序加工选择定位基准。

（2）选择精基准　按照精基准的选择原则确定第一道工序以外的各表面的定位基准，以便确定定位方案和按照基准先行的原则安排工艺路线。

5. 划分加工阶段

一般零件的加工划分为三个阶段：粗加工、半精加工、精加工阶段。粗加工阶段的工作一般有：粗车、粗铣、粗刨、粗镗等。半精加工阶段工作一般有：半精车、半精铣、半精刨、半精镗等。精加工阶段的工作一般有：精车、精铣、精刨、精镗、粗磨、精磨。

当零件尺寸公差等级为IT6级以上，表面粗糙度值为$Ra0.4\mu m$以上时要进行超精加工。

6. 热处理工艺安排及辅助工序安排

热处理工序在工艺路线中安排得是否恰当，对零件的加工质量和材料的使用性能影响很大，因此应当根据零件的材料和热处理的目的妥善安排。安排热处理工序的主要目的是用于提高材料的力学性能。一般情况下铸造后毛坯要进行时效处理，锻造后毛坯要进行正火或退火处理，然后进行粗加工。粗加工后，复杂铸件要进行二次时效，轴类零件一般进行调质处理，然后进行半精加工。各类淬火放在磨削加工前进行，表面化学处理放在零件加工后进行。

辅助工序包括去毛刺、划线、涂防锈油、涂防锈漆等，也要在需要的时候安排进去。

7. 拟定工艺路线

1）按照基准先行、先主后次、先粗后精、先面后孔的原则安排工艺路线。并以重要表面的加工为主线，其他表面的加工穿插其中。一般次要表面的加工是在精加工前或磨削加工前进行的，重要表面的最后的精加工要放在整个加工过程的最后进行。

2）根据加工批量及现有生产条件考虑工序的集中与分散，以便更合理地安排工艺路线。

3）按工序安排零件加工的工艺路线。

8. 工序设计

1）选择工序的切削机床、切削刀具、夹具、量具。

2）确定工序的加工余量，计算各表面的工序尺寸。

3）选择合理的切削参数，计算工序的工时定额。

9. 填写工艺卡片

根据设计好的内容将相关项目填入工艺卡片中。工艺卡片有三种：工艺过程卡、工艺卡和工序卡。

上述工作完成则一个零件的工艺设计就完成了。

4.3 确定装夹方案

4.3.1 箱体类零件的定位基准和装夹方法

1. 粗基准的选择

1）中小批量生产时，毛坯精度低，一般采用划线装夹。

2）大批大量生产时，毛坯精度高，可采用专用夹具装夹。

粗基准的选择应满足以下几点：

1）在保证各加工面均有余量的前提下，应使重要孔的加工余量均匀，孔壁的厚薄尽量均匀，其余部位均有适当的壁厚。

2）装入箱体内的回转零件（齿轮、轴套等）应与箱壁有足够的间隙。

3）保持箱体必要的外形尺寸，定位稳定，夹紧可靠。一般选重要孔作为粗基准，如主轴孔，如图4-25所示。

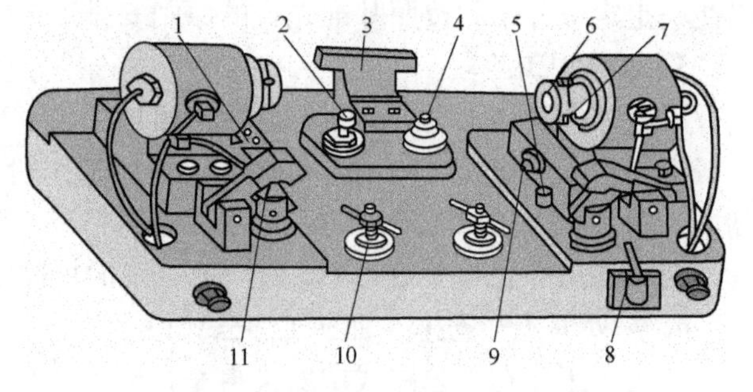

图4-25 主轴孔为粗基准的铣夹具

1、2、3、4、5、9、10—支承 6—轴

7—支承柱 8—手柄 11—压板

2. 精基准的选择

1）单件小批量生产用装配基准作定位基准。

2）大批大量生产则采用一面两孔作定位基准。

精基准的选择原则：

1）基准重合原则（三面定位）。优点：定位稳定可靠，镗孔时调整刀具、测量孔径等方便。缺点：加工箱体内部隔板上的孔时，只能使用活动结构的吊架镗模，刚度较差，精度不高，且操作费时。一般只在单件小批生产中应用。

2）基准统一原则（一面两孔定位）。优点：在大批量生产中，定位可靠，中间导向支承刚度好，易保证孔系位置精度，装卸工件方便。缺点：加工中无法观察、测量和调整刀具；存在基准不重合误差。

4.3.2 数控铣床、加工中心常用夹具

1. 平口台虎钳

平口台虎钳是铣床常用夹具，其规格以钳口的宽度来表示，常用的有100mm、125mm、150mm三种。平口台虎钳的种类很多，有固定式、回转式、自定心、V形、手动液压等。

其中固定式和回转式应用最为广泛，适于装夹形状规则的小型工件。钳口可以制成多种形式，更换不同形式的钳口可扩大机用虎钳的使用范围，如图4-26所示。

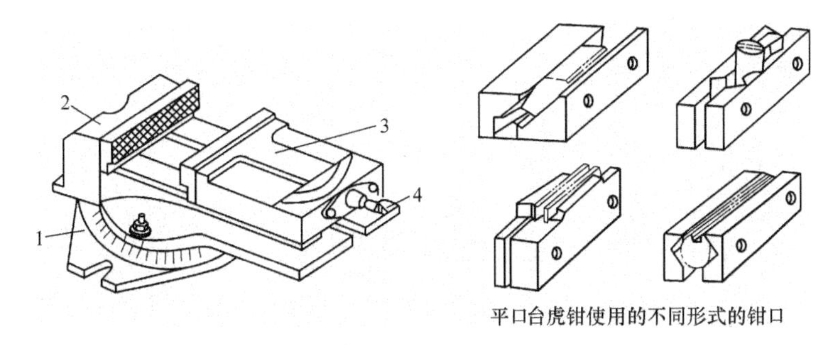

图4-26　平口台虎钳

1—钳座　2—固定钳口　3—活动钳口　4—丝杠

2. 回转工作台

回转工作台（见图4-27）是铣床上的主要装夹具之一，它既可以辅助铣床完成各种曲面零件的加工，如各种齿轮的曲线、零件上的圆弧等，以及需要分度的零件，如齿轮、多边形等的铣削，又可应用于插床和刨床以及其他机床。

图4-27　回转工作台

3. 使用T形螺钉和压板固定工件

利用T形螺钉和压板通过机床工作台T形槽，可以把工件、夹具或其他机床附件固定在工作台上。使用T形螺钉和压板固定工件如图4-28所示。

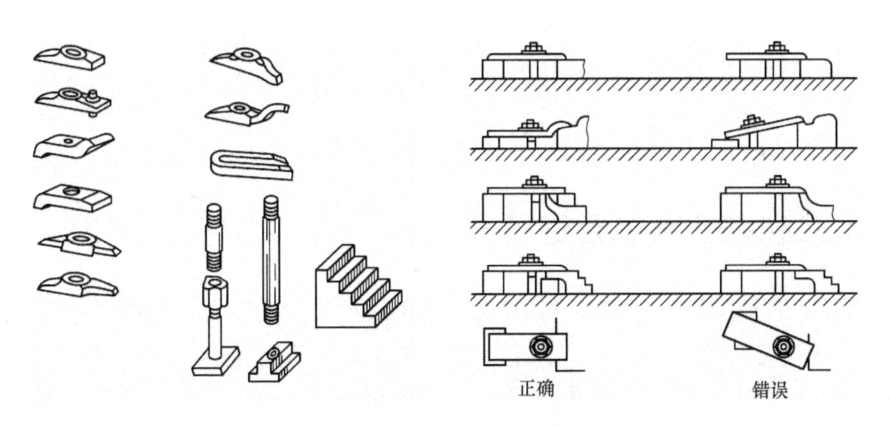

图4-28　使用T形螺钉和压板固定螺钉

4. 弯板的使用

弯板（或称角铁）主要用来固定长度、宽度较大，而且厚度较小的工件。图 4-29 所示为利用弯板装夹工件的示例。

使用弯板时应注意如下几点：

1）弯板在工作台上的固定位置必须正确，弯板的立面必须与工作台台面相垂直。

2）工件与弯板立面的安装接触面积应尽量大。

3）夹紧工件时，应尽可能多地使用螺栓压板或弓形夹。

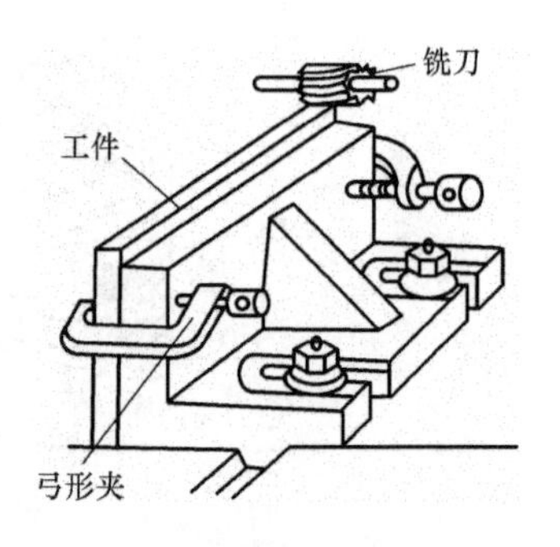

图 4-29　弯板装夹工件

5. V 形块

V 形块又有固定式和活动式之分，如图 4-30 所示。固定 V 形块根据工件与 V 形块的接触母线长度，相对接触较长时，限制工件的 4 个自由度；相对接触较短时，限制工件的 2 个自由度。活动 V 形块的应用如图 4-31 所示。图 4-31a 所示为活动 V 形块限制工件在 y 方向上的移动自由度的示意图。图 4-31b 所示为加工连杆孔的定位方式，活动 V 形块限制 1 个转动自由度，用以补偿因毛坯尺寸变化而对定位的影响。活动 V 形块除定位外，还兼有夹紧作用。

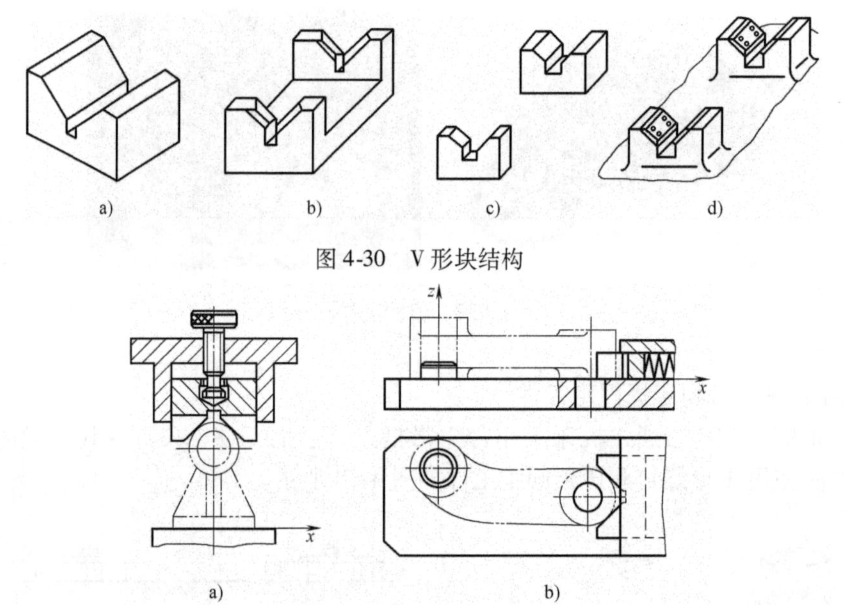

图 4-30　V 形块结构

图 4-31　活动 V 形块的应用

4.4　拟定工艺路线及工艺过程设计

在加工前，安排划线工艺是为了保证工件壁厚均匀，并及时发现铸件的缺陷，减少废品。该工件体积小，壁薄，加工时应注意夹紧力的大小，防止变形。工序 12 精镗前要求对工件压紧力进行适当的调整，也是确保加工精度的一种方法。$\phi180^{+0.035}_{0}$ mm 孔中心线与 $\phi90^{+0.027}_{0}$ mm 孔中心线的垂直度公差 0.06mm 要求，由 TX619 机床分度来保证。$\phi180^{+0.035}_{0}$ mm

与 $\phi90^{+0.027}_{0}$mm 两孔孔距（100 ± 0.12） mm，可采用装心轴的方法检测，加工工艺过程见表4-9。

表4-9　小型蜗轮减速器箱体机械加工工艺过程卡

工序号	工序名称	工序内容	工艺装备
1	铸	铸造	
2	清砂	清砂	
3	热处理	人工时效处理	
4	涂底漆	涂红色防锈底漆	
5	划线	划 $\phi180^{+0.035}_{0}$mm、$\phi90^{+0.027}_{0}$mm 孔加工线，划上、下平面加工线	
6	铣	以顶面毛坯定位，按线找正，粗、精铣底面	X5032
7	铣	以底面定位装夹工件，粗、精铣顶面，保证高度尺寸290mm	X5032
8	铣	以底面定位，压紧顶面按线铣 $\phi90^{+0.027}_{0}$mm 两孔侧面凸台，保证尺寸为217mm	X62W
9	铣	以底面定位，压紧顶面按线找正，铣 $\phi180^{+0.035}_{0}$mm 两孔侧面，保证尺寸为137mm	X62W
10	镗	以底面定位，按 $\phi90^{+0.027}_{0}$mm 孔端面找正，压紧顶面，粗镗 $\phi90^{+0.027}_{0}$mm 孔至尺寸为 $\phi88^{0}_{-0.5}$mm，粗刮平面保证图样总长尺寸215mm为216mm，刮 $\phi90^{+0.027}_{0}$mm 内端面，保证尺寸35.5mm	TX619
11	镗	将机床上工作台旋转90°，加工 $\phi180^{+0.035}_{0}$mm 孔尺寸至 $\phi178^{0}_{-0.5}$mm，粗刮平面，保证总厚136mm，保证与 $\phi90^{+0.027}_{0}$mm 孔距尺寸（100 ±0.12） mm	TX619
12	精镗	将机床上工作台旋转回零位，调整工件压紧力（工件不动），精镗 $\phi90^{+0.027}_{0}$mm 至图样尺寸，精刮两端面至尺寸215mm	TX619
13	精镗	将机床上工作台旋转90°，精镗 $\phi180^{+0.035}_{0}$mm 孔至图样尺寸，精刮两侧面保证尺寸135mm，保证与 $\phi90^{+0.027}_{0}$mm 孔距尺寸（100 ±0.12） mm	TX619
14	划线	划两处 8 × M8、4 × M16、M16、4 × M6 各螺纹孔加工线	
15	钻	钻、攻各螺纹	Z3032
16	钳	修毛刺	
17	钳	煤油渗漏试验	
18	检验	按图样检查工件各部尺寸及精度	
19	入库	入库	

4.5　考核评价小结

1. 形成性考核评价

箱体类零件形成性考核评价由教师根据考勤、学生课堂表现等进行考核评价，其评价表见表4-10。

表 4-10　形成性考核评价表

小组	成员	考勤	课堂表现	汇报人	补充发言 自由发言
1					
2					
3					

2. 工艺设计考核评价

箱体类零件工艺设计考核评价由学生自评、小组内互评、教师评价三部分组成，其评价表见表 4-11。

表 4-11　箱体类零件工艺设计考核评价表

项目名称							
号	评价项目	扣分标准	配分	自评（15%）	互评（20%）	教评（65%）	得分
1	定位基准的选择	不合理，扣 5 ~ 10 分	10				
2	确定装夹方案	不合理，扣 5 分	5				
3	拟定工艺路线	不合理，扣 10 ~ 20 分	20				
4	确定加工余量	不合理，扣 5 ~ 10 分	10				
5	确定工序尺寸	不合理，扣 5 ~ 10 分	10				
6	确定切削用量	不合理，扣 1 ~ 10 分	10				
7	机床夹具的选择	不合理，扣 5 分	5				
8	刀具的确定	不合理，扣 5 分	5				
9	工序图的绘制	不合理，扣 5 ~ 10 分	10				
10	工艺文件内容	不合理，扣 5 ~ 15 分	15				
互评小组：				指导教师：		项目得分：	
备注				合计：			

拓展练习

如图 4-32 所示，试完成以下任务：1）进行车床主轴箱零件图的工艺性分析。2）车床主轴箱加工方法、定位基准、工艺装备分析。3）制定车床主轴箱工艺过程。

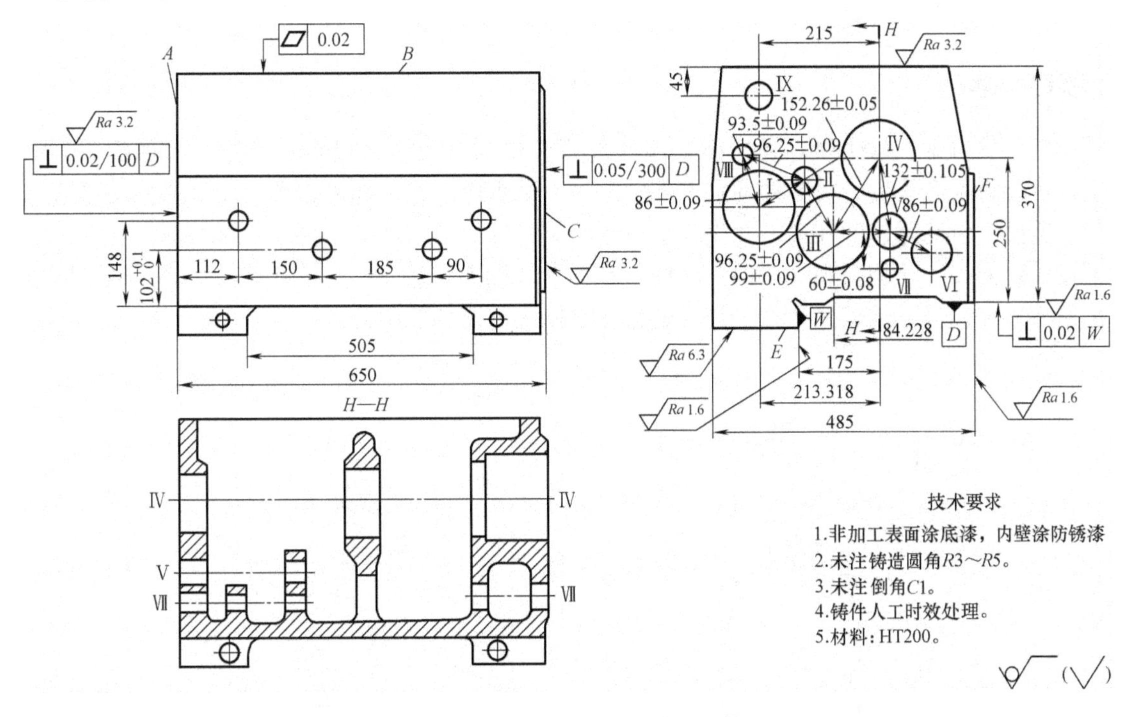

图 4-32　C6150 型车床主轴箱箱体

项目5　齿轮类零件加工工艺

【项目概述】

在本项目中，学生要对圆柱齿轮零件进行机械加工工艺的设计，其零件图如图5-1所示。本项目融合了齿轮类零件的加工基础知识，学生应初步掌握齿轮齿面加工的相关理论知识，通过对齿轮零件的加工，学生应了解齿轮类零件的使用性能、技术要求和基本特点；掌握齿轮齿面加工的相关理论知识；掌握齿轮类零件加工质量分析的基本理论知识；掌握典型齿轮零件工艺设计的相关知识，具备齿轮类零件工艺设计的能力。

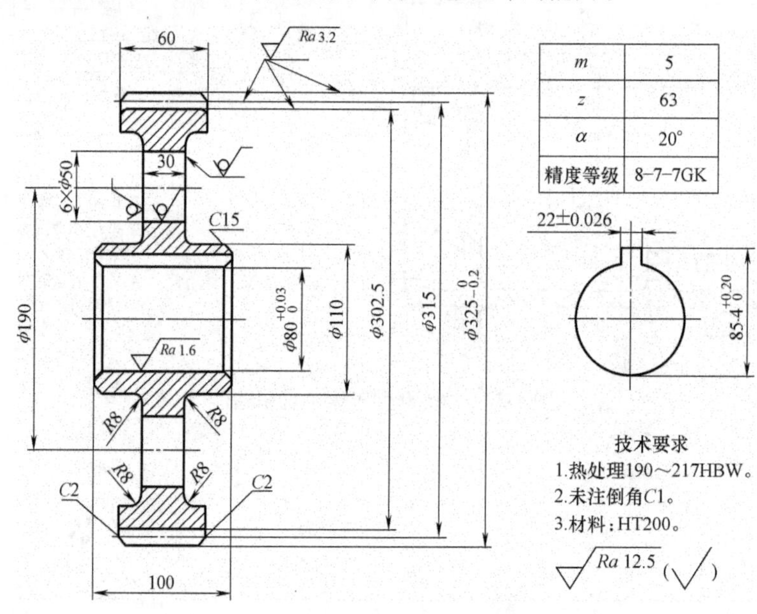

图5-1　圆柱齿轮零件图

【教学目标】

1. 能力目标

1）具备齿轮类零件机械加工工艺设计的能力。

2）具备齿轮类零件工序设计实施的能力。

3）具备齿轮类零件质量检测与质量问题处理的能力。

2. 知识目标

1）掌握齿轮类零件的性能、技术要求和基本特点。

2）掌握齿轮类零件齿面加工的理论知识。

3）掌握齿轮类零件加工质量分析的理论知识。

4）掌握齿轮类零件工艺设计的知识。

【任务描述】

齿轮是机械传动中应用极为广泛的传动零件之一，其轮齿在传动过程中要传递力矩而承受弯曲、冲击等载荷。齿轮是机器的基础件，其质量、性能、寿命直接影响整机的技术经济指标。齿轮制造技术是获得优质齿轮的关键。齿轮加工的工艺，因齿轮结构形状、精度等级、生产条件可采用不同的方案，概括起来有齿坯加工、齿形加工、热处理和热处理后精加工四个阶段。齿坯加工必须保证加工基准面精度。热处理直接决定轮齿的内在质量。齿形加工和热处理后的精加工是制造的关键。本项目针对圆柱齿轮零件设有如下任务：

①分析圆柱齿轮的加工要求及工艺性。

②介绍齿轮的加工方法及齿轮表面质量。

③确定圆柱齿轮零件的合理的加工工艺规程。

【任务实施】

5.1 零件工艺分析

如图5-1所示，该圆柱齿轮材料选用HT200，硬度为190～217HBW，精度等级为8-7-7GK。

在加工之前，为了保证齿轮工作的可靠性，提高其使用寿命，齿轮的材料及其热处理应根据实际的工作条件和材料的特点来选取。

齿轮材料的基本要求是：应使齿面具有足够的硬度和耐磨性，齿心具有足够的韧性，以防止齿面的各种失效，同时应具有良好的冷、热加工的工艺性，以达到齿轮的各种技术要求。

齿轮的制造要经过锻造、切削加工和热处理等几种加工，因此选择材料时要特别注意材料的工艺性能。一般来说，碳钢的锻造、切削加工等工艺性能较好，其力学性能可以满足一般工作条件的要求，但强度不高，淬透性较差。而合金钢淬透性好、强度高，但锻造、切削加工性能较差。可以通过改变工艺规程、热处理方法等途径来改善材料的工艺性能。

齿轮本身的制造精度，对整个机器的工作性能、承载能力及使用寿命都有很大的影响。根据其使用条件，齿轮传动应满足以下几个方面的要求。

1. 传递运动准确性

要求齿轮能较准确地传递运动并使传动比恒定。即要求齿轮在一转中的转角误差不超过一定范围。

2. 传递运动平稳性

要求齿轮传递运动平稳，以减小冲击、振动和噪声。即要求限制齿轮转动时瞬时速比的变化。

3. 载荷分布均匀性

要求齿轮工作时，齿面接触要均匀，以使齿轮在传递动力时不致因载荷分布不匀而使接触应力过大，引起齿面过早磨损。接触精度除了包括齿面接触均匀性以外，还包括接触面积和接触位置。

4. 传动侧隙的合理性

要求齿轮工作时，非工作齿面间留有一定的间隙，以储存润滑油，补偿因温度、弹性变形所引起的尺寸变化和加工、装配时的一些误差。

由于齿轮的制造精度和齿侧间隙主要根据齿轮的用途和工作条件而定。在实际运用中：对于分度传动用的齿轮，主要要求齿轮的运动精度较高；对于高速动力传动用齿轮，为了减少冲击和噪声，对工作平稳性精度有较高要求；对于重载低速传动用的齿轮，则要求齿面有较高的接触精度，以保证齿轮不致过早磨损；对于换向传动和读数机构用的齿轮，则应严格控制齿侧间隙，必要时，需消除间隙。

5.2 预备基础知识

5.2.1 齿轮常用材料及其力学性能

齿轮的轮齿在传动过程中要传递力矩而承受弯曲、冲击等载荷。通过一段时间的使用，轮齿还会发生齿面磨损、齿面点蚀、表面咬合和齿面塑性变形等情况而造成精度丧失，产生振动和噪声等故障。齿轮的工作条件不同，轮齿的破坏形式也不同。选取齿轮材料时，除考虑齿轮工作条件外，还应考虑齿轮的结构形状、生产数量、制造成本和材料货源等因素。一般应满足下列几个基本要求。

1）轮齿表面层要有足够的硬度和耐磨性。

2）对于承受交变载荷和冲击载荷的齿轮，基体要有足够的抗弯强度与韧性。

3）要有良好的工艺性，即要易于切削加工和热处理性能好。

齿轮的常用材料及其力学性能见表 5-1。

表 5-1 齿轮常用材料及其力学性能

材料牌号	热处理种类	截面尺寸		力学性能		硬度	
		直径 *D*/mm	壁厚 *S*/mm	R_m/MPa	R_{eL}/MPa	HBW	HRC
调 质 钢							
45	正火	≤100	≤50	588	294	169～217	
		101～300	51～150	569	284	162～217	
		301～500	151～250	549	275	162～217	
		501～800	251～400	530	265	156～217	
	调质	≤100	≤50	647	373	229～286	
		101～300	51～150	628	343	217～255	
		301～500	151～250	608	314	197～255	
	表面淬火						40～50
35SiMn	调质	≤100	≤50	785	510	229～286	
		101～300	51～150	735	441	217～269	
		301～400	151～200	686	392	217～255	
		401～500	201～250	637	373	196～255	
	表面淬火						45～55

（续）

材料牌号	热处理种类	截面尺寸		力学性能		硬度	
		直径 D/mm	壁厚 S/mm	R_m/MPa	R_{eL}/MPa	HBW	HRC
调　质　钢							
42SiMn	调质	≤100	≤50	785	510	229～286	
		101～200	51～100	735	461	217～269	
		201～300	101～150	686	441	217～255	
		301～500	151～250	637	373	196～255	
	表面淬火						45～55
50SiMn	调质	≤100	≤50	834	539	229～286	
		101～200	51～100	735	490	217～269	
		201～300	101～150	686	441	207～255	
	表面淬火						45～50
40MnB	调质	≤200	≤100	735	490	241～286	
		201～300	101～150	686	441	241～286	
	表面淬火						45～55
38SiMnMo	调质	≤100	≤50	735	588	229～286	
		101～300	51～150	686	539	217～269	
		301～500	151～250	637	490	196～241	
		501～800	251～400	588	392	187～241	
	表面淬火						45～55
37SiMnMoV	调质	≤200	≤100	863	686	269～302	
		201～400	101～200	814	637	241～286	
		401～600	201～300	765	588	241～269	
	表面淬火						50～55
40Cr	调质	≤100	≤50	735	539	241～286	
		100～300	50～150	686	490	241～286	
		300～500	150～250	637	441	229～269	
		500～800	250～400	588	343	217～255	
	表面淬火						48～55
35CrMo	调质	≤100	≤50	735	539	207～269	
		100～300	50～150	686	490	207～269	
		300～500	150～250	637	441	207～269	
		500～800	250～400	588	392	207～269	
	表面淬火						40～45
渗碳钢、氮化钢							
20Cr	渗碳、淬火、回火	≤60		637	392		56～62
	渗氮						53～60

（续）

材料牌号	热处理种类	截面尺寸		力学性能		硬度	
		直径 D/mm	壁厚 S/mm	R_m/MPa	R_{eL}/MPa	HBW	HRC
渗碳钢、氮化钢							
20CrMnTi	渗碳、淬火、回火	15		1079	834		56～62
	渗氮						57～63
20CrMnMo	渗碳、淬火、回火	15		1177	883		56～62
38CrMoAlA	调质渗氮	30		981	834	229	>850HV
20MnVB	渗碳、淬火、回火	15		1079	883		56～62
铸钢、合金铸钢							
ZG310-570	正火			570	310	163～197	
ZG340-640	正火			640	340	179～207	
ZG40Mn2	正火、回火			588	392	≥197	
	调质			834	686	269～302	
ZG35SiMn	正火、回火			569	343	163～217	
	调质			637	412	197～248	
ZG42SiMn	正火、回火			588	373	163～217	
	调质			637	441	197～248	
ZG50SiMn	正火、回火			686	441	217～255	
ZG40Cr1	正火、回火			628	343	≤212	
	调质			686	471	228～321	
ZG35Cr1Mo	正火、回火			588	392	179～241	
	调质			686	539	179～241	
ZG35CrMnSi	正火、回火			686	343	163～217	
	调质			785	588	197～269	
灰铸铁、球墨铸铁							
HT250			>4.0～10	270		175～263	
			>10～20	240		164～247	
			>20～30	220		157～236	
			>30～50	200		150～225	
HT300			>10～20	200		182～273	
			>20～30	250		169～255	
			>30～50	230		160～241	
HT350			>10～20	340		197～298	
			>20～30	290		182～273	
			>30～50	260		171～257	
QT500-7				500	320	170～230	
QT600-3				600	370	190～270	

（续）

材料牌号	热处理种类	截面尺寸		力学性能		硬度	
		直径 D/mm	壁厚 S/mm	R_m/MPa	R_{eL}/MPa	HBW	HRC
灰铸铁、球墨铸铁							
QT700-2				700	420	225 ~ 305	
QT800-2				800	480	245 ~ 335	
QT900-2				900	600	280 ~ 360	

常用的齿轮材料为各种牌号的优质碳素结构钢、合金结构钢、铸钢、铸铁和非金属材料等。一般多采用锻件或轧制钢材。当齿轮结构尺寸较大，轮坯不易锻造时，可采用铸钢。开式低速传动时，可采用灰铸铁或球墨铸铁。低速重载的齿轮易产生齿面塑性变形，轮齿也易折断，宜选用综合性能较好的钢材。高速齿轮易产生齿面点蚀，宜选用齿面硬度高的材料。受冲击载荷的齿轮，宜选用韧性好的材料。对高速、轻载而又要求低噪声的齿轮传动，也可采用非金属材料，如夹布胶木、尼龙等。

5.2.2　常用齿形加工方法

齿轮齿形的加工方法，有无切屑加工和切削加工两大类。无切屑加工方法有：热轧、冷挤、模锻、精密铸造和粉末冶金等。切削加工方法可分为成形法和展成法两种，其加工精度及适用范围见表 5-2。

表 5-2　齿轮齿形的常用切削方法

加工方法		刀　具	机　床	加工精度及适应范围
成形法	成形铣	盘形齿轮铣刀	铣床	加工精度和生产率都较低
		指形齿轮铣刀	滚齿机或铣床	加工精度和生产率都较低，是大型无槽人字齿轮的主要加工方法
	拉齿	齿轮拉刀	拉床	加工精度和生产率较高，拉刀专用，适用于大批生产，尤其适于内齿轮加工
展成法	滚齿	齿轮滚刀	滚齿机	加工精度 6 ~ 10 级，表面粗糙度值 $Ra3.2 \sim Ra6.3\mu m$，常用于加工直齿轮、斜齿轮及蜗轮
	插齿和刨齿	插齿刀 刨齿刀	插齿机 刨齿机	加工精度 7 ~ 9 级，表面粗糙度值 $Ra3.2 \sim Ra6.3\mu m$，适用于加工内外啮合的圆柱齿轮、双联齿轮、三联齿轮、齿条和锥齿轮
	剃齿	剃齿刀	剃齿机	加工精度 6 ~ 7 级，常用于滚齿、插齿后，淬火前的齿形精加工
	珩齿	珩磨轮	珩齿机	加工精度 6 ~ 7 级，常用于剃齿后或高频感应淬火后的齿形精加工
			剃齿机	
	磨齿	砂轮	磨齿机	加工精度 3 ~ 6 级，表面粗糙度值 $Ra0.8 \sim Ra1.6\mu m$ 常用于齿轮淬火后的齿形精加工

5.2.3　齿轮加工方法

1. 直、斜齿轮加工

齿轮轮齿的加工方法很多，如切削、铸造、轧制、冲压等，其中常用的是切削加工方法。切削加工方法分为成形法和展成法两类。

(1) 成形法　成形法是在铣床上用具有渐开线齿形的成形铣刀直接切出齿形。常用的有盘形齿轮铣刀（见图5-2a）和指形齿轮铣刀（见图5-2b）两种。切齿加工时，铣刀旋转，同时轮坯沿齿轮轴线方向移动。铣出一个齿槽以后，将轮坯转过 $360°/z$，再铣第二个齿槽。其余依此类推。

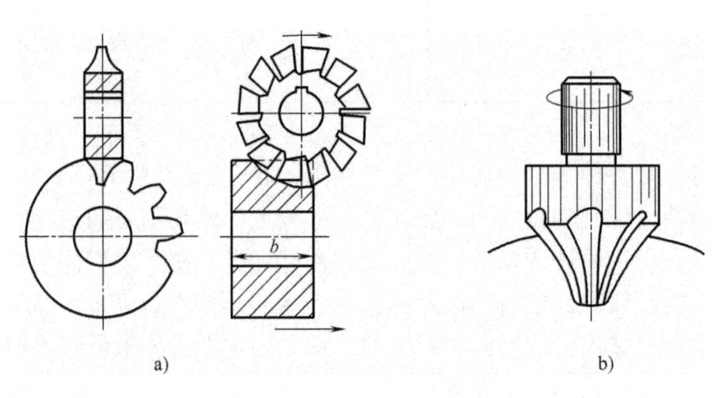

图5-2　成形法加工齿轮
a) 盘形齿轮铣刀　b) 指形齿轮铣刀

这种切齿方法简单，不需要专用机床，但生产率低，精度低，故仅适用于单件或小批量生产及精度要求不高的齿轮加工。

(2) 展成法　展成法是利用齿轮的啮合原理进行加工齿轮的一种方法。这种方法强制刀具同工件（轮坯）相对运动，同时进行切削。它们之间的运动关系同一对齿轮啮合一样，以此来保证齿形的正确和分齿的均匀。对于模数 m 和压力角 α 都相同而齿数不同的齿轮，可以用同一刀具进行加工。

用展成法切齿的常用刀具如下。

1) 齿轮插刀。齿轮插刀的形状如图5-3a所示，刀具顶部比正常齿高出 $c^{*}m$，以便切出齿顶间隙部分。

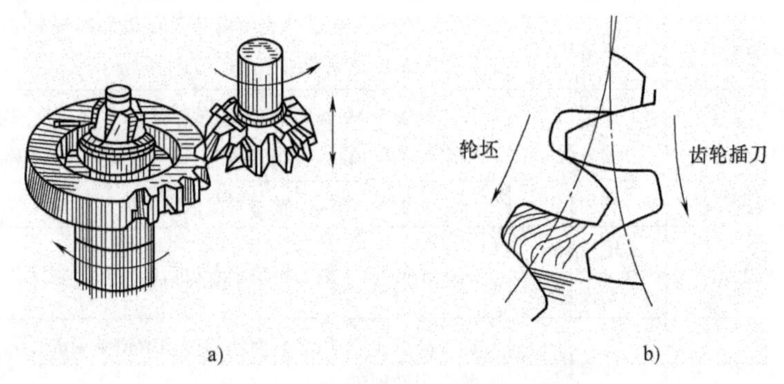

图5-3　用齿轮插刀加工齿轮

插齿时，插刀沿轮坯轴线方向做往复切削运动，同时强迫插刀与轮坯像一对齿轮传动那样以一定的传动比转动（见图5-3b），直至全部齿槽切削完毕。

插齿刀的齿廓是精确的渐开线，所以插制的齿轮也是渐开线。根据正确啮合条件，被切齿轮的模数和压力角必定与插刀的模数和压力角相等，故用同一把插刀切出的齿轮都能正确啮合。

2）齿条插刀。图5-4所示为利用齿条插刀加工齿轮的情形。当齿轮插刀的齿数增加到无穷多时，其基圆半径变为无穷大，渐开线齿廓变为直线齿廓，齿轮插刀变为齿条插刀。图5-5所示为齿条插刀齿廓的形状，其顶部比传动用的齿条高出 c^*m，以便切出传动时的径向间隙。因齿条的齿廓为一直线，由图5-5可见，不论在中线上还是在与中线平行的其他任一直线上，它们都具有相同的齿轮 p、模数 m 和齿廓压力角。对于齿条刀具，称为刀具角，其大小与齿轮分度圆上的压力角相等。

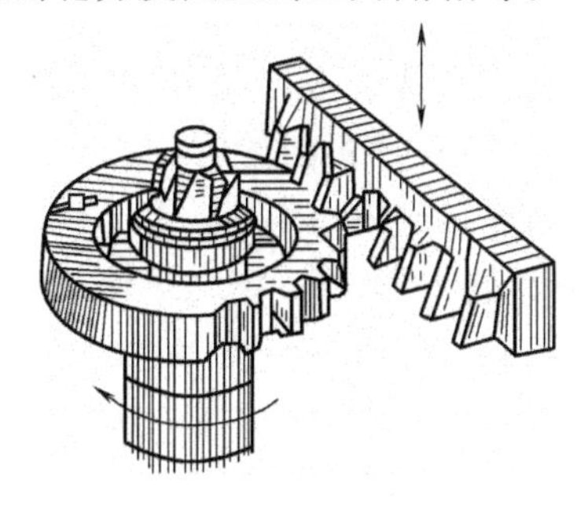

图5-4　用齿条插刀加工齿轮

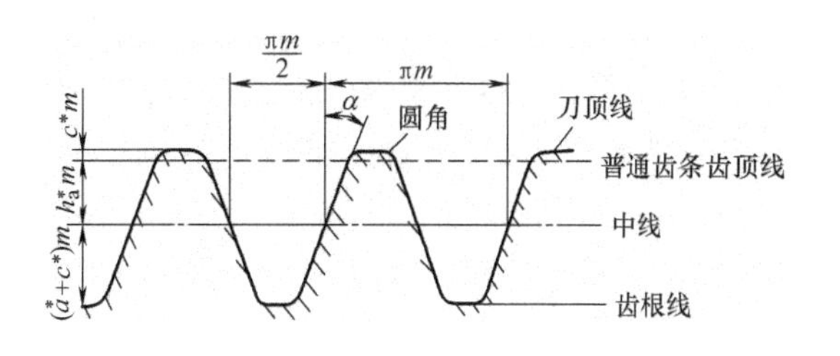

图5-5　齿条插刀齿廓形状

3）齿轮滚刀。以上两种加工方法的原理都是基于齿轮的啮合原理，加工精度较高，但都只能间断切削，生产率较低。目前广泛采用齿轮滚刀，它能连续切削，生产率较高。图5-6a、b分别表示滚刀及其加工齿轮的情况。滚刀形状为螺旋状，其轴向剖面为具有直线齿形齿廓的齿条。滚刀转动时就相当于齿条移动，这样便按展成原理切出轮坯的渐开线齿廓。滚刀除刀旋转外，还沿轮坯的轴向进刀，以便切出整个齿宽。滚切直齿轮时，因为滚刀的螺旋是倾斜的，为了使刀齿螺旋线方向与被切轮齿方向一致，在安装滚刀时需使其轴线与轮坯端面间的夹角为一滚刀升角。

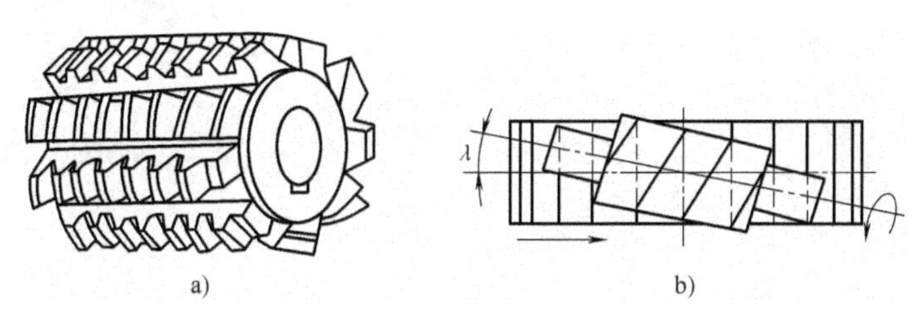

图5-6　用滚刀加工齿轮

2. 锥齿轮加工

直齿和曲线齿锥齿轮齿部的切削加工有成形法、仿形法和展成法三种。成形法和仿形法主要用于加工直齿锥齿轮。展成法是利用被切齿轮与假想冠轮相啮合的原理加工齿轮的。假想冠轮有平面冠轮和平顶冠轮两种（见图5-7）。平面冠轮是节锥角为90°的锥齿轮，即节锥面为一个平面，齿形为直线的齿轮；平顶冠轮是外锥角为90°的锥齿轮，即外锥面为一个平面，其齿形近似于直线。如将刀具刃形做成假想冠轮的齿形，刃口在空间形成的轨迹即相当于冠轮的一个齿面。当被切齿轮与假想冠轮按啮合关系对滚时，刀具的切削运动便能在齿轮上包络切出正确的齿形。按展成法原理可加工各种锥齿轮。

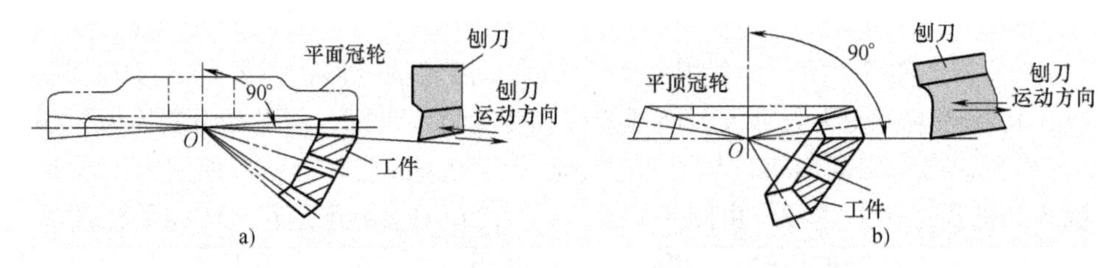

图 5-7　平面冠轮和平顶冠轮示意图

直齿（包括斜齿）锥齿轮齿部的切削加工主要有铣齿、刨齿、双刀盘铣齿和拉铣齿等。

（1）铣齿　利用盘形齿轮铣刀或指形齿轮铣刀按成形法铣削锥齿轮时，由于锥齿轮的齿形、齿宽和齿高从大端到小端是逐渐变化的，而铣刀齿厚是按齿槽小端的宽度设计的，故需分 2 ~3 步才能铣出一个齿槽，图 5-8 中 k = 齿长 × 模数/2 × 节锥长（mm）。通常先铣出全部齿槽的一个侧面，然后利用轮坯的偏移和转位，再顺次将齿槽的另一侧铣出。同一模数不同齿数的锥齿轮的齿形不同，故一把铣刀只能加工一段齿数范围的锥齿轮。铣齿生产率较低，加工精度为 9 级，适于单件或小批量加工精度要求不高的锥齿轮。

（2）刨齿　有仿形法和展成法两种。仿形法刨齿是利用一块将被切齿形放大了的靠模板，控制单刃刨刀的刀尖运动轨迹切出齿形（见图 5-9）。展成法刨齿是利用成对刨刀分别刨削轮齿的两个侧面（见图 5-10），刨刀切削刃往复运动的轨迹代表假想冠轮的齿面。刨齿的精度可达 7 ~8 级，加工模数范围为 0. 3 ~20mm，生产率虽低于双刀盘铣齿，但刀具制造简单。刨齿在直齿锥齿轮加工中应用最广。

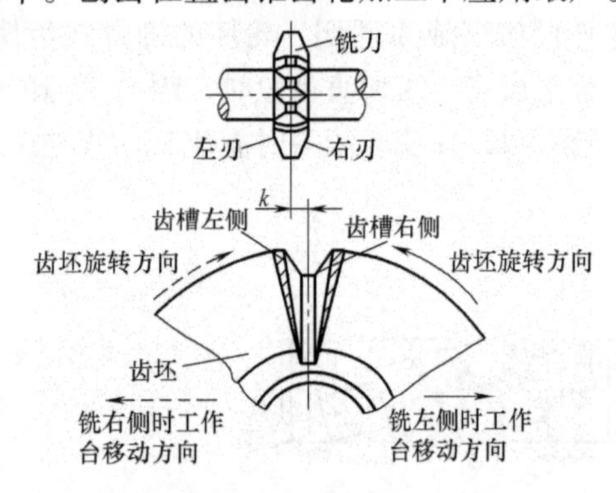

图 5-8　成形法铣削锥齿轮

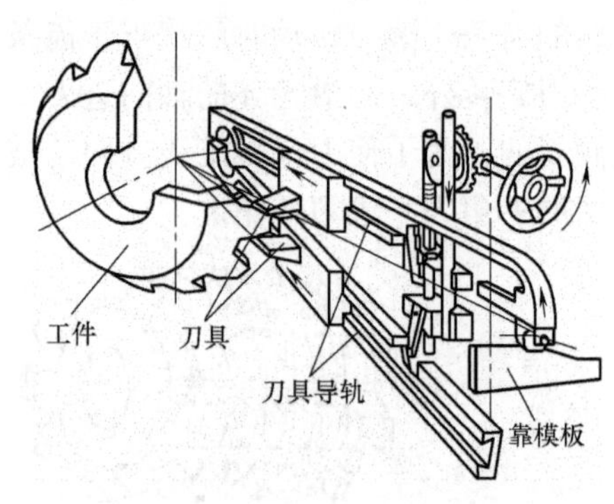

图 5-9　靠模仿形法刨削锥齿轮示意图

（3）双刀盘铣齿　利用一对直线刃口在凹锥面上的盘铣刀的刀齿，互相交错地铣削一个齿槽的两个侧面（见图 5-11），铣出的齿面略带鼓形。展成运动可由工件单独完成，也可由工件与刀具共同完成。由于成对盘铣刀与工件之间无齿长方向的相对运动，切出齿槽的底部是圆弧形的，故模数和齿长都受到限制。双刀盘铣齿一般用以加工中、小模数（$m \leqslant$ 6mm）的锥齿轮。双刀盘铣齿生产率较高，但刀具较复杂，适用于成批生产。

（4）拉铣齿　利用一把大直径的拉- 铣刀盘在回转一周中，从实体轮坯按成形法完成一个齿槽的粗切和精切。在精切刀齿之后，刀盘上有一段不装刀齿的圆弧空间供工件分齿；也有用两把刀盘分别进行粗切和精切的。拉铣齿的生产率很高，但切出的齿形是近似于渐开线

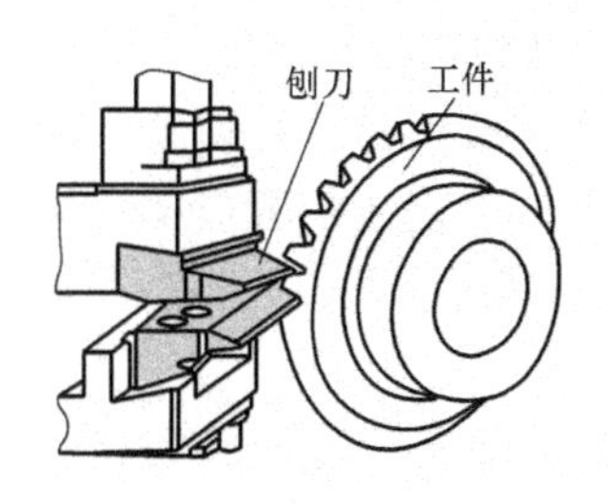

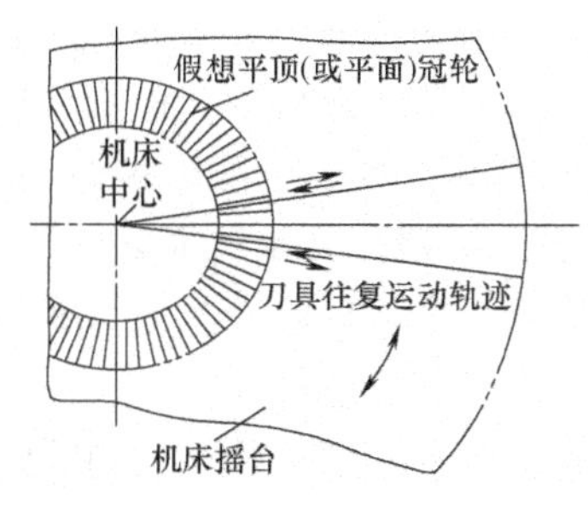

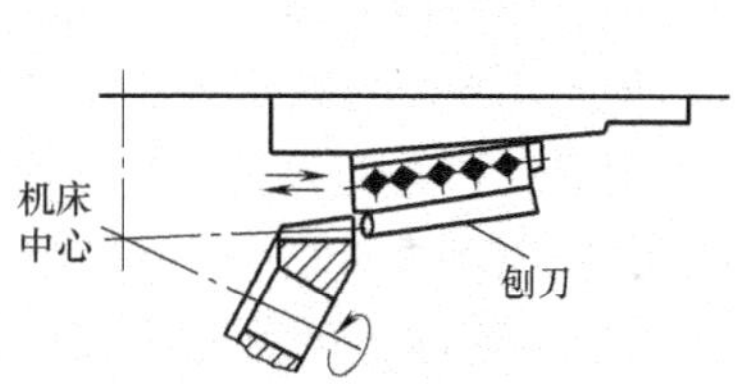

图5-10 展成法刨削锥齿轮

的圆弧曲线，精度较低；且拉-铣刀盘是专用刀具，结构复杂，制造困难。拉铣齿常用于大批量生产汽车后桥中的差动齿轮。

（5）锥齿轮的研齿和磨齿 对淬火后的锥齿轮，为了提高齿面质量和齿形精度，需要进行研齿或磨齿。

1）研齿。一对相配合的锥齿轮副（直齿或曲线齿）的齿面间加入研磨剂在研磨机上对研，主要用来减小齿面的表面粗糙度值以降低啮合运转噪声。研齿时需要一些附加运动使两齿轮之间的相互位移不断变动，才能研到全部齿面，提高接触质量。淬火后的锥齿轮经研齿后，齿面的表面粗糙度值可减小到 $Ra0.63 \sim Ra1.25\mu m$，齿轮运转噪声可显著降低。研齿的生产率高，研磨一对齿轮副只需要几分钟。但对齿形误差的纠正作用不大。

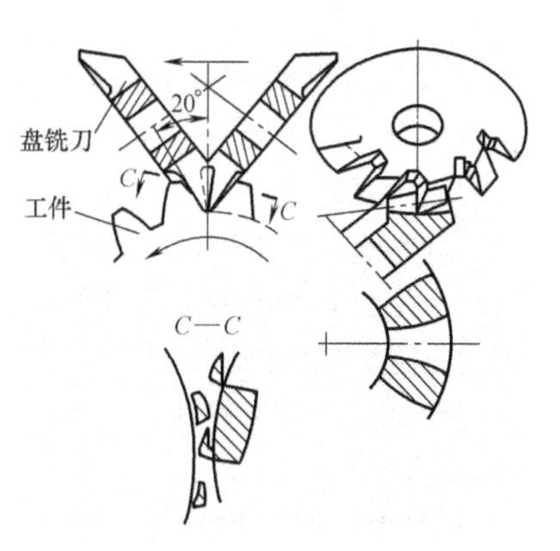

图5-11 双刀盘铣削锥齿轮

2）磨齿。主要用来消除锥齿轮淬火后的热处理变形，提高齿轮精度和接触质量。直齿锥齿轮的磨齿工作原理与双刀盘铣齿相同，区别在于用两片碟形砂轮代替两把铣刀盘，而且是在相邻两齿槽中分别磨削一个齿侧面。弧齿锥齿轮的磨齿工作原理与格里森切齿法相同，但需将端面铣刀盘换成杯形或碗形砂轮进行磨削。淬火锥齿轮经磨削后，精度可达5级，齿面的表面粗糙度值可小至 $Ra0.32 \sim Ra0.63\mu m$。磨齿的生产率低，一般需数分钟才能磨削一齿。对于延长外摆线齿的锥齿轮，由于受刀盘与工件之间旋转速比的限制，不能进行磨齿。

5.2.4 机械加工表面质量

评价零件是否合格的质量指标除了机械加工精度外，还有机械加工表面质量。机械加工表面质量是指零件经过机械加工后的表面层状态。探讨和研究机械加工表面，掌握机械加工过程中各种工艺因素对表面质量的影响规律，对于保证和提高产品的质量具有十分重要的意义。

1. 机械加工表面质量对机器使用性能的影响

（1）表面质量对耐磨性的影响

1）表面粗糙度对耐磨性的影响。摩擦产生在两个接触表面之间，最初阶段只在表面粗糙度的峰部接触，实际接触面积远小于理论接触面积，在相互接触的峰部有非常大的单位应力，使实际接触面积处产生塑性变形、弹性变形和峰部之间的剪切破坏，引起严重磨损。

零件磨损一般可分为三个阶段：初期磨损阶段、正常磨损阶段和剧烈磨损阶段。

表面粗糙度对零件表面磨损的影响很大。一般来说，表面粗糙度值越小，其耐磨性越好。但表面粗糙度值太小，润滑油不易储存，接触面之间容易发生分子粘接，磨损反而增加。因此，接触面的表面粗糙度值有一个最佳值，其值与零件的工作情况有关，工作载荷加大时，初期磨损量增大，表面粗糙度最佳值也加大。

2）表面冷作硬化对耐磨性的影响。加工表面的冷作硬化使摩擦副表面层金属的显微硬度提高，故一般可使耐磨性提高。但也不是冷作硬化程度越高，耐磨性就越高，这是因为过分的冷作硬化将引起金属组织过度疏松，甚至出现裂纹和表层金属的剥落，使耐磨性下降。

（2）表面质量对疲劳强度的影响　金属受交变载荷作用后产生的疲劳破坏往往发生在零件表面和表面冷硬层下面，因此零件的表面质量对疲劳强度影响很大。

1）表面粗糙度对疲劳强度的影响。在交变载荷作用下，表面粗糙度的凹谷部位容易引起应力集中，产生疲劳裂纹。表面粗糙度值越大，表面的纹痕越深，纹底半径越小，抗疲劳破坏的能力就越差。

2）残余应力、冷作硬化对疲劳强度的影响。残余应力对零件疲劳强度的影响很大。表面层残余拉应力将使疲劳裂纹扩大，加速疲劳破坏；而表面层残余压应力能够阻止疲劳裂纹的扩展，延缓疲劳破坏的产生。

表面冷硬一般伴有残余应力的产生，可以防止裂纹产生并阻止已有裂纹的扩展，对提高疲劳强度有利。

（3）表面质量对耐蚀性的影响　零件的耐蚀性在很大程度上取决于表面粗糙度。表面粗糙度值越大，则凹谷中聚积腐蚀性物质就越多，耐蚀性就越差。

表面层的残余拉应力会产生应力腐蚀开裂，降低零件的耐磨性，而残余压应力则能防止应力腐蚀开裂。

（4）表面质量对配合质量的影响　表面粗糙度值的大小将影响配合表面的配合质量。对于间隙配合，表面粗糙度值大会使磨损加大，间隙增大，破坏了要求的配合性质。对于过盈配合，装配过程中一部分表面凸峰被挤平，实际过盈量减小，降低了配合件间的连接强度。

2. 影响表面粗糙度的因素

（1）切削加工影响表面粗糙度的因素

1）刀具几何形状的复映。刀具相对于工件做进给运动时，在加工表面留下了切削层残留面积，其形状是刀具几何形状的复映。减小进给量、主偏角、副偏角以及增大刀尖圆弧半径，均可减小残留面积的高度。

此外，适当增大刀具的前角以减小切削时的塑性变形程度，合理选择润滑液和提高刀具刃磨质量以减小切削时的塑性变形和抑制刀瘤、鳞刺的生成，也是减小表面粗糙度值的有效措施。

2）工件材料的性质。加工塑性材料时，由刀具对金属的挤压产生了塑性变形，加之刀具迫使切屑与工件分离的撕裂作用，使表面粗糙度值加大。工件材料韧性越好，金属的塑性变形越大，加工表面就越粗糙。

加工脆性材料时，其切屑呈碎粒状，由于切屑的崩碎而在加工表面留下许多麻点，使表面粗糙。

3）切削用量。

（2）磨削加工影响表面粗糙度的因素　正像切削加工时表面粗糙度的形成过程一样，磨削加工表面粗糙度的形成也是由几何因素和表面金属的塑性变形来决定的。

影响磨削表面粗糙度的主要因素有：砂轮的粒度、砂轮的硬度、砂轮的修整、磨削速度、磨削径向进给量与光磨次数、工件圆周进给速度与轴向进给量、切削液。

3. 影响加工表面层物理机械性能的因素

在切削加工中，工件由于受到切削力和切削热的作用，使表面层金属的物理机械性能产生变化，最主要的变化是表面层金属显微硬度的变化、金相组织的变化和残余应力的产生。由于磨削加工时所产生的塑性变形和切削热比切削刃切削时更严重，因而磨削加工后加工表面层上述三项物理机械性能的变化会很大。

（1）表面层冷作硬化

1）冷作硬化及其评定参数。机械加工过程中因切削力作用产生的塑性变形，使晶格扭曲、畸变，晶粒间产生剪切滑移，晶粒被拉长和纤维化，甚至破碎，这些都会使表面层金属的硬度和强度提高，这种现象称为冷作硬化（或称为强化）。表面层金属强化会增大金属变形的阻力，减小金属的塑性，金属的物理性质也会发生变化。

被冷作硬化的金属处于高能位的不稳定状态，只有一种可能，金属就要由不稳定状态向比较稳定的状态转化，这种现象称为弱化。弱化作用的大小取决于温度的高低、温度持续时间的长短和强化程度的大小。由于金属在机械加工过程中同时受到力和热的作用，因此，加工后表层金属的最后性质取决于强化和弱化综合作用的结果。

评定冷作硬化的指标有三项，即表层金属的显微硬度HV、硬化层深度 h 和硬化程度 N。

2）影响冷作硬化的主要因素。切削刃钝圆半径增大，对表层金属的挤压作用增强，塑性变形加剧，导致冷硬增强。刀具后刀面磨损增大，后刀面与被加工表面的摩擦加剧，塑性变形增大，导致冷硬增强。

切削速度增大，刀具与工件的作用时间缩短，使塑性变形扩展深度减小，冷硬层深度减小。切削速度增大后，切削热在工件表面层上的作用时间也缩短了，将使冷硬程度增加。进给量增大，切削力也增大，表层金属的塑性变形加剧，冷硬作用加强。

工件材料的塑性越大，冷硬现象就越严重。

（2）表面层材料金相组织变化　当切削热使被加工表面的温度超过相变温度后，表层金属的金相组织将会发生变化。

1）磨削烧伤。当被磨工件表面层温度达到相变温度以上时，表层金属发生金相组织的变化，使表层金属强度和硬度降低，并伴有残余应力产生，甚至出现微观裂纹，这种现象称为磨削烧伤。在磨削淬火钢时，可能产生以下三种烧伤。

①回火烧伤。如果磨削区的温度未超过淬火钢的相变温度，但已超过马氏体的转变温度，工件表层金属的回火马氏体组织将转变成硬度较低的回火组织（索氏体或托氏体），这种烧伤称为回火烧伤。

②淬火烧伤。如果磨削区温度超过了相变温度，再加上切削液的急冷作用，表层金属发生二次淬火，使表层金属出现二次淬火马氏体组织，其硬度比原来的回火马氏体的高，在它

的下层，因冷却较慢，出现了硬度比原先的回火马氏体低的回火组织（索氏体或托氏体），这种烧伤称为淬火烧伤。

③退火烧伤。如果磨削区温度超过了相变温度，而磨削区域又无切削液进入，表层金属将产生退火组织，表面硬度将急剧下降，这种烧伤称为退火烧伤。

2）改善磨削烧伤的途径。磨削热是造成磨削烧伤的根源，故改善磨削烧伤有两个途径：一是尽可能地减少磨削热的产生；二是改善冷却条件，尽量使产生的热量少传入工件。

4. 表面层残余应力

（1）产生残余应力的原因

1）切削时在加工表面金属层内有塑性变形发生，使表面金属的质量体积加大。由于塑性变形只在表层金属中产生，而表层金属的质量体积增大，体积膨胀，不可避免地要受到与它相连的里层金属的阻止，因此就在表面金属层产生了残余应力，而在里层金属中产生残余拉应力。

2）切削加工中，切削区会有大量的切削热产生。

3）不同金相组织具有不同的密度，亦具有不同的质量体积。如果表面层金属产生了金相组织的变化，表层金属比容的变化必然要受到与之相连的基体金属的阻碍，因而就有残余应力产生。

（2）零件主要工作表面最终工序加工方法的选择　零件主要工作表面最终工序加工方法的选择至关重要，因为最终工序在该工作表面留下的残余应力将直接影响机器零件的使用性能。

选择零件主要工作表面最终工序加工方法，需考虑该零件主要工作表面的具体工作条件和可能的破坏形式。

在交变载荷作用下，机器零件表面上的局部微观裂纹，会因拉应力的作用使原生裂纹扩大，最后导致零件断裂。从提高零件抵抗疲劳破坏（即提高工件的“疲劳寿命”）的角度考虑，该表面最终工序应选择能在该表面产生残余压应力的加工方法。

在零件表层引入一定的残余压应力，增加表面硬度，改善表层组织结构等，就能显著地提高零件的疲劳强度和耐磨性。

常用的增加金属表面压应力层的机械工艺方法有：喷丸强化和喷丸成形、滚压表面和滚压成形。

1）喷丸。利用大量高速运动的珠丸打击零件表面，使表面产生冷硬层和残余压应力。喷丸强化效果与喷丸参数（丸子的速度和在零件上的散布密度等）、零件材质和表面状态有关。对于材料强度高、零件表面有应力集中、表面粗糙或有表面缺陷的零件，喷丸强化有显著的效果。在喷丸前将零件加载，使它预先产生与工作状态下同方向的变形，然后在变形的零件表面上喷丸，这种方法称为“应力喷丸”。用这种方法可得到较普通喷丸更高的疲劳极限。

2）滚压。用淬火的钢辊子在零件表面进行滚轧的强化方法。滚压使零件表面产生塑性变形和残余压应力，能显著提高零件的精度和降低表面粗糙度值。滚压强化效果与滚压参数（滚压力和辊子半径等）、零件材料、尺寸和形状有关。滚压方法只能用于形状简单的机械零件。

5.2.5 影响表面质量的工艺因素

1. 影响机械加工表面粗糙度的因素及降低表面粗糙度值的工艺措施

（1）影响切削加工表面粗糙度的因素 在切削加工中，影响已加工表面粗糙度的因素主要包括几何因素、物理因素和加工中工艺系统的振动。下面以车削为例来说明。

1）几何因素。切削加工时表面粗糙度值主要取决于切削面积的残留高度。下面两式为车削时残留面积高度的计算公式：

当刀尖圆弧半径 $r_\varepsilon=0$ 时，残留面积高度 H 为

$$H=\frac{f}{\cot\kappa_r+\cot\kappa_r'}$$

当刀尖圆弧半径 $r_\varepsilon>0$ 时，残留面积高度 H 为

$$H=\frac{f}{8r_\varepsilon}$$

从上面两式可知，进给量 f、主偏角 κ_r、副偏角 κ_r' 和刀尖圆弧半径 r_ε 对切削加工表面粗糙度的影响较大。减小进给量 f、减小主偏角 κ_r 和副偏角 κ_r'、增大刀尖圆弧半径 r_ε，都能减小残留面积的高度 H，也就减小了零件的表面粗糙度值。

2）物理因素。在切削加工过程中，刀具对工件的挤压和摩擦使金属材料发生塑性变形，引起原有的残留面积扭曲或沟纹加深，增大表面粗糙度值。当采用中等或中等偏低的切削速度切削塑性材料时，在前刀面上容易形成硬度很高的积屑瘤，它可以代替刀具进行切削，但状态极不稳定，积屑瘤生成、长大和脱落将严重影响加工表面的表面粗糙度值。另外，在切削过程中由于切屑和前刀面的强烈摩擦作用以及撕裂现象，还可能在加工表面上产生鳞刺，使加工表面粗糙度值增加。

3）动态因素——振动的影响。在加工过程中，工艺系统有时会发生振动，即在刀具与工件间出现的除切削运动之外的另一种周期性的相对运动。振动的出现会使加工表面出现波纹，增大加工表面粗糙度值，强烈的振动还会使切削无法继续下去。

除上述因素外，造成已加工表面粗糙不平的原因还有被切屑拉毛和划伤等。

（2）减小表面粗糙度值的工艺措施

1）在精加工时，应选择较小的进给量 f、较小的主偏角 κ_r 和副偏角 κ_r'、较大的刀尖圆弧半径 r_ε，以得到较小的表面粗糙度值。

2）加工塑性材料时，采用较高的切削速度可防止积屑瘤的产生，减小表面粗糙度值。

3）根据工件材料、加工要求，合理选择刀具材料，有利于减小表面粗糙度值。

4）适当的增大刀具前角和刃倾角，提高刀具的刃磨质量，降低刀具前、后刀面的表面粗糙度值均能降低工件加工表面的粗糙度值。

5）对工件材料进行适当的热处理，以细化晶粒，均匀晶粒组织，可减小表面粗糙度值。

6）选择合适的切削液，减小切削过程中的界面摩擦，降低切削区温度，减小切削变形，抑制鳞刺和积屑瘤的产生，可以大大减小表面粗糙度值。

2. 影响表面物理力学性能的工艺因素

（1）表面层残余应力 外载荷去除后，仍残存在工件表层与基体材料交界处的相互平

衡的应力称为残余应力。产生表面残余应力的原因主要有：

1）冷态塑性变形引起的残余应力。切削加工时，加工表面在切削力的作用下产生强烈的塑性变形，表层金属的质量体积增大，体积膨胀，但受到与它相连的里层金属的阻止，从而在表层产生了残余压应力，在里层产生了残余拉应力。当刀具在被加工表面上切除金属时，由于受后刀面的挤压和摩擦作用，表层金属纤维被严重拉长，仍会受到里层金属的阻止，而在表层产生残余压应力，在里层产生残余拉应力。

2）热态塑性变形引起的残余应力。切削加工时，大量的切削热会使加工表面产生热膨胀，由于基体金属的温度较低，会对表层金属的膨胀产生阻碍作用，因此表层产生热态压应力。当加工结束后，表层温度下降要进行冷却收缩，但受到基体金属阻止，从而在表层产生残余拉应力，里层产生残余压应力。

3）金相组织变化引起的残余应力。如果在加工中工件表层温度超过金相组织的转变温度，则工件表层将产生组织转变，表层金属的质量体积将随之发生变化，而表层金属的这种质量体积变化必然会受到与之相连的基体金属的阻碍，从而在表层、里层产生互相平衡的残余应力。例如，在磨削淬火钢时，由于磨削热导致表层可能产生回火，表层金属组织将由马氏体转变成接近珠光体的托氏体或索氏体，密度增大，质量体积减小，表层金属要产生相变收缩但会受到基体金属的阻止，而在表层金属产生残余拉应力，里层金属产生残余压应力。如果磨削时表层金属的温度超过相变温度，且冷却充分，表层金属将成为淬火马氏体，密度减小，质量体积增大，则表层将产生残余压应力，里层则产生残余拉应力。

（2）表面层加工硬化

1）加工硬化的产生及衡量指标。机械加工过程中，工件表层金属在切削力的作用下产生强烈的塑性变形，金属的晶格扭曲，晶粒被拉长、纤维化甚至破碎而引起表层金属的强度和硬度增加，塑性降低，这种现象称为加工硬化（或冷作硬化）。另外，加工过程中产生的切削热会使得工件表层金属温度升高，当升高到一定程度时，会使得已强化的金属回复到正常状态，失去其在加工硬化中得到的物理力学性能，这种现象称为软化。因此，金属的加工硬化实际取决于硬化速度和软化速度的比率。

评定加工硬化的指标有三项：表面层的显微硬度 HV、硬化层深度 h（μm）、硬化程度 N。

2）影响加工硬化的因素。

①切削用量。切削用量中进给量和切削速度对加工硬化的影响较大。增大进给量，切削力随之增大，表层金属的塑性变形程度增大，加工硬化程度增大；增大切削速度，刀具对工件的作用时间减少，塑性变形的扩展深度减小，故而硬化层深度减小。另外，增大切削速度会使切削区温度升高，有利于减少加工硬化。

②刀具几何形状。切削刃钝圆半径对加工硬化影响最大。实验证明，已加工表面的显微硬度随着切削刃钝圆半径的加大而增大，这是因为径向切削分力会随着切削刃钝圆半径的增大而增大，使得表层金属的塑性变形程度加剧，导致加工硬化增大。此外，刀具磨损会使得后刀面与工件间的摩擦加剧，表层的塑性变形增加，导致表面冷作硬化加大。

③加工材料性能。工件的硬度越低、塑性越好，加工时塑性变形越大，冷作硬化越严重。

5.2.6　控制表面质量的工艺途径

随着科学技术的发展，对零件表面质量的要求也越来越高。为了获得合格零件，保证机器的使用性能，人们一直在研究控制和提高零件表面质量的途径。提高表面质量的工艺途径大致可以分为两类：一类是用低效率、高成本的加工方法，寻求各工艺参数的优化组合，以减小表面粗糙度值；另一类是着重改善工件表面的物理力学性能，以提高其表面质量。

1. 降低表面粗糙度值的加工方法

（1）超精密切削和低表面粗糙度磨削加工

1）超精密切削加工。超精密切削是指表面粗糙度值为 *Ra*0.04μm 以下的切削加工方法。超精密切削加工最关键的问题在于要在最后一道工序切削 0.1μm 的微薄表面层，这种方法既要求刀具极其锋利，刀具钝圆半径为纳米级尺寸，又要求刀具有足够的寿命，以维持其锋利。目前只有金刚石刀具才能达到此要求。超精密切削时，进给量要小，切削速度要非常高，才能保证工件表面上的残留面积小，从而获得极小的表面粗糙度值。

2）低表面粗糙度磨削加工。为了简化工艺过程，缩短工序周期，有时用低表面粗糙度磨削替代光整加工。低表面粗糙度磨削除要求设备精度高外，磨削用量的选择最为重要。在选择磨削用量时，参数之间往往会相互矛盾和排斥。例如，为了减小表面粗糙度值，砂轮应修整得细一些，但如此却可能引起磨削烧伤；为了避免烧伤，应将工件转速加快，但这样又会增大表面粗糙度值，而且容易引起振动；采用小磨削用量有利于提高工件表面质量，但会降低生产率而增加生产成本；而且工件材料不同其磨削性能也不一样，一般很难凭手册确定磨削用量，要通过试验不断调整参数，因而表面质量较难准确控制。近年来，国内外对磨削用量最优化做了不少研究，分析了磨削用量与磨削力、磨削热之间的关系，并用图表表示各参数的最佳组合，加上计算机的运用，通过指令进行过程控制，使得低表面粗糙度磨削逐步达到了应有的效果。

（2）采用超精密加工、珩磨、研磨等方法作为最终工序加工　超精密加工、珩磨等都是利用磨条以一定压力压在加工表面上，并做相对运动以降低表面粗糙度值和提高精度的方法，一般用于表面粗糙度值为 *Ra*0.4μm 以下的表面加工。该加工工艺由于切削速度低、压强小，所以发热少，不易引起热损伤，并能产生残余压应力，有利于提高零件的使用性能；而且加工工艺依靠自身定位，设备简单，精度要求不高，成本较低，容易实行多工位、多机床操作，生产率高，因而在大批量生产中应用广泛。

1）珩磨。珩磨是利用珩磨工具对工件表面施加一定的压力，同时珩磨工具还要相对工件完成旋转和直线往复运动，以去除工件表面的凸峰的一种加工方法。珩磨后工件圆度误差和圆柱度误差一般可控制在 0.003 ~ 0.005mm，尺寸公差等级可达 IT5 ~ IT6 级，表面粗糙度值在 *Ra*0.025 ~ *Ra*0.2μm 之间。

由于珩磨头和机床主轴是浮动连接，因此机床主轴回转运动误差对工件的加工精度没有影响。因为珩磨头的轴线往复运动是以孔壁作导向的，即按孔的轴线进行运动，故在珩磨时不能修正孔的位置偏差，工件孔轴线的位置精度必须由前一道工序来保证。

珩磨时，虽然珩磨头的转速较低，但其往复速度较高，参与磨削的磨粒数量大，因此能很快地去除金属，为了及时排出切屑和冷却工件，必须进行充分冷却润滑。珩磨生产率高，可用于加工铸铁、淬硬或不淬硬钢，但不宜加工易堵塞油石的韧性金属。

2）超精加工。超精加工是用细粒度油石，在较低的压力和良好的冷却润滑条件下，以快而短促的往复运动，对低速旋转的工件进行振动研磨的一种微量磨削加工方法。

超精加工的工作原理如图 5-12 所示，加工时有三种运动，即工件的低速回转运动、磨头的轴向进给运动和油石的往复振动。三种运动的合成使磨粒在工件表面上形成不重复的轨迹。超精加工的切削过程与磨削、研磨不同，当工件粗糙表面被磨去之后，接触面积大大增加，压强极小，工件与油石之间形成油膜，两者不再直接接触，油石能自动停止切削。

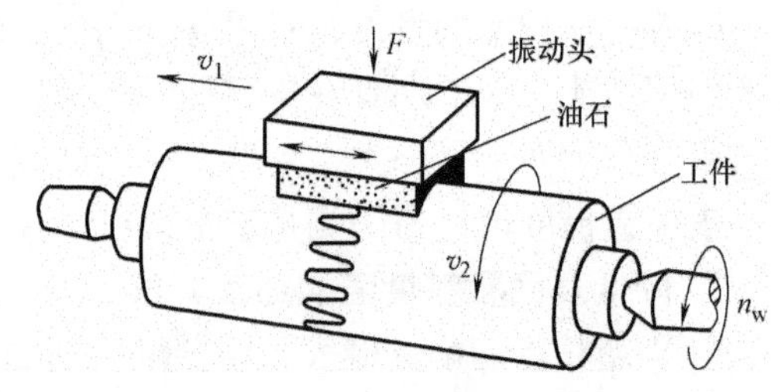

图 5-12　超精加工的工作原理

超精加工的加工余量一般为 3 ~ 10μm，所以它难以修正工件的尺寸误差及形状误差，也不能提高表面间的相互位置精度，但可以降低表面粗糙度值，能得到表面粗糙度值为 *Ra*0. 01 ~ *Ra*0. 1μm 的表面。目前，超精加工能加工各种不同材料，如钢、铸铁、黄铜、铝、陶瓷、玻璃、花岗岩等，能加工外圆、内孔、平面及特殊轮廓表面，广泛用于对曲轴、凸轮轴、刀具、轧辊、轴承、精密量仪及电子仪器等精密零件的加工。

3）研磨。研磨是利用研磨工具和工件的相对运动，在研磨剂的作用下，对工件表面进行光整加工的一种加工方法。研磨可采用专用的设备进行加工，也可采用简单的工具，如研磨芯轴、研磨套、研磨平板等对工件表面进行手工研磨。研磨可提高工件的形状精度及尺寸精度，但不能提高表面位置精度，研磨后工件的尺寸精度可达 0. 001mm，表面粗糙度值可达 *Ra*0. 006 ~ *Ra*0. 025μm。

现以手工研磨外圆为例说明研磨的工作原理，如图 5-13 所示，工件支承在机床两顶尖之间做低速旋转，研具套在工件上，在研具与工件之间加入研磨剂，然后用手推动研具做轴向往复运动实现对工件的研磨。研磨的适用范围广，既可加工金属，又可加工非金属，如光学玻璃、陶瓷、半导体、塑料等；一般来说，刚玉磨料适用于对碳素工具钢、合金工具钢、高速工具钢及铸铁的研磨，碳化硅磨料和金刚石磨料适用于对硬质合金、硬铬等高硬度材料的研磨。

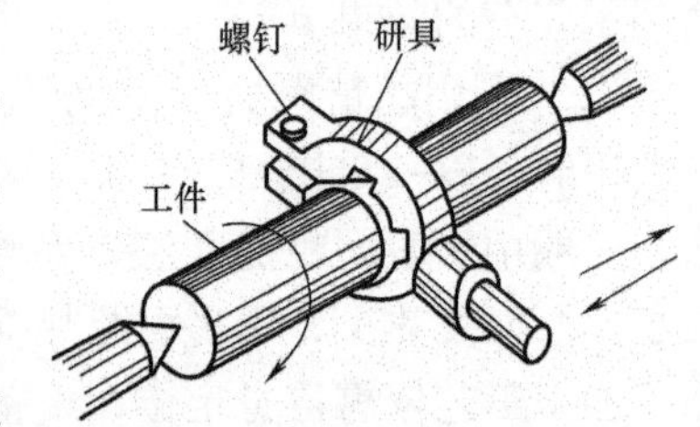

图 5-13　在车床上研磨外圆

4）抛光。抛光是在布轮、布盘等软性器具上涂上抛光膏，利用抛光器具的高速旋转，依靠抛光膏的机械刮擦和化学作用去除工件表面粗糙度的凸峰，使表面光泽的一种加工方法。抛光一般不去除加工余量，因而不能提高工件的精度，有时可能还会损坏已获得的精度；抛光也不可能减小零件的形状和位置误差。工件表面经抛光后，表面层的残余拉应力会有所减少。

2. 改善表面物理力学性能的加工方法

如前所述，表面层的物理力学性能对零件的使用性能及寿命影响很大，如果在最终工序中不能保证零件表面获得预期的表面质量要求，则应在工艺过程中增设表面强化工序来保证零件的表面质量。表面强化工艺包括化学处理、电镀和表面机械强化等。这里仅讨论机械强化工艺问题。机械强化是指通过对工件表面进行冷挤压加工，使零件表面层金属发生冷态塑性变形，从而提高其表面硬度并在表面层产生残余压应力的无屑光整加工方法。采用表面强化工艺还可以降低零件的表面粗糙度值。这种方法工艺简单、成本低，在生产中应用十分广泛，用得最多的是喷丸强化和滚压加工。

（1）喷丸强化　喷丸强化是利用压缩空气或离心力将大量直径为0.4～4mm的珠丸高速打击零件表面，使其产生冷硬层和残余压应力。喷丸强化可显著提高零件的疲劳强度。珠丸可以采用铸铁、砂石以及钢铁制造。所用设备是压缩空气喷丸装置或机械离心式喷丸装置，这些装置使珠丸能以35～50mm/s的速度喷出。喷丸强化工艺可用来加工各种形状的零件，加工后零件表面的硬化层深度可达0.7mm，表面粗糙度值可由$Ra3.2\mu m$减小到$Ra0.4\mu m$，使用寿命可提高几倍甚至几十倍。

（2）滚压加工　滚压加工是在常温下通过淬硬的滚压工具（滚轮或滚珠）对工件表面施加压力，使其产生塑性变形，将工件表面上原有的波峰填充到相邻的波谷中，从而减小了表面粗糙度值，并在其表面产生了冷硬层和残余压应力。滚压加工使零件的承载能力和疲劳强度得以提高。滚压加工可使表面粗糙度值从$Ra1.25$～$Ra5\mu m$减小到$Ra0.63$～$Ra0.8\mu m$，表面层硬度一般可提高20%～40%，表面层金属的疲劳强度可提高30%～50%。滚压用的滚轮常用碳素工具钢T12A或者合金工具钢CrWMn、Cr12等材料制造，淬火硬度在62～64HRC；或用硬质合金K20、P10等制成；其型面在装配前需经过粗磨，装上滚压工具后再进行精磨。图5-14所示为典型滚压加工示意图。

（3）金刚石压光　金刚石压光是一种用金刚石挤压加工表面的新工艺，已在国外精密仪器制造业中得到较广泛的应用。压光后的零件表面粗糙度值可达$Ra0.02$～$Ra0.4\mu m$，耐磨性比磨削后的提高1.5～3倍，但比研磨后的低20%～40%，而生产率却比研磨高得多。金刚石压光用的机床必须是高精度机床，它要求机床刚度好、抗振性好，以免损坏金刚石。此外，它还要求机床主轴精度高，径向圆跳动和轴向圆跳动在0.01mm以内，主轴转速能在2500～6000r/min的范围内无级调速。机床主轴运动与进给运动应分离，以保证压光的表面质量。

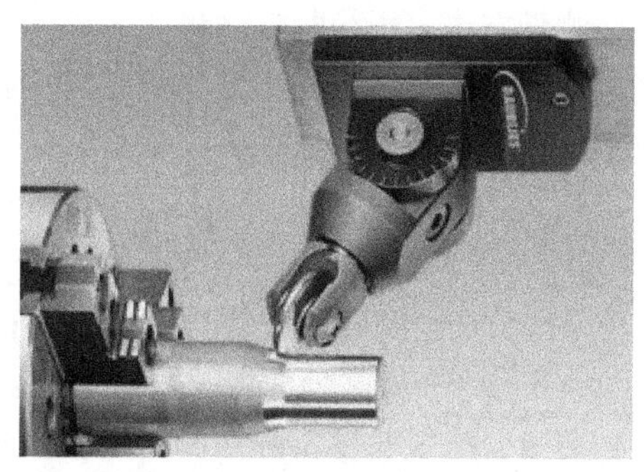

图5-14　典型滚压加工示意图

5.3　齿轮加工误差及质量分析

对于齿轮精度，主要采用下列几个方面的评定指标。

5.3.1　运动精度

评定齿轮的运动精度，可采用下列指标。

1. 切向综合总偏差 F_i'

定义：F_i'是指被测齿轮与测量齿轮单面啮合时，在被测齿轮一转内，齿轮分度圆上实际圆周位移与理论圆周位移的最大差值，如图5-15所示。它是几何偏心、运动偏心加工误差的综合反映，也就是对齿轮径向误差和切向误差的综合反映，因而是评定齿轮传递运动准确性的最佳综合评定指标。

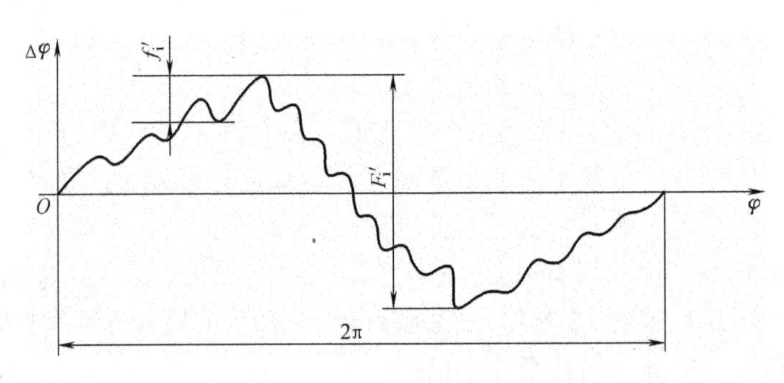

图 5-15　切向综合误差

测量方法：F_i'是在单面啮合综合检查仪（简称单啮仪）上进行测量的，单啮仪结构复杂，价格昂贵，在生产车间很少使用。

2. 齿圈径向跳动 F_r 与公法线长度变动 F_w

F_r 定义：在齿轮一转范围内，测头在齿槽内，于齿高中部双面接触，测头相对于齿轮轴线的最大变动量。

它只反映齿轮的几何偏心，不能反映其运动偏心。

测量方法：用径跳仪测量。

由于齿圈径向跳动 F_r 只反映齿轮的几何偏心，不能反映其运动偏心。因此要增加另一项指标，公法线长度变动 F_w。

F_w 定义：在齿轮一周范围内，实际公法线长度最大值与最小值之差，即

$$F_w = W_{max} - W_{min}$$

式中　W_{max}——实际公法线长度最大值；

　　　W_{min}——实际公法线长度最小值。

测量公法线长度实际是测量基圆弧长，它反映齿轮的运动偏心。

测量方法：用公法线千分尺测量。

3. 径向综合总偏差 F_i''

齿轮的几何偏心还可以用径向综合总偏差这一指标来评定。

定义：径向综合总偏差是在径向综合检验时与测量的齿轮接触，并转过一整圈时出现的中心距最大值与最小值之差，如图 5-16 所示。

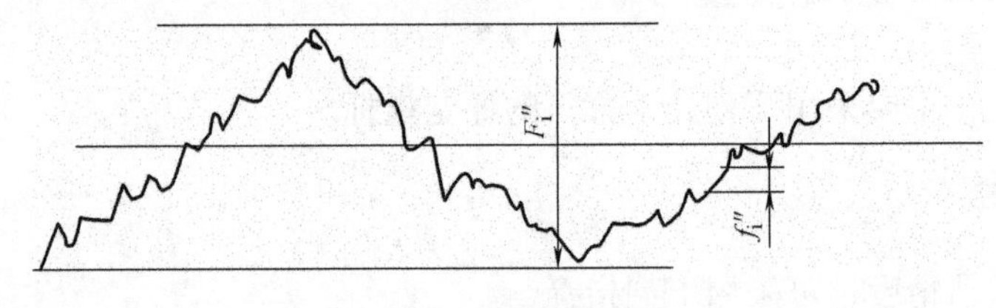

图 5-16　径向综合总偏差

5.3.2　工作平稳性的评定指标

1. 一齿切向综合偏差 f_i'

定义：被测齿轮与理想精确的测量齿轮单面啮合时，在被测齿轮一齿距角内，齿轮分度

圆上实际圆周位移与理论圆周位移的最大差值。

它反映出基节偏差和齿形误差的综合结果。

测量方法：与 F_i'同时测量出。

2. 齿形误差 Δf_f 与基节偏差 Δf_{pb}

Δf_f 定义：在端截面上，齿形工作部分内（齿顶倒棱部分除外），包容实际齿形且距离为最小的两条设计齿形间的法向距离，称为齿形误差，如图 5-17 所示。设计齿形可以是修正的理论渐开线，包括修缘齿形、凸齿形等。

测量方法：渐开线检测仪、齿轮测量中心。

Δf_{pb}定义：实际基节与公称基节之差。实际基节是指基圆柱切平面所截两相邻同侧齿面的交线之间的法向距离，如图 5-18 所示。

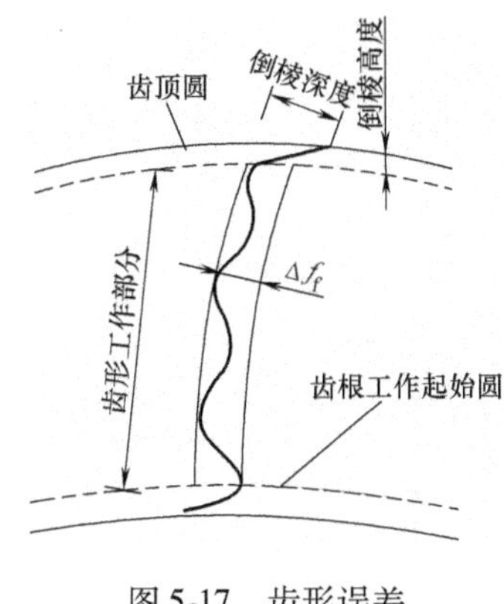

图 5-17　齿形误差

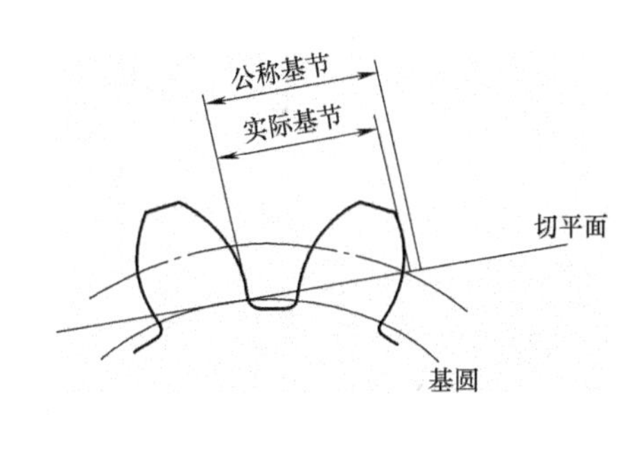

图 5-18　基节偏差

测量方法：用万能测齿仪测量。

3. 齿距偏差 f_{pt}

定义：在分度圆上，实际齿距与公称齿距之差。公称齿距是指所有实际齿距的平均值，如图 5-19 所示。

4. 一齿径向综合误差 f_i''

定义：当产品齿轮啮合一整圈时，对应一个齿距（360°/z）的径向综合总偏差值。

它是齿轮的基节偏差和齿形误差的综合结果。但测量结果受左右两齿面误差的共同影响，因此不如 f_i' 精确。

测量方法：与 F_i''同时测量出。

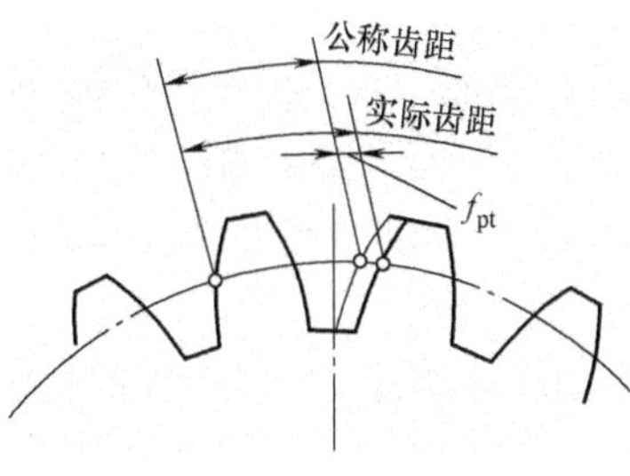

图 5-19　齿距偏差

5.3.3　接触精度的评定指标及检测

齿轮齿面的接触精度，在齿高方向用工作平稳性的评定指标来评定即齿形误差，在齿长方向用齿向偏差 F_β 来评定。

F_β 定义：在检查圆柱面上，在有效齿宽范围内（端面倒角部分除外），包容实际齿向线的两条最近的设计齿线之间的端面距离，如图 5-20 所示。

5.3.4 侧隙的评定指标及其检测

1. 齿厚偏差 ΔE_s

定义：在分度圆柱面上，齿厚实际值与公称值之差，如图 5-21 所示。对于斜齿轮，是指法向齿厚如图 5-21 所示。

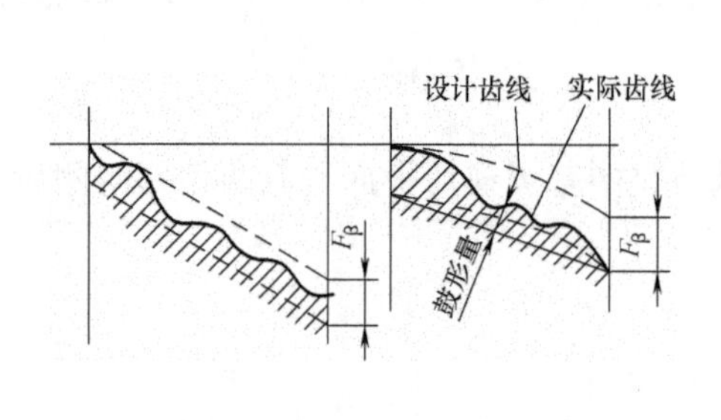

图 5-20 齿向偏差

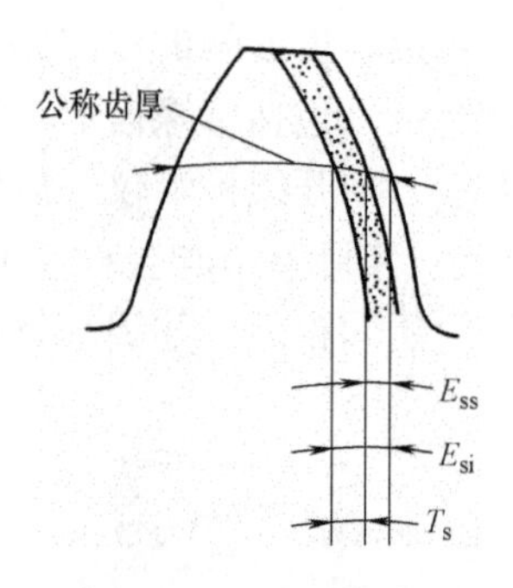

图 5-21 齿厚偏差

为了保证一定的齿侧间隙，齿厚的上极限偏差（E_{ss}）与下极限偏差（E_{si}）一般为负值。

测量方法：齿厚游标卡尺。以齿轮的齿顶为基准，顶圆如有误差，最好要修正。

2. 公法线长度 *W*

公法线长度是指齿轮一圈范围内公法线长度的平均值。

测量方法：用公法线千分尺测量。

3. 齿轮的跨测距 *M*

测量方法：用外径千分尺及量球（量棒）测量。

5.4 拟定工艺路线及工艺过程设计

齿轮材料（HT200）为铸铁，应进行人工时效处理。对于精密齿轮，应进行二次时效处理，以保证加工精度；若铸件尺寸铸造精度较差时，在粗加工前应先划线，以保证均匀的加工量；渐开线圆柱齿轮精度标准 GB/T 10095—2008 适用于平行轴传动，法向模数 $m_n \geqslant 1 \sim 40$mm，分度圆直径 $d \leqslant 4000$mm 的渐开线圆柱齿轮及其齿轮副，其基准齿廓按 GB/T 1356—2001 的规定。

齿轮及齿轮副共有 13 个精度等级，其第 0 级精度最高，第 12 级精度最低。齿轮副中两个齿轮的精度等级一般取成相同，也允许取成不相同。

按误差的特性及它们对传动性能的主要影响，齿轮的各项公差分为三组，见表 5-3。根据使用要求的不同，允许各公差组选用不同的精度等级。但在同一公差组内，各项公差与极限偏差应保持相同的精度等级。

表 5-3 齿轮的公差组

公差组	公差与极限偏差项目	误差特性	对传动性能的主要影响
Ⅰ	F'_i、F_p、F_{pk}、F''_i、F_r、F_w	以齿轮一转为周期的误差	传递运动的准确性

（续）

公差组	公差与极限偏差项目	误差特性	对传动性能的主要影响
Ⅱ	F'_i、F''_i、F_f、$\pm F_{pt}$、$\pm F_{pb}$、$F_{f\beta}$	在齿轮一周内，多次周期地重复出现的误差	传动的平稳性、噪声、振动
Ⅲ	F_β、F_b、$\pm F_{pt}$、	齿向线的误差	载荷分布的均匀性

本例圆柱齿轮精度等级分析：齿坯精度直接影响齿轮齿部的加工精度，齿坯精加工后基准面尺寸、几何公差，可按表5-4和表5-5的数值选取。

表5-4　齿坯公差

齿轮精度等级①		1	2	3	4	5	6	7	8	9	10	11	12
孔	尺寸公差	IT4	IT4	IT4	IT4	IT5	IT6	IT7		IT8		IT8	
	形状公差	IT1	IT2	IT3									
轴	尺寸公差	IT4	IT4	IT4	IT4	IT5		IT6		IT7		IT8	
	形状公差	IT1	IT2	IT3									
顶圆直径②		IT6		IT7			IT8			IT9		IT11	
基准面的径向圆跳动③		见表5-6											
基准面的轴向圆跳动													

① 当三个公差组的精度等级不同时，按最高的精度等级确定公差值。

② 当顶圆不作测量齿厚的基准时，尺寸公差按IT11给定，但不得大于0.1mm

③ 当以顶圆作基准面时，本栏就指顶圆的径向圆跳动。

表5-5　齿坯基准面径向和轴向圆跳动公差　　（单位：μm）

分度圆直径/mm		精度等级				
大于	到	1和2	3和4	5和6	7和8	9～12
—	125	2.8	7	11	18	28
125	400	3.6	9	14	22	36
400	800	5.0	12	20	32	50
800	1600	7.0	18	28	45	71
1600	2500	10.0	25	40	63	100
2500	4000	16.0	40	63	100	160

齿轮加工方法主要有成形法和展成法两种，可根据所要加工的齿轮精度要求不同选用不同的加工方法，见表5-6。

表5-6　齿轮加工方法及加工精度

加工方法	加工精度	表面粗糙度值 Ra/μm	加工方法	加工精度	表面粗糙度值 Ra/μm
盘形齿轮铣刀铣齿	9级	Ra2.5～Ra10	插齿加工	6～8级	1.25～5
指形成形铣刀铣齿	9级	Ra2.5～Ra10	剃齿加工	6～7级	0.32～1.25
滚齿加工	6～9级	1.25～5	磨齿加工	4～7级	0.16～0.63

圆柱齿轮机械加工工艺过程卡见表5-7。

表5-7 圆柱齿轮机械加工工艺过程卡

工序号	工序名称	工序内容	工艺装备
1	铸	铸造	
2	清砂	清砂	
3	热处理	人工时效处理	
4	粗车	夹工件一端外圆，按毛坯找正，照顾工件各部毛坯尺寸，车内径至 ϕ（75±0.1）mm，车端面，保证距轮辐侧面尺寸38mm，齿部侧面至轮辐侧面18mm，齿轮外圆车至 ϕ330mm	CA6163
5	粗车	调头，夹 ϕ330mm外圆，找正 ϕ（75±0.1）mm内径，车端面，ϕ110mm端面距轮辐侧面为38mm，齿轮部分侧面至轮辐侧面17mm，车齿轮外圆至 ϕ330mm	CA6163
6	划线	参考轮辐厚度，划各部加工线	
7	精车	夹 ϕ330mm外圆（参考划线）加工齿轮一端面各部至图样尺寸，内径加工至尺寸 $\phi 80^{+0.03}_{0}$mm，外圆加工至尺寸 $\phi 325^{0}_{-0.2}$mm	CA6163
8	精车	调头，以 $\phi 325^{0}_{-0.2}$mm定位装夹工件，内径找正，车工件另一端各部至图样尺寸，保证工件总厚度尺寸100mm和60mm	CA6163
9	划线	划（22±0.026）mm键槽加工线	
10	插	以 $\phi 325^{0}_{-0.2}$mm外圆及一端面定位装夹工件，插键槽（22±0.026）mm	B5020 组合夹具
11	滚齿	以 $\phi 80^{+0.03}_{0}$mm及一端面定位滚齿，$m=5$mm、$z=63$、$\alpha=20°$	Y315 专用心轴
12	检验	按图样检验工件各部尺寸及精度	
13	入库	涂油入库	

5.5 考核评价小结

1. 形成性考核评价

齿轮零件形成性考核评价由教师根据考勤、学生课堂表现等进行考核评价，其评价表见表5-8。

表5-8 齿轮零件形成性考核评价表

<table>
<tr><th>小组</th><th>成员</th><th>考勤</th><th>课堂表现</th><th>汇报人</th><th>补充发言
自由发言</th></tr>
<tr><td rowspan="4">1</td><td></td><td></td><td></td><td rowspan="4"></td><td rowspan="4"></td></tr>
<tr><td></td><td></td><td></td></tr>
<tr><td></td><td></td><td></td></tr>
<tr><td></td><td></td><td></td></tr>
<tr><td rowspan="2">2</td><td></td><td></td><td></td><td rowspan="2"></td><td rowspan="2"></td></tr>
<tr><td></td><td></td><td></td></tr>
</table>

（续）

小组	成员	考勤	课堂表现	汇报人	补充发言 自由发言
2					
3					

2. 工艺设计考核评价

齿轮零件工艺设计考核评价由学生自评、小组内互评、教师评价三部分组成，其评价表见表5-9。

表5-9 齿轮零件工艺设计考核评价表

项目名称							
号	评价项目	扣分标准	配分	自评 （15%）	互评 （20%）	教评 （65%）	得分
1	定位基准的选择	不合理，扣5～10分	10				
2	确定装夹方案	不合理，扣5分	5				
3	拟定工艺路线	不合理，扣10～20分	20				
4	确定加工余量	不合理，扣5～10分	10				
5	确定工序尺寸	不合理，扣5～10分	10				
6	确定切削用量	不合理，扣1～10分	10				
7	机床夹具的选择	不合理，扣5分	5				
8	刀具的确定	不合理，扣5分	5				
9	工序图的绘制	不合理，扣5～10分	10				
10	工艺文件内容	不合理，扣5～15分	15				
互评小组：				指导教师：		项目得分：	
备注				合计：			

拓展练习

如图5-22所示，试完成以下任务：1）进行锥齿轮零件的工艺性分析。2）锥齿轮加工方法、定位基准、工艺装备分析。3）制定锥齿轮零件工艺过程。

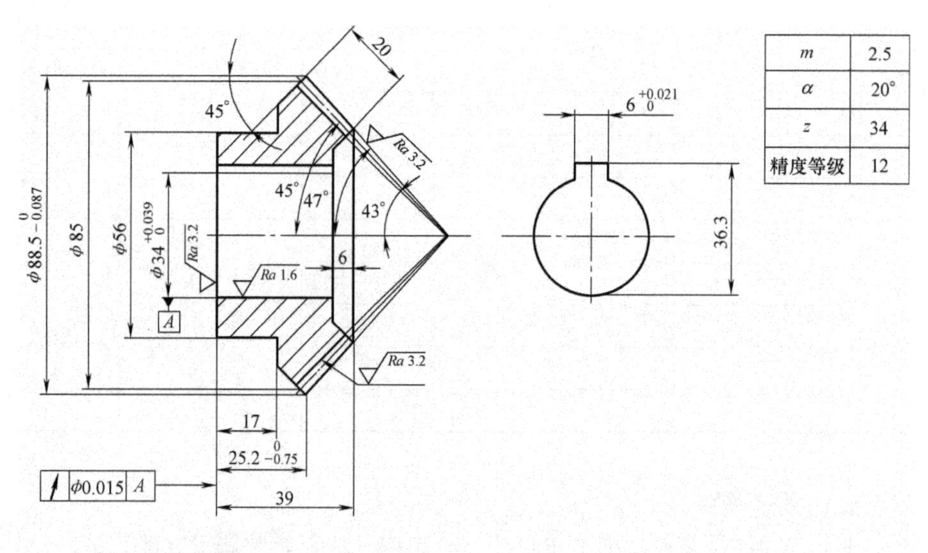

技术要求

1. 热处理：28～32HRC。
2. 未注倒角C1。
3. 材料：45钢。

Ra 6.3 (√)

图 5-22　锥齿轮

项目 6　曲面轴类零件数控加工工艺

【项目概述】

曲面轴是常见的数控车削零件，如图 6-1 所示。学生在对其进行加工工艺设计的过程中，学习曲面轴类零件的数控车削加工基础知识，进而掌握车外圆、车端面、车退刀、螺纹的基本方法。本项目主要介绍典型数控车削类零件加工的相关知识，学生应掌握数控零件的车削方法，切削用量的选择；掌握典型数控车刀切削角度及选择方法；掌握数控车削零件表面质量和检测。

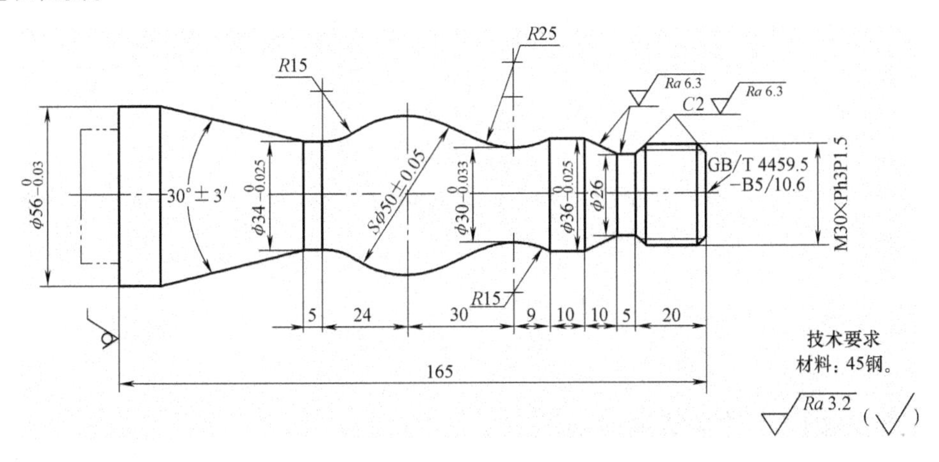

图 6-1　曲面轴零件图

【教学目标】

1. 能力目标

对曲面轴进行加工工艺设计，学生应能运用数控车削类零件加工的相关知识，根据中级数控车工职业规范，完成曲面轴零件的车削加工，并具备操作数控车床完成零件加工的岗位能力。

2. 知识目标

1）知道数控车削加工路线的设计方法。

2）掌握数控车刀杆及刀片选用方法。

3）掌握数控车削加工切削用量的计算。

4）掌握典型零件在车床上的装夹方法。

【任务描述】

曲面轴类零件是机械中常见的一种零件，它的应用很广泛，如各种回转的旋转轴，其结构和尺寸有很大的差异，但结构上也有共同特点：零件的主要表面为同轴度要求较高的外旋转表面。该曲面轴由 ϕ56mm 外圆柱面、30°圆锥面、ϕ34mm 外圆柱面、ϕ36mm 外圆柱面、M30 螺纹组成，主要完成外圆柱表面及螺纹的切削加工。

【任务实施】

6.1 零件工艺分析

如图 6-1 所示，该曲面轴零件表面由圆柱、圆锥、顺圆弧、逆圆弧及螺纹等表面组成。其中多个直径尺寸有较严的尺寸公差和表面粗糙度等要求；球面 Sϕ50mm 的尺寸公差还兼有控制该球面形状误差的作用。尺寸标注完整，轮廓描述清楚。零件材料为 45 钢，无热处理和硬度要求。

通过上述分析，可采用以下几点工艺措施。

1）对图样上给定的几个精度要求较高的尺寸，因其公差数值较小，故编程时不必取平均值，而全部取其公称尺寸即可。

2）在轮廓曲线上，有三处为圆弧，其中两处为既过象限又改变进给方向的轮廓曲线，因此在加工时应进行机械间隙补偿，以保证轮廓曲线的准确性。

3）为便于装夹，毛坯件左端应预先车出夹持部分（双点画线部分），右端面也应先粗车，然后钻削中心孔。毛坯选 ϕ60mm 棒料。

6.2 预备基础知识

6.2.1 加工顺序和进给路线的确定

1. 加工顺序的确定

在数控机床加工过程中，由于加工对象复杂多样，特别是轮廓曲线的形状及位置千变万化，加上材料不同、批量不同等多方面因素的影响，在对具体零件制定加工顺序时，应该进行具体分析和区别对待，灵活处理。只有这样，才能使所制定的加工顺序合理，从而达到质量优、效率高和成本低的目的。

数控车削的加工顺序一般按照总体原则确定，下面针对数控车削的特点对这些原则进行详细的叙述。

（1）先粗后精　为了提高生产率并保证零件的精加工质量，在切削加工时，应先安排粗加工工序，在较短的时间内，将精加工前大量的加工余量去掉，同时尽量满足精加工的余量均匀性要求，如图 6-2 所示。

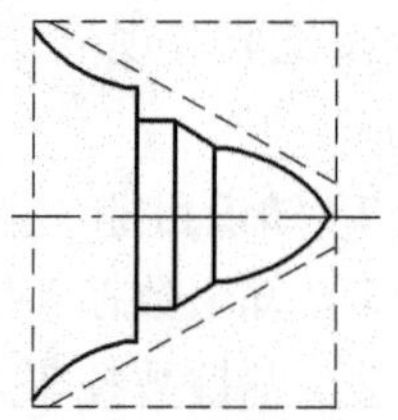

图 6-2　先粗后精示例

当粗加工工序安排完后，应接着安排换刀后进行的半精加工和精加工。其中，安排半精加工的目的是，当粗加工后所留加工余量的均匀性满足不了精加工要求时，则可安排半精加工作为过渡性工序，以便使精加工余量小而均匀。

在安排可以一刀或多刀进行的精加工工序时，其零件的最终轮廓应由最后一刀连续加工而成。这时，加工刀具的进退刀位置要考虑妥当，尽量不要在连续的轮廓中安排切入和切出或换刀及停顿，以免因切削力突然变化而造成弹性变形，致使光滑连接轮廓上产生表面划伤、形状突变或滞留刀痕等疵病。

（2）先近后远加工，减少空行程时间　这里所说的远与近，是按加工部位相对于对刀点的距离大小而言的。在一般情况下，特别是在粗加工时，通常安排离对刀点近的部位先加工，离对刀点远的部位后加工，以便缩短刀具移动距离，减少空行程时间。对于车削加工，先近后远有利于保持毛坯件或半成品件的刚度，改善其切削条件。

例如，当加工图6-3所示零件时，如果按ϕ38mm→ϕ36mm→ϕ34mm的次序安排车削，不仅会增加刀具返回对刀点所需的空行程时间，而且还可能使台阶的外直角处产生毛刺（飞边）。对这类直径相差不大的台阶轴，当第一刀的切削深度（图中最大切削深度可为3mm左右）未超限时，宜按ϕ34mm→ϕ36mm→ϕ38mm的次序先近后远地安排车削。

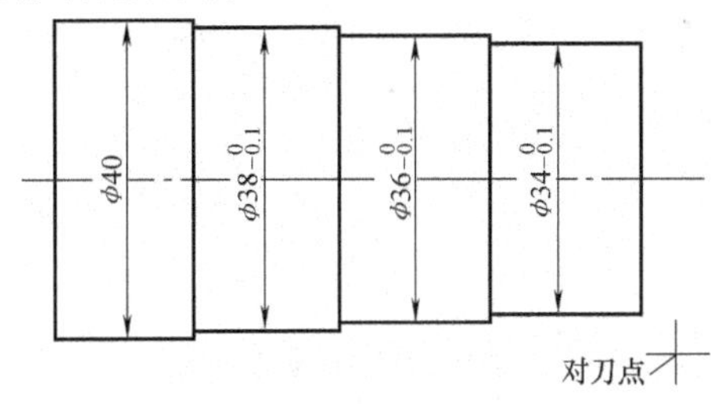

图6-3　先近后远示例

（3）内外交叉　对既有内表面（内型腔），又有外表面需加工的零件，安排加工顺序时，应先进行内外表面粗加工，后进行内外表面精加工。不可将零件上一部分表面（外表面或内表面）加工完毕后，再加工其他表面（内表面或外表面）。

（4）基面先行原则　用作精基准的表面应优先加工出来，因为定位基准的表面越精确，装夹误差就越小。例如，轴类零件加工时，总是先加工中心孔，再以中心孔为精基准加工外圆表面和端面。

上述原则并不是一成不变的，对于某些特殊情况，则需要采取灵活可变的方案。如有的工件就必须先精加工后粗加工，才能保证其加工精度与质量。这些都依赖于编程者实际加工经验的不断积累与学习。

2. 加工进给路线的确定

加工进给路线是刀具在整个加工工序中相对于工件的运动轨迹，它不但包括了工步的内容，而且也反映出工步的顺序。加工进给路线也是编程的依据之一。

加工进给路线的确定首先必须保持被加工零件的尺寸精度和表面质量，其次考虑数值计算简单、进给路线尽量短、效率较高等。因精加工的进给路线基本上都是沿其零件轮廓顺序进行的，因此确定进给路线的工作重点是确定粗加工及空行程的进给路线。下面将具体分析：

（1）加工进给路线与加工余量的关系　在数控车床还未达到普及使用的条件下，一般应把毛坯件上过多的加工余量，特别是含有锻、铸硬皮层的加工余量安排在普通车床上加工。例如，必须用数控车床加工时，则要注意程序的灵活安排。安排一些子程序对加工余量过多的部位先做一定的切削加工。

1）对大加工余量毛坯进行阶梯切削时的进给路线。图6-4所示为车削大加工余量工件的两种进给路线，图6-4a所示为错误的阶梯切削路线，图6-4b按1→5的顺序切削，每次切削所留加工余量相等，是正确的阶梯切削路线。因为在同样背吃刀量的条件下，按图6-4a方式加工所剩的加工余量过多。

根据数控加工的特点，还可以放弃常用的阶梯车削法，改用依次从轴向和径向进刀、顺

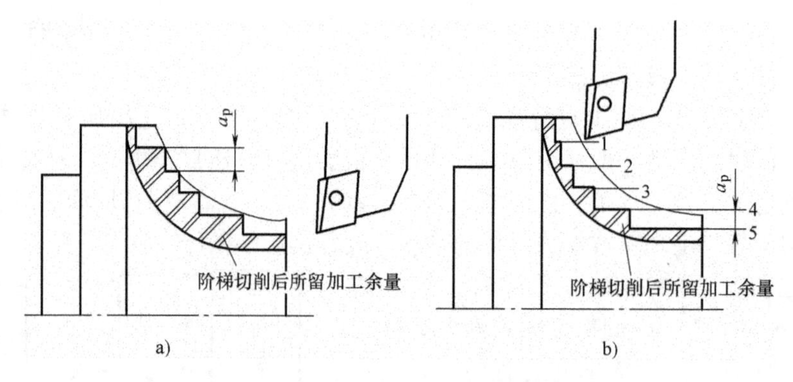

图 6-4　车削大加工余量毛坯的阶梯路线

工件毛坯轮廓进给的路线（见图 6-5）。

2）分层切削时刀具的终止位置。当某表面的加工余量较多需分层多次走刀切削时，从第二刀开始就要注意防止走刀到终点时切削深度的猛增。如图 6-6 所示，设以 90°主偏角刀分层车削外圆，合理的安排应是每一刀的切削终点依次提前一小段距离 e（如可取 e = 0.05mm）。如果 e = 0，则每一刀都终止在同一轴向位置上，主切削刃就可能受到瞬时的重负荷冲击。当刀具的主偏角大于 90°，但仍然接近 90°时，也宜做出层层递退的安排，经验表明，这对延长粗加工刀具的寿命是有利的。

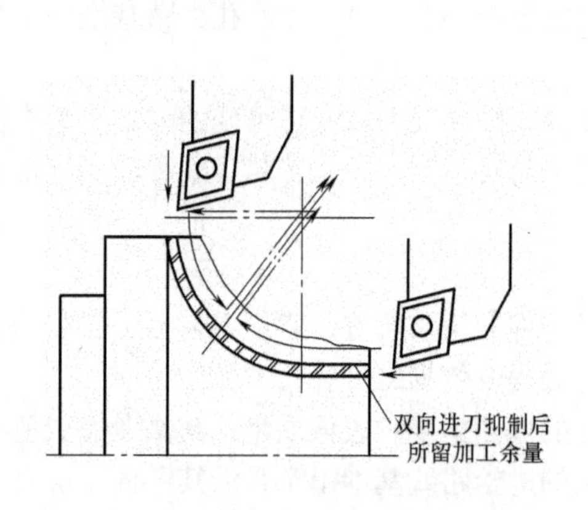

图 6-5　双向进刀进给路线

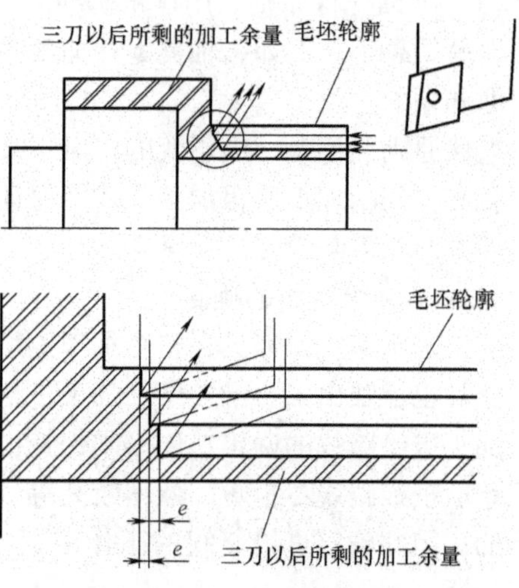

图 6-6　分层切削时刀具的终止位置

（2）刀具的切入、切出　在数控机床上进行加工时，要安排好刀具的切入、切出路线，尽量使刀具沿轮廓的切线方向切入、切出。

尤其是车螺纹时，必须设置引入距离 δ_1 和超越距离 δ_2，如图 6-7 所示，这样可避免因车刀升降而影响螺距的稳定。

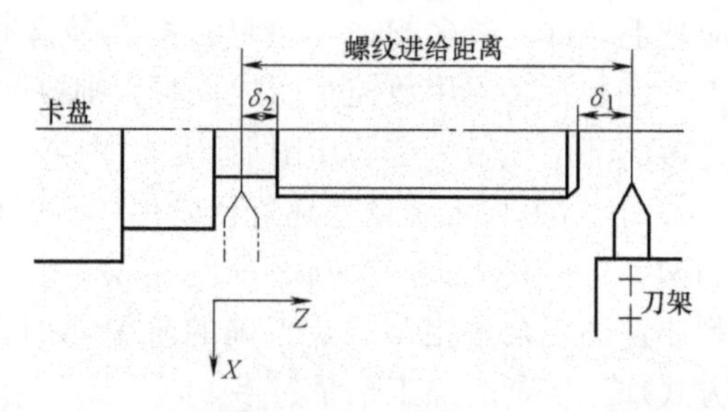

图 6-7　车螺纹时的引入距离和超越距离

（3）确定最短的空行程路线　确定最短的进给路线，除了依靠大量的实践经验外，还应善于分析，必要时辅以一些简单计算。现将实践中的部分设计方法或思路介绍如下。

1）巧用对刀点。图6-8a所示为采用矩形循环方式进行粗车的一般情况示例。其起刀点A的设定是考虑到精车等加工过程中需方便地换刀，故设置在离坯料较远的位置处，同时将起刀点与其对刀点重合在一起，按三刀粗车的进给路线安排如下：

第一刀为 A→B→C→D→A；

第二刀为 A→E→F→G→A；

第三刀为 A→H→I→J→A。

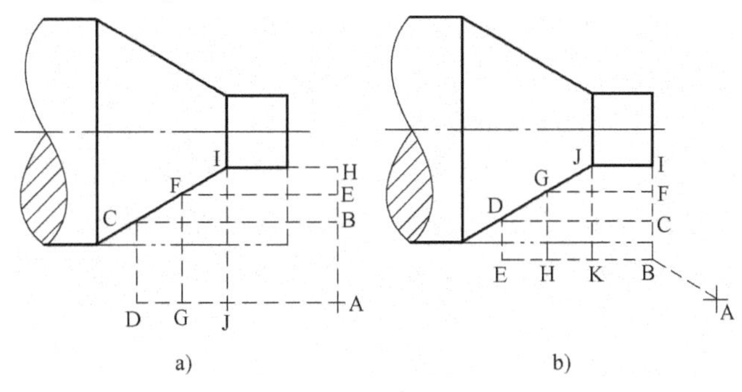

图6-8　巧用起刀点

a）起刀点与对刀点重合　b）起刀点与对刀点分离

图6-8b所示为巧将起刀点与对刀点分离，并设于B点位置，仍按相同的切削用量进行三刀粗车，其进给路线安排如下（起刀点与对刀点分离的空行程为A→B）：

第一刀为 B→C→D→E→B；

第二刀为 B→F→G→H→B；

第三刀为 B→I→J→K→B。

显然，图6-8b所示的进给路线较短。

2）巧设换刀点。为了考虑换刀的方便和安全，有时将换（转）刀点也设置在离坯件较远的位置处，如图6-8中的A点，那么，当换第二把刀后，进行精车时的空行程路线必然也较长；如果将第二把刀的换刀点设置在图6-8b中的B点位置上，则可缩短空行程距离。

3）合理安排“回零”路线。在手工编制较复杂轮廓的加工程序时，为使其计算过程尽量简化，既不易出错，又便于校核，编程者（特别是初学者）有时将每一刀加工完后的刀具终点通过执行“回零”指令，使其全都返回到对刀点位置，然后再进行后续程序。这样会增加进给路线的距离，从而大大降低生产率。因此，在合理安排“回零”路线时，应使其前一刀终点与后一刀起点间的距离尽量减短，或者为零，即可满足进给路线为最短的要求。

（4）确定最短的切削进给路线　切削进给路线短，可有效地提高生产率，降低刀具损耗等。在安排粗加工或半精加工的切削进给路线时，应同时兼顾到被加工零件的刚度及加工的工艺性等要求，不要顾此失彼。

图6-9所示为粗车工件时几种不同切削进给路线的安排示例。其中，图6-9a所示为利用数控系统具有的封闭式复合循环功能控制车刀沿着工件轮廓进行进给的路线；图6-9b所示为利用其程序循环功能安排的三角形进给路线；图6-9c所示为利用其矩形循环功能安排的

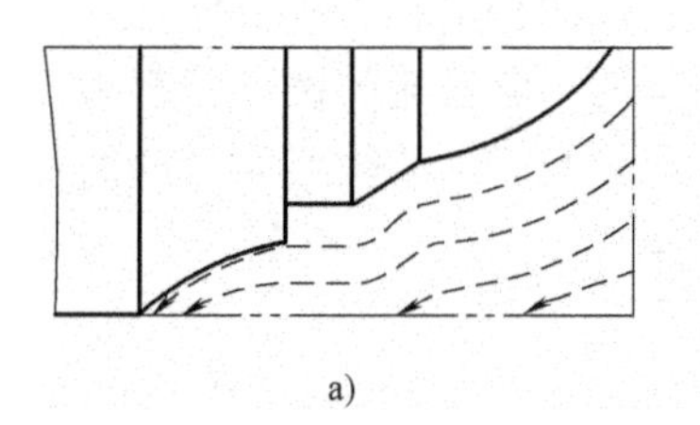

a)

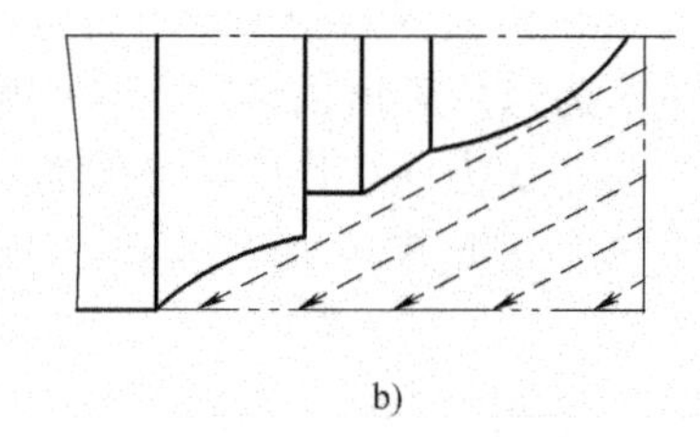

b)

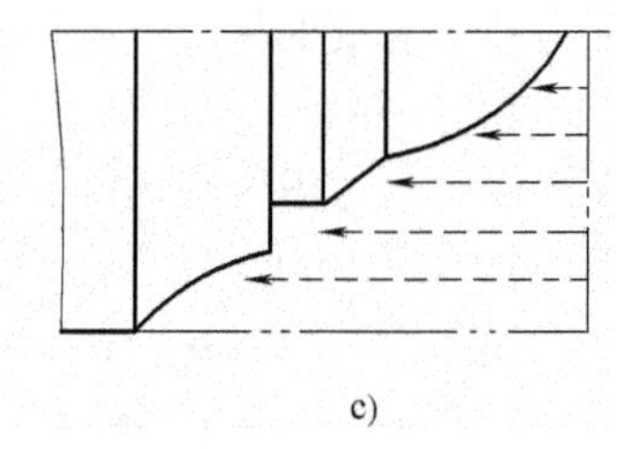

c)

图 6-9 进给路线示例

a）沿工件轮廓进给 b）三角形进给 c）矩形进给

矩形进给路线。

对以上三种切削进给路线，经分析和判断后可知矩形循环进给路线的走刀长度总和最短。因此，在同等条件下，其切削所需时间（不含空行程）最短，刀具的损耗小。另外，矩形循环加工的程序段格式较简单，所以这种进给路线，在制定加工方案时应用较多。

6.2.2 数控车削刀具

1. 对刀具的要求

数控车床能完成粗车、半精车、精车零件加工。为使粗车能大吃刀、大走刀，要求粗车刀具强度高、刀具寿命长；精车首先是保证加工精度，所以要求刀具的精度高、寿命长。为减少换刀时间和方便对刀，应尽可能多地采用机夹刀。使用机夹刀可以为自动对刀准备条件。如果说对传统车床上采用机夹刀只是一种倡议，那么在数控车床上采用机夹刀就是一种要求了。机夹刀具的刀体，要求制造精度较高，夹紧刀片的方式要选择得比较合理。由于机夹刀装在数控车床时，一般不加垫片调整，所以在制造时就应保证刀尖较高的精度。对于长径比例较大的内径刀杆，最好具有抗振结构。内径刀的切削液最好先引入刀体，再从刀头附近喷出。对刀片，在多数情况下应采用涂层硬质合金刀片。涂层在较高切削速度（>100m/min）时才体现出它的优越性。普通车床的切削速度一般不高，所以使用的硬质合金刀片可以不涂层。刀片涂层增加成本不到一倍，而在数控车床上使用时刀具寿命可增加两倍以上。数控车床用了涂层刀片可提高切削速度，从而就可提高加工效率。涂层材料一般有碳化钛、氮化钛和氧化铝等，在同一刀片上也可以涂几层不同的材料，成为复合涂层。数控车床对刀片的断屑槽有较高的要求。原因很简单：数控车床自动化程度高，切削常常在封闭环境中进行，所以在车削过程中很难对大量切屑进行人工处置。如果切屑断得不好，它就会缠绕在刀头上，既可能挤坏刀片，也会把切削表面拉伤。普通车床用的硬质合金刀片一般是二维断屑槽，而数控车削刀片常采用三维断屑槽。三维断屑槽的形式很多，在刀片制造厂内一般定型成若干种标准。它的共同特点是断屑性能好、断屑范围宽。对于具体材质的零件，在切削参数定下之后，要注意选好刀片的槽型。选择过程中可以做一些理论探讨，但更主要的是进行实切试验。在一些场合，也可以根据已有刀片的槽型来修改切削参数。要求刀片有较高寿命，这是不用置疑的。

数控车床还要求刀片寿命的一致性好，以便于使用刀具寿命管理功能。在使用刀具寿命管理时，刀片寿命的设定原则是把该批刀片中寿命最低的刀片作为依据。在这种情况下，刀片寿命的一致性甚至比其平均寿命更重要。至于精度，同样要求各刀片之间精度一致性好。

2. 对刀座的要求

刀具很少直接装在数控车床的刀架上，它们之间一般用刀座（也称刀夹）作过渡。刀座的结构主要取决于刀体的形状、刀架的外型和刀架对主轴的配置方式这三个因素。现今刀座的种类繁多，生产厂各行其事，标准化程度很低。机夹刀体的标准化程度比较高，所以种类和规格并不太多；刀架对机床主轴的配置方式总共只有几种；唯有刀架的外型（主要是指与刀座连接的部分）形式太多。用户在选型时，应尽量减少种类、形式，以利于管理。

3. 数控车刀

数控车床刀具种类繁多，功能各不相同。根据不同的加工条件正确选择刀具是编制程序的重要环节，因此必须对车刀的种类及特点有一个基本的了解。

目前数控机床用刀具的主流是可转位刀片的机夹刀具。下面对可转位刀具做简要的介绍。

（1）数控车床可转位刀具的特点　数控车床所采用的可转位车刀，其几何参数是通过刀片结构形状和刀体上刀片槽座的方位安装组合形成的，与通用车床相比一般无本质的区别，其基本结构、功能特点是相同的。但数控车床的加工工序是自动完成的，因此对可转位车刀的要求又有别于通用车床所使用的刀具，具体要求和特点见表6-1。

表6-1　可转位车刀特点

要求	特　点	目　的
精度高	采用M级或更高精度等级的刀片 多采用精密级的刀杆 用带微调装置的刀杆在机外预调好	保证刀片重复定位精度，方便坐标设定，保证刀尖位置精度
可靠性高	采用断屑可靠性高的断屑槽型或有断屑台和断屑器的车刀 采用结构可靠的车刀，采用复合式夹紧结构和夹紧可靠的其他结构	断屑稳定，不能有紊乱和带状切屑；适应刀架快速移动和换位以及整个自动切削过程中夹紧不得有松动的要求
换刀迅速	采用车削工具系统 采用快换小刀夹	迅速更换不同形式的切削部件，完成多种切削加工，提高生产率
刀片材料	刀片较多采用涂层刀片	满足生产节拍要求，提高加工效率
刀杆截形	刀杆较多采用正方形刀杆，但因刀架系统结构差异大，有的需采用专用刀杆	刀杆与刀架系统匹配

（2）可转位车刀的种类　可转位车刀按其用途可分为外圆车刀、仿形车刀、端面车刀、内孔车刀、切槽车刀、切断车刀和螺纹车刀等，见表6-2。

表6-2　可转位车刀的种类

类　型	主　偏　角	适用机床
外圆车刀	90°、45°、75°、95°、93°	数控车床
成形车刀	93°、107°30′、62°30′	数控车床
端面车刀	90°、45°、75°、0°	数控车床
内孔车刀	45°、60°、75°、90°、91°、93°、95°、107°30′	数控车床

（续）

类　　型	主　偏　角	适用机床
切断车刀		数控车床
螺纹车刀	60°、55°	数控车床
切槽车刀		数控车床

（3）可转位车刀的结构形式

1）杠杆式。杠杆式可转位车刀结构如图6-10所示。它由杠杆、螺钉、刀垫、刀垫销、刀片等组成。这种方式依靠螺钉旋紧压靠杠杆，由杠杆的力压紧刀片达到夹固的目的。其特点是适合各种正、负前角的刀片，有效的前角范围为－6°～＋18°；切屑可无阻碍地流过，切削热不影响螺孔和杠杆；两面槽壁对刀片有较好的支承，能保证转位精度。

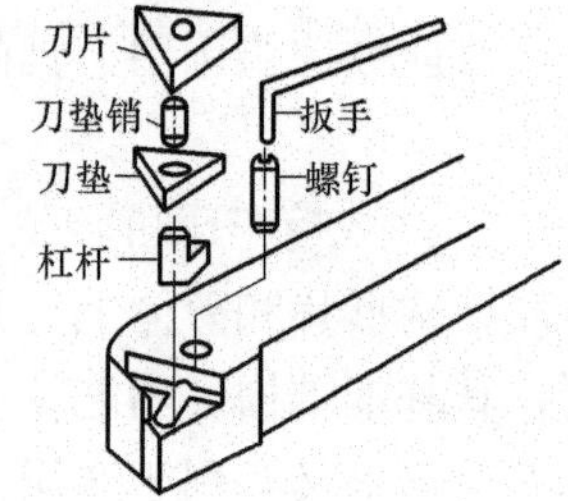

图6-10　杠杆式

2）楔块式。楔块式可转位车刀结构如图6-11所示。它由紧定螺钉、刀垫、销、楔块、刀片等组成。这种方式依靠销与楔块的挤压力将刀片紧固。其特点是适合各种负前角刀片，有效前角的变化范围为－6°～＋18°；两面无槽壁，便于仿形切削或倒转操作时留有间隙。

3）楔块夹紧式。楔块夹紧式可转位车刀结构如图6-12所示。它由紧定螺钉、刀垫、销、压紧楔块、刀片等组成。这种方式依靠销与楔块的压力将刀片夹紧。其特点同楔块式，但切屑流畅性不如楔块式。

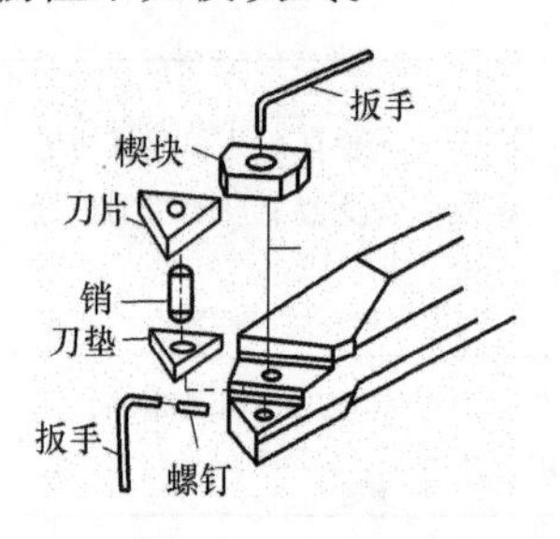

图6-11　楔块式

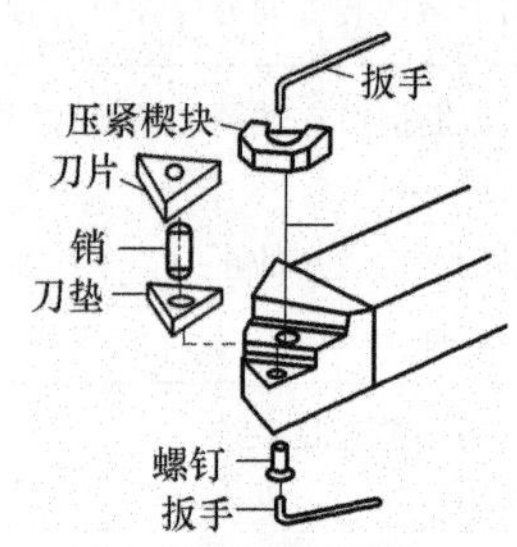

图6-12　楔块夹紧式

此外还有螺栓上压式、压孔式、上压式等形式。

4. 合理选择刀具

数控车床刀具的选刀过程，如图6-13所示。选刀工作过程从第一个图标“零件图样”开始，经箭头所示的两条路径，共同到达最后一个图标“选定刀具”，以完成选刀工作。选择向右的路线为：零件图样、现有机床设备、刀杆形式、刀片夹紧系统、选择刀片结构形状；向下的路线为：零件图样、工件材料及热处理、选择工件材料代码、确定刀片的断屑槽型。综合以上条件，确定所选用的刀具。

（1）机床影响因素　“机床影响因素”图标如图6-14所示。为保证加工方案的可行性、经济性，获得最佳加工方案，在刀具选择前必须确定与机床有关的如下因素：

1）机床类型：数控车床、车削中心。

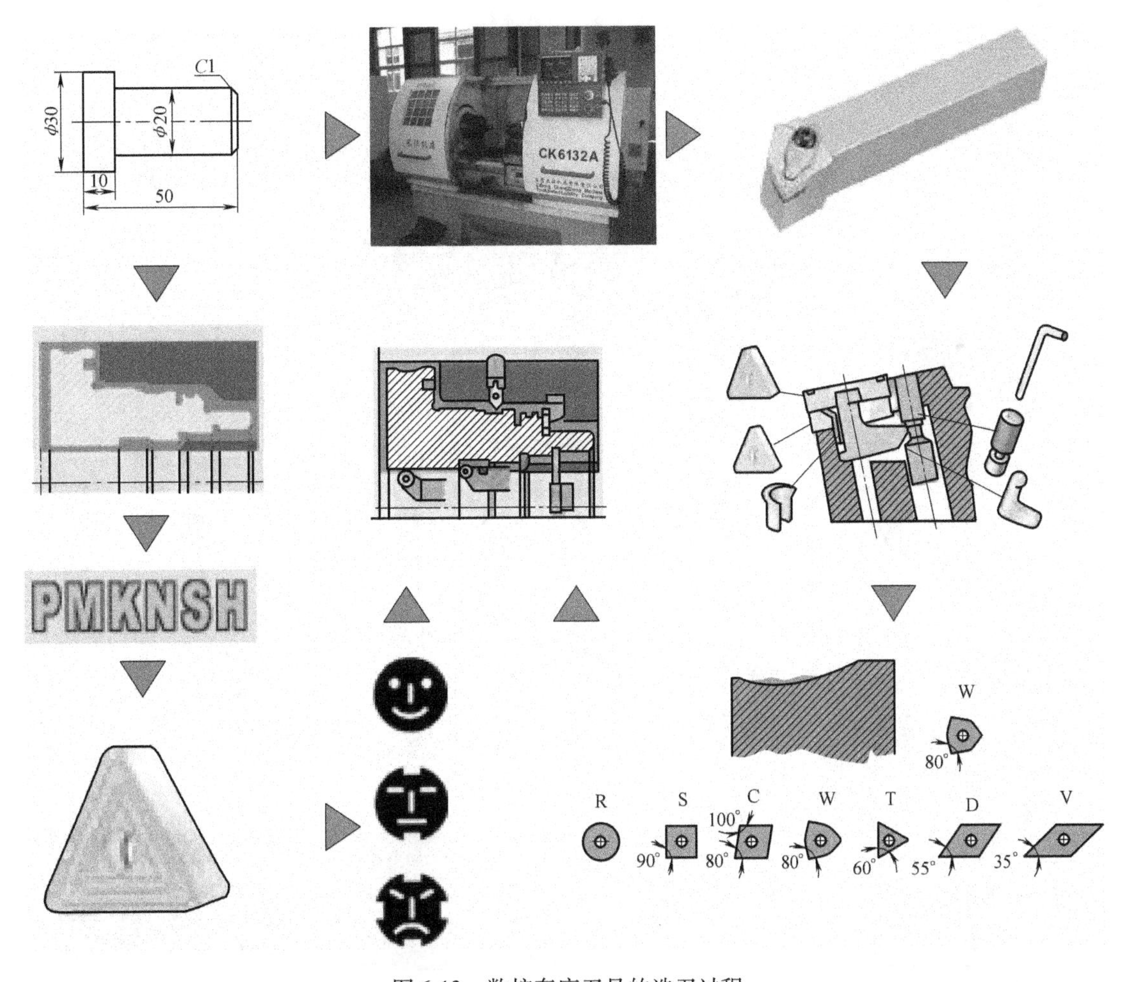

图6-13　数控车床刀具的选刀过程

2）刀具附件：刀柄的形状和直径，左切和右切刀柄。

3）主轴功率。

4）工件夹持方式。

（2）选择刀杆及夹紧方式　可根据表6-3所列内容来选择刀杆。其中，刀杆代码及含义如图6-15所示。

图6-14　现有机床设备

选用刀杆时，首先应选用尺寸尽可能大的刀杆，同时要考虑以下几个因素：

1）夹持方式。

2）切削层截面形状，即背吃刀量和进给量。

3）刀柄的悬伸。

（3）选择刀片形状　常用刀片形状如图6-16所示。主要参数选择方法如下：

1）刀尖角。刀尖角的大小决定了刀片的强度。在工件结构形状和系统刚度允许的前提下，应选择尽可能大的刀尖角。通常这个角度在35°～90°之间。

表 6-3 刀杆选择

名称和外形	特点 刀柄尺寸 $\left(\frac{高}{mm}\times\frac{宽}{mm}\times\frac{长}{mm}\right)$	外圆切削 端面切削		外圆切削 成形切削			外圆切削
		θ=95°		θ=93°		θ=62°30′ 72°30′	θ=90°
LL 车刀 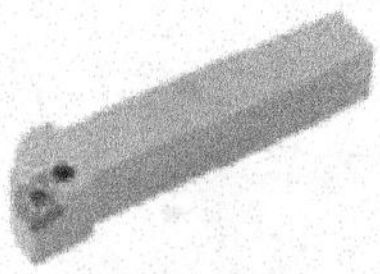	1) 杠杆锁紧 2) 符合ISO标准 3) 多种车刀形状 4) 轻～重切削均可使用 5) 经济的负角型刀片 10×10×70 12×12×80 16×16×100 20×20×125 25×25×150 32×25×170 32×32×170	PCLN C010	PWLN C029	PDJN C012			PTGN C020
双重夹紧式车刀 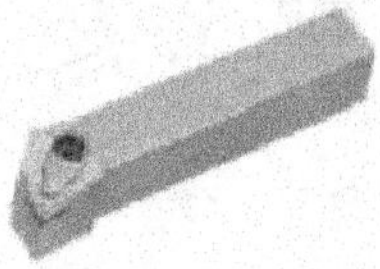	1) 新型双重夹紧式 2) 稳固夹紧刀片 3) 刀尖定性精度高 4) 经济的负角型刀片 5) 小型刀片已系列化 16×16×100 20×20×125 25×25×150 32×25×170	DCLN C010	DWLN C029	DDJN C012	DVJN C026	DVVN C027	DTGN C029
重切削用 双重夹紧式车刀 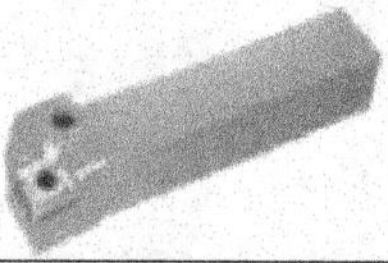	1) 双重夹紧式 2) 稳固夹紧刀片 3) 适用于重切削 4) 负角型刀片 32×32×170 40×40×200	MCLN C011					

名称和外形	特点	θ=75°	θ=91°	θ=93°		
阻尼镗刀杆 	1) 最小加工直径φ10mm 2) 使用5°、7°、11° 正角刀片 3) 刀头有凹槽、重量轻，防振效果优异 4) U_d=3～5(硬质合金刀杆U_d=7～8)			FSTUP E007	FSDUC E003	FSVUB/C E011
双重夹紧式阻尼镗刀杆 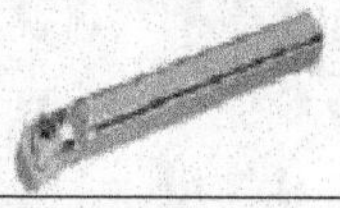	1) 最小加工直径φ32mm 2) 使用直角刀片 3) 操作使键型双重夹紧式 4) 刀头有凹槽、重量轻，防振效果优异(带冷却孔) 5) U_d=3～4	DSKN E014	DTFN E014	DDUN E013	DVUN E015	
F型镗刀杆 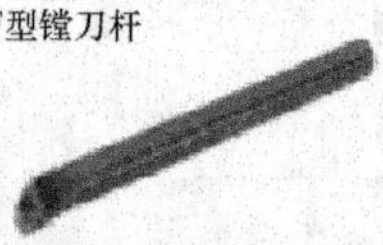	1) 最小加工直径φ5～φ8mm 2) 使用11° 正角刀片 3) 为螺钉夹紧式及压板夹紧式 4) U_d=3～5 5) FSWL型使用7° 正角刀片			FSTU E025	FCTU E026	
S型镗刀杆 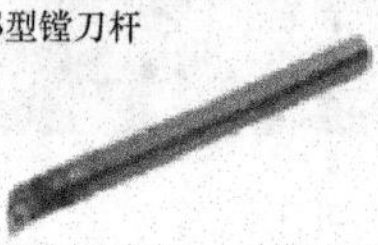	1) 最小加工直径φ11mm 2) ISO标准规格 3) 使用7° 正角刀片 4) 螺钉夹紧式 5) U_d=3～6 (硬质合金刀杆U_d=5～7)	SSKC E033	STFC E028	SDUC E029	SVUC E033	
P型镗刀杆 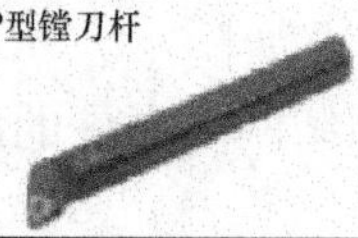	1) 最小加工直径φ25mm 2) ISO标准规格 3) 使用经济性好的负角刀片 4) 杠杆锁紧式、销夹紧式 5) U_d=3	PSKN F035	PTFN F035	PDUN F036		

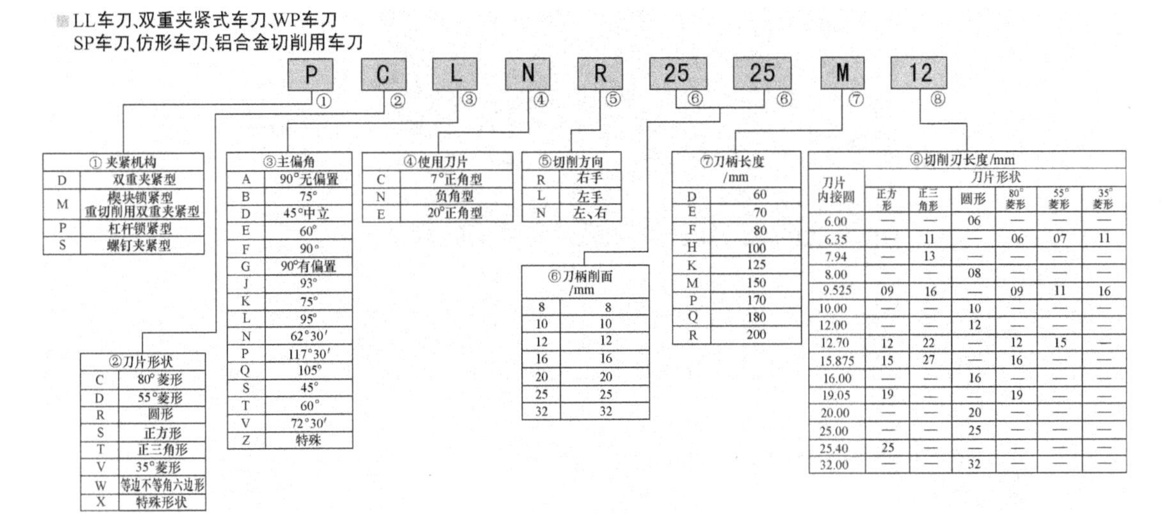

①夹紧机构	
D	双重夹紧型
M	楔块锁紧型 重切削用双重夹紧型
P	杠杆锁紧型
S	螺钉夹紧型

②刀片形状	
C	80°菱形
D	55°菱形
R	圆形
S	正方形
T	正三角形
V	35°菱形
W	等边不等角六边形
X	特殊形状

③主偏角	
A	90°无偏置
B	75°
D	45°中立
E	60°
F	90°
G	90°有偏置
J	93°
K	75°
L	95°
N	62°30′
P	117°30′
Q	105°
S	45°
T	60°
V	72°30′
Z	特殊

④使用刀片	
C	7°正角型
N	负角型
E	20°正角型

⑤切削方向	
R	右手
L	左手
N	左、右

⑥刀柄削面/mm	
8	8
10	10
12	12
16	16
20	20
25	25
32	32

⑦刀柄长度/mm	
D	60
E	70
F	80
H	100
K	125
M	150
P	170
Q	180
R	200

⑧切削刃长度/mm						
刀片内接圆	刀片形状					
	正方形	正三角形	圆形	80°菱形	55°菱形	35°菱形
6.00	—	—	06	—	—	—
6.35	—	11	—	06	07	11
7.94	—	13	—	—	—	—
8.00	—	—	08	—	—	—
9.525	09	16	—	09	11	16
10.00	—	—	10	—	—	—
12.00	—	—	12	—	—	—
12.70	12	22	—	12	15	—
15.875	15	27	—	16	—	—
16.00	—	—	16	—	—	—
19.05	19	—	—	19	—	—
20.00	—	—	20	—	—	—
25.00	—	—	25	—	—	—
25.40	25	—	—	—	—	—
32.00	—	—	32	—	—	—

图 6-15　刀杆代码及含义

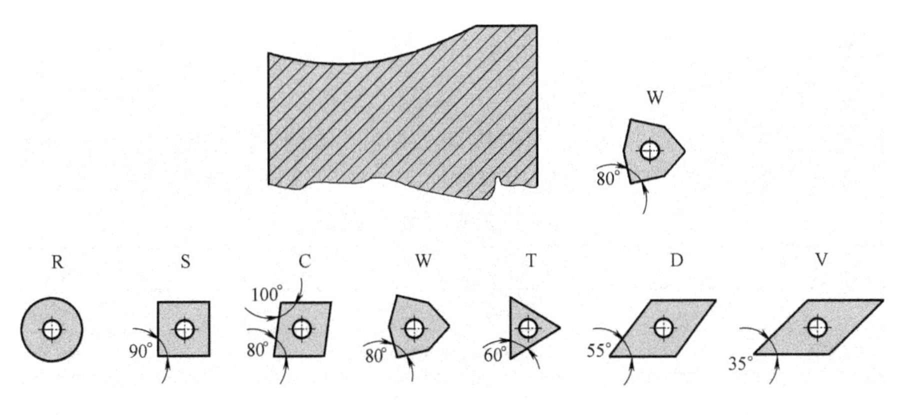

图 6-16　选择刀片形状

2）刀片形状。刀片形状主要依据被加工工件的表面形状、切削方法、刀具寿命和刀片的转位次数等因素选择。正三角形刀片可用于主偏角为 60°或 90°的外圆车刀、端面车刀和内孔车刀。由于此刀片刀尖角小、强度差、寿命短，故只宜用较小的切削用量。正方形刀片的刀尖角为 90°，比正三角形刀片的 60°要大，因此其强度和散热性能均有所提高。这种刀片通用性较好，主要用于主偏角为 45°、60°、75°等的外圆车刀、端面车刀和镗孔刀。正五边形刀片的刀尖角为 108°，其强度、寿命长，散热面积大。但切削时径向力大，只宜在加工系统刚度较好的情况下使用。菱形刀片和圆形刀片主要用于成形表面和圆弧表面的加工，其形状及尺寸可结合加工对象参照国家标准来确定。

（4）工件影响因素　工件影响因素如图 6-17 所示。选择刀具时，必须考虑以下与工件有关的因素：

1）工件形状：稳定性。

2）工件材质：硬度、塑性、韧性、可能形成的切屑类型。

3）毛坯类型：锻件、铸件等。

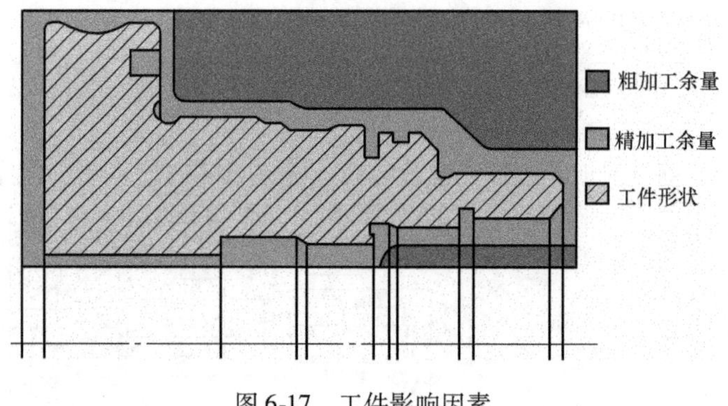

图 6-17 工件影响因素

4）工艺系统刚度：机床夹具、工件、刀具等。

5）表面质量。

6）加工精度。

7）切削深度。

8）进给量。

9）刀具寿命。

（5）选择工件材料代码 按照不同的机加工性能，加工材料分成 6 个工件材料组，它们分别和一个字母和一种颜色对应，以确定被加工工件的材料组符号代码，见表 6-4。

表 6-4 选择工件材料代码

加工材料组		代 码
钢	合金钢、高合金钢	P（蓝）
不锈钢和铸钢	铁素体—奥氏体钢	M（黄）
铸铁	可锻铸铁，灰铸铁，球墨铸铁	K（红）
NF 金属	非铁金属和非金属材料	N（绿）
难切削材料	以镍或钴合金，钛合金及难切削加工的高合金钢	S（棕）
硬材料	淬硬钢，淬硬铸件，锰钢	H（白）

工件材料的硬度对刀具寿命影响很大，刀片生产厂家以硬度 180HBW 为标准制定切削速度的修正值，如果工件的硬度不同，需要将此修正值与标准的切削速度值相乘，得到相应工件材料硬度的合理切削速度值，如图 6-18 所示。

（6）确定刀片的断屑槽型 “确定刀片的断屑槽型”图标见表 6-5。按加工的背吃刀量和合适的进给量，根据刀具选用手册来确定刀片的断屑槽型代码。

（7）选择加工脸谱及切削范围 “选择加工脸谱”图标如图 6-19 所示，三类脸谱分别代表了不同的加工条件：稳定切削、一般切削、不稳定切削。切削范围 F 代表精加工，S 代表轻切削，M 代表中等切削，G 代表准重切削，H 代表重切削。

（8）选定刀具 “选定刀具”图标如图 6-20 所示。选定工作分为以下两方面：

1）选定刀片材料。根据被加工工件的材料组符号标记、刀片的断屑槽型、加工条件，参考刀具手册就可选出刀片材料代号。

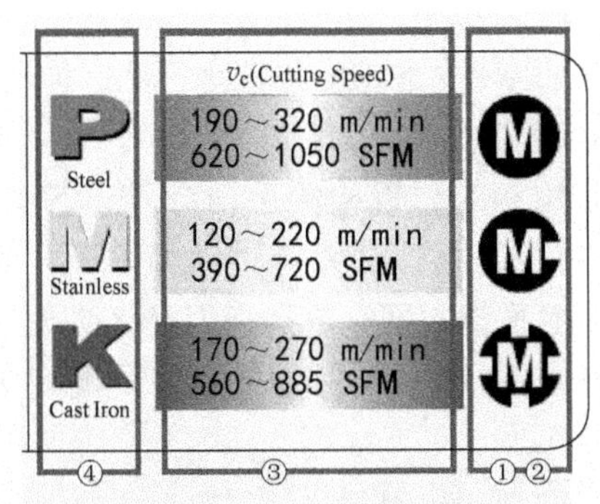

①表示加工形态。
●稳定切削　◐一般切削　✤不稳定切削

②表示切削范围。
F:精加工范围(a_p=0.5 mm以下)　S:轻切削范围(a_p=0.5～1.5mm)
M:中切削范围(a_p=1.5～4.0 mm)　G:准重切削(a_p=4.0～7.0 mm)

③表示切削速度范围。
(重视加工效率的速度)–(重视刀具寿命的速度)
●重视加工效率的速度:以15 min寿命为标准的切削速度。
●重视刀具寿命的速度:以90 min寿命为标准的切削速度。

④表示工件材料分类。
P:钢(参考工件材料:碳钢、合金钢180HBW)
M:不锈钢(参考工件材料:奥氏体类不锈钢180HBW)
K:铸铁(参考工件材料:灰铸铁、球墨铸铁180HBW)

工件材料分类代号	软 ← (工件材料硬度) → 硬			
	140HBW	180HBW	220HBW	260HBW
P	1.19	1.0	0.85	0.75
M	1.23	1.0	0.85	0.72
K	1.19	1.0	0.91	0.85

图6-18　刀片切削速度推荐值及修正值

表6-5　刀片的切断槽型图标

形状	型号	L_3/mm	L_4/mm	形状	型号	L_3/mm	L_4/mm
L_3 L_3 25° 20° 本图所示为右手刀(R)	DEGX150402R/L–F 150404R/L–F	2.5 2.5	— —	L_3 L_3 13° 20° 本图所示为右手刀(R)	VBGT110302R/L–F 110304R/L–F 160402R/L–F 160404R/L–F	1.0 1.0 1.5 1.5	— — — —
L_3 15° L_4 本图所示为右手刀(R)	SPGR090304R/L	1.8	1.6	L_3 L_3 30° 20° 本图所示为右手刀(R)	VBET1103V3R/L–SR 110301R/L–SR 110302R/L–SR 110304R/L–SR	2.5 2.5 2.5 2.5	— — — —
L_3 L_3 14° 20° 本图所示为左手刀(L)	TCGT0601V3L–F 060101L–F 060102R/L–F 060104R/L–F	1.0 1.0 1.0 1.0	— — — —	L_3 20° 本图所示为右手刀(R)	VBET110300R/L–SN 1103V3R/L–SN 110301 R/L–SN 110302 R/L–SN 110304 R/L–SN	1.0 1.0 1.0 1.0 1.0	— — — —
L_3 20° L_4 本图所示为右手刀(R)	TEGX 160302R/L 160304R/L	2.0 2.0	6.0 6.0	L_3 20° 本图所示为右手刀(R)	VBET1103V3 R/LW–SN	1.0	—

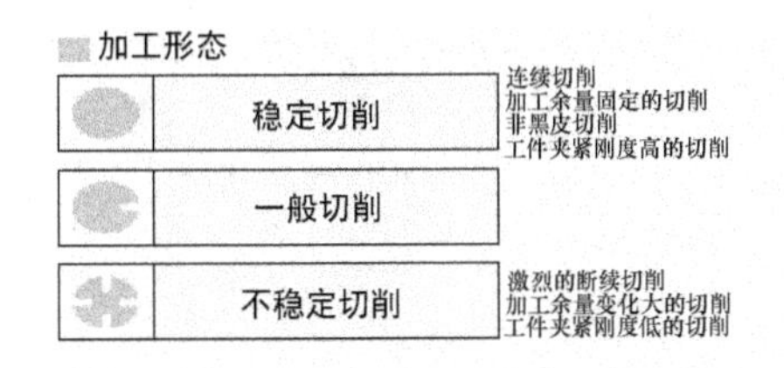

加工形态
稳定切削
连续切削
加工余量固定的切削
非黑皮切削
工件夹紧刚度高的切削
一般切削
不稳定切削
激烈的断续切削
加工余量变化大的切削
工件夹紧刚度低的切削

切削范围

F	精加工范围	(a_p≤0.5mm)
S	轻切削范围	(a_p=0.5～1.5mm)
M	中等切削范围	(a_p=1.5～4.0mm)
G	准重切削范围	(a_p=4.0～7.0mm)
H	重切削范围	(a_p=7.0～10mm)

图6-19　加工脸谱

2）选定刀具。根据工件加工表面轮廓，从刀杆手册中选择与工件相对应的刀杆。根据选择好的刀杆，从刀片手册中选择与刀杆配对的刀片。至此，完成刀具选择。

5. 对刀

数控车削加工中，应首先确定零件的加工原点，以建立准确的加工坐标系，同时考虑刀具的不同尺寸对加工的影响。这些都需要通过对刀来解决。

（1）试切法对刀　试切法对刀是指在机床上使用相对位置检测手动对刀。下面以 Z 向对刀为例说明对刀方法，如图 6-21 所示。刀具安装后，先移动刀具手动切削工件右端面，再沿 X 向退刀，将右端面与加工原点距离 N 输入数控系统，即完成这把刀具 Z 向对刀过程。手动对刀是基本对刀方法，但它还是属于传统车床的“试切→测量→调整”的对刀模式，占用较多的时间。此方法较为落后。

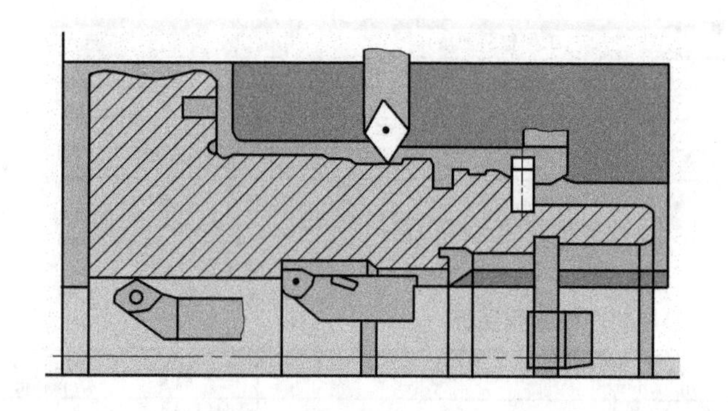

图 6-20　选定刀具

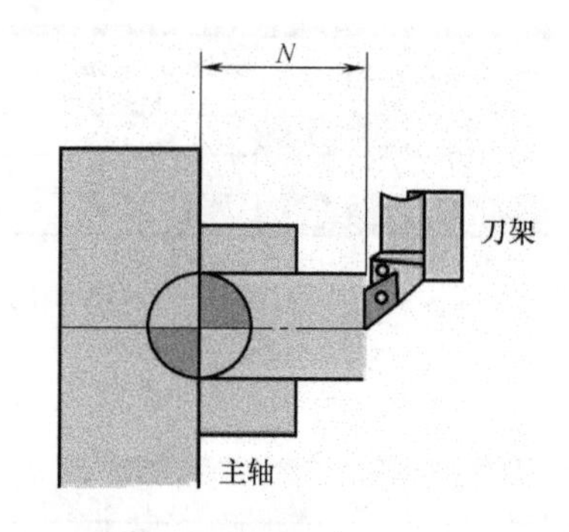

图 6-21　相对位置检测对刀

（2）机外对刀仪对刀　机外对刀的本质是测量出刀具假想刀尖点到刀具台基准之间 X 及 Z 方向的距离。利用机外对刀仪可将刀具预先在机床外校对好，装入机床后将对刀长度输入相应刀具补偿号即可以使用，如图 6-22 所示。

（3）自动对刀　自动对刀是通过刀尖检测系统实现的，刀尖以设定的速度向接触式传感器接近，当刀尖与传感器接触并发出信号，数控系统立即记下该瞬间的坐标值，并自动修正刀具补偿值。自动对刀过程如图 6-23 所示。

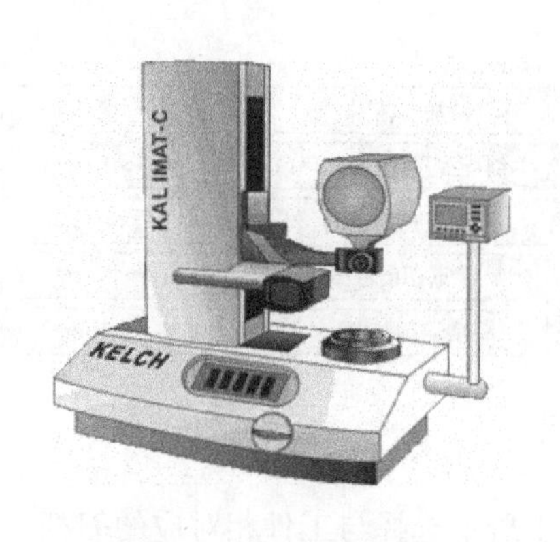

图 6-22　机外对刀仪对刀

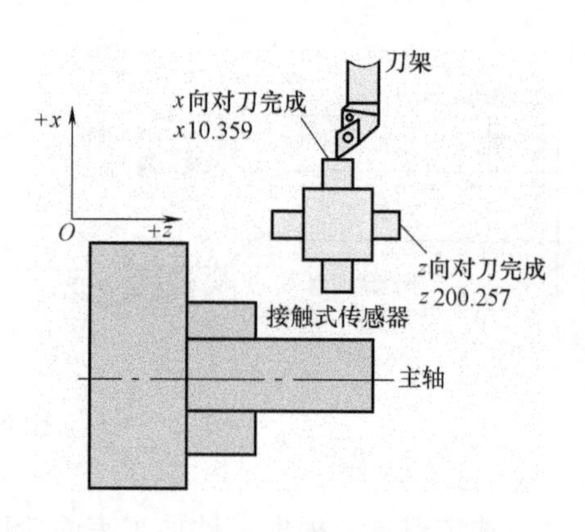

图 6-23　自动对刀

6.3　确定定位与装夹方案

6.3.1　曲面轴加工定位基准的确定

数控加工中，力求设计基准、定位基准、毛坯加工原点重合。确定毛坯轴线和左端大端面（设计基准）为定位粗精基准。

6.3.2　曲面轴装夹方案的确定

曲面轴零件较长，为保证零件加工中不发生变形，工件具有足够的刚度，左端采用自定心卡盘定心夹紧，右端采用活动顶尖支承的装夹方式。

6.4　拟定曲面轴零件工艺路线

6.4.1　曲面轴加工进给路线设计

加工顺序按由粗到精、由近到远（由右到左）的原则确定。即先从右到左粗车（留0.30mm精车余量）外圆轮廓表面→从右到左精车外圆轮廓表面→切槽→粗车双线螺纹M30→精车双线螺纹M30→去毛刺。

数控车床具有粗车循环和车螺纹循环功能，只要正确使用循环编程指令，机床数控系统就会自动确定其进给路线，因此，该零件的粗车循环和车螺纹循环不需要人为确定其进给路线，但精车的进给路线需要人为确定。该零件从右到左沿零件表面轮廓精车进给，进给路线如图6-24所示。

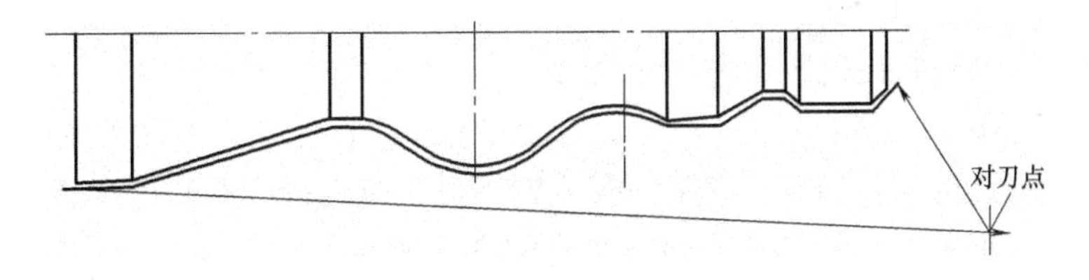

图6-24　精车轮廓进给路线

6.4.2　曲面轴加工刀具选择

根据前节介绍的刀具及刀片的相关知识，针对曲面轴零件材料为45钢，无处理及硬度要求，选择刀具如下：

1）选用ϕ5mm中心钻钻削中心孔。

2）粗车及平端面选用90°硬质合金右偏刀，为防止副后刀面与工件轮廓干涉（可用作图法检验），副偏角不宜太小，选$\kappa_r' = 35°$。

3）精车选用95°硬质合金右偏刀，粗精车螺纹选用硬质合金60°外螺纹车刀，刀尖圆弧半径应小于轮廓最小圆角半径，取$r_\varepsilon = 0.15 \sim 0.2$mm。

4）切槽刀，选用槽宽为$B = 2.5$mm，分两次切削完成。

曲面轴加工刀具选择表，见表6-6。

表6-6　曲面轴加工刀具表

（工序号）		工序刀具清单		共1页第1页				
序号	刀具名称	刀具规格				备注（长度要求）		
		型号	刀号	刀片规格标记	刀尖圆弧半径 r_ε/mm			
1	90°外圆粗车刀	MCLNL2020K09	T01	CNMG090308-UM	0.2			
2	95°外圆精车刀	SVJCL1616K16-S	T02	VCMT160404-UM	0.4			
3	切槽刀	QA1616R04	T03	Q04				
4	外螺纹刀	60°普通三角外螺纹	T04	MMTER1212H16-C				
				设计	校对	审核	标准化	会签
处数	标记	更改文件号						

6.5　确定曲面轴切削用量

6.5.1　数控车削切削用量的确定

1. 背吃刀量 a_p 的确定

在工艺系统刚度和机床功率允许的情况下，尽可能选取较大的背吃刀量，以减少进给次数。当零件精度要求较高时，则应考虑留出精车余量，其所留的精车余量一般比普通车削时所留余量小，常取0.1～0.5mm。

2. 进给量 f（有些数控机床用进给速度 v_f）

进给量 f 的选取应该与背吃刀量和主轴转速相适应。在保证工件加工质量的前提下，可以选择较高的进给速度。在切断、车削深孔或精车时，应选择较低的进给速度。当刀具空行程特别是远距离“回零”时，可以设定尽量高的进给速度。

粗车时，一般取 $f=0.3～0.8$mm/r，精车时常取 $f=0.1～0.3$mm/r，切断时取 $f=0.05～0.2$mm/r。

3. 主轴转速的确定

（1）光车外圆时主轴转速　光车外圆时主轴转速应根据零件上被加工部位的直径，并按零件和刀具材料以及加工性质等条件所允许的切削速度来确定。

切削速度除了计算和查表选取外，还可以根据实践经验确定。需要注意的是，交流变频调速的数控车床低速输出力矩小，因而切削速度不能太低。

切削速度确定后，用公式 $n=1000v_c/\pi d$ 计算主轴转速 n。表6-7为硬质合金外圆车刀切削速度的参考值。

如何确定加工时的切削速度，除了可参考表6-7列出的数值外，主要根据实践经验进行确定。

表6-7　硬质合金外圆车刀切削速度的参考值

工件材料	热处理状态	a_p/mm		
		(0.3，2]	(2，6]	(6，10]
		f/(mm/r)		
		(0.08，0.3]	(0.3，0.6]	(0.6，1)
		v_c(m/min)		
低碳钢、易切钢	热轧	140～180	100～120	70～90
中碳钢	热轧	130～160	90～110	60～80
	调质	100～130	70～90	50～70
合金结构钢	热轧	100～130	70～90	50～70
	调质	80～110	50～70	40～60
工具钢	退火	90～120	60～80	50～70
灰铸铁	<190HBW	90～120	60～80	50～70
	190～225HBW	80～110	50～70	40～60
高锰钢	—	—	10～20	—
铜及铜合金	—	200～250	120～180	90～120
铝及铝合金	—	300～600	200～400	150～200
铸铝合金(w_{Si}=13%)	—	100～180	80～150	60～100

注：切削钢及灰铸铁时刀具寿命约为60min。

(2) 车螺纹时主轴的转速　在车削螺纹时，车床的主轴转速将受到螺纹的螺距P（或导程）、驱动电动机的升降频特性，以及螺纹插补运算速度等多种因素影响，故对于不同的数控系统，推荐不同的主轴转速选择范围。大多数经济型数控车床车螺纹时的主轴转速n（单位为r/min）采用以下经验公式计算。

$$n \leqslant 1200/P - k \tag{6-1}$$

式中　P——被加工螺纹螺距（mm）；

k——保险系数，一般取为80。

此外，在安排粗、精车削用量时，应注意机床说明书给定的允许切削用量范围，对于主轴采用交流变频调速的数控车床，由于主轴在低转速时转矩降低，尤其应注意此时的切削用量选择。

6.5.2　曲面轴切削用量

(1) 背吃刀量的选择　轮廓粗车循环时选a_p=3 mm，精车时选a_p=0.25mm；螺纹粗车时选a_p=0.4mm，逐刀减少，精车时选a_p=0.1mm。

（2）主轴转速的选择　车直线或圆弧时，查表6-7选择粗车切削速度 $v_c = 90\text{m/min}$，精车切削速度 $v_c = 120\text{m/min}$，然后利用公式 $v_c = \pi dn/1000$ 计算主轴转速 n（粗车直径 $D = 60\text{mm}$，精车工件直径取平均值）：粗车时 $n = 500\text{r/min}$；精车时 $n = 1200\text{r/min}$；车螺纹时，参照式（6-1）计算主轴转速 $n = 320\text{r/min}$。

（3）进给速度的选择　查车削用量表选择粗车、精车每转进给量，再根据加工的实际情况确定粗车每转进给量为0.4mm/r，精车每转进给量为0.15mm/r，最后根据公式 $v_f = nf$ 计算粗车、精车进给速度分别为200 mm /min 和180 mm/min。

6.6 编制工艺文件

6.6.1 曲面轴数控加工工艺过程卡

曲面轴零件数控加工工艺过程卡见表6-8。

表6-8 曲面轴零件数控加工工艺过程卡

<table>
<tr><td>材料</td><td>45 钢</td><td>毛坯种类</td><td>棒料</td><td>毛坯尺寸</td><td>ϕ60mm × 185mm</td><td rowspan="2">加工设备</td></tr>
<tr><td>序号</td><td>工序名称</td><td colspan="4">工作内容</td></tr>
<tr><td>1</td><td>备料</td><td colspan="4">ϕ60mm × 185mm</td><td>锯床</td></tr>
<tr><td>2</td><td>钻中心孔</td><td colspan="4">钻 ϕ5mm 中心孔</td><td>$C_2$6136HK</td></tr>
<tr><td>3</td><td>数控车工</td><td colspan="4">粗、精车右端面，粗车、精车外圆轮廓</td><td>$C_2$6136HK</td></tr>
<tr><td>4</td><td>数控车工</td><td colspan="4">切槽</td><td>手工</td></tr>
<tr><td>5</td><td>数控车工</td><td colspan="4">粗、精车 M30 双线螺纹</td><td>$C_2$6136HK</td></tr>
<tr><td>6</td><td>钳工</td><td colspan="4">去毛刺</td><td>手工</td></tr>
<tr><td>7</td><td>检验</td><td colspan="4">按图样要求检验</td><td>检验台</td></tr>
<tr><td></td><td></td><td colspan="4"></td><td></td></tr>
<tr><td></td><td></td><td colspan="4"></td><td></td></tr>
<tr><td></td><td></td><td colspan="4"></td><td></td></tr>
<tr><td></td><td></td><td colspan="4"></td><td></td></tr>
<tr><td></td><td></td><td colspan="4"></td><td></td></tr>
<tr><td>编制</td><td></td><td>审核</td><td></td><td>批准</td><td></td><td>共　页　　第　页</td></tr>
</table>

6.6.2 曲面轴数控加工工序卡

曲面轴零件数控加工工序卡见表6-9。

表6-9　曲面轴零件数控加工工序卡

全工序	机械加工工序卡片	产品型号	01	
		产品名称	曲面轴	
		设备	夹具	量具
		$C_26136HK$	自定心卡盘及顶尖	千分尺、游标卡尺、M30 环规
		程序号	工序工时/min	
			准终工时/min	单件工时/min

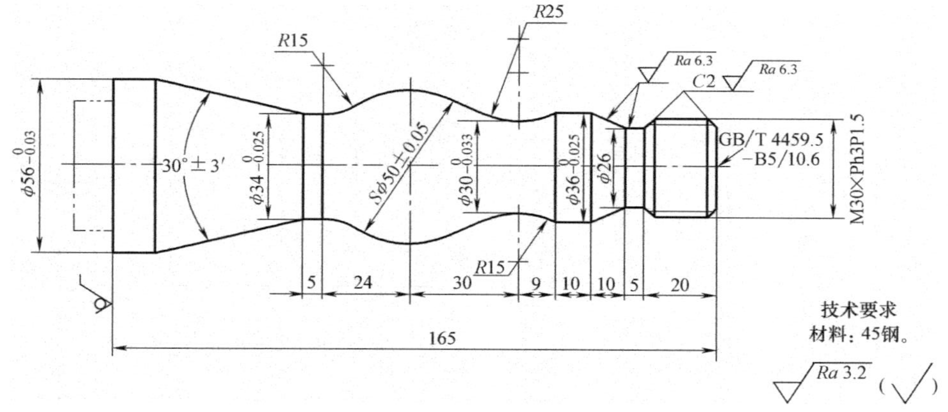

技术要求

材料：45钢。

Ra 3.2 (√)

工步号	工步内容	v_c/(m/min)	n/(r/min)	a_p/mm	v_f/(mm/min)	冷却方式	刀号
		切削参数					
5	检查毛坯尺寸						
10	粗精车、右端面，保证总长	180	1000	1	150	水冷	
15	粗车外圆轮廓，单边留精加工余量0.3mm	90	500	3	200	水冷	
20	精车外圆轮廓，符合图样要求	120	1200	0.25	180	水冷	
25	切槽	180	300	1	30	水冷	
30	粗车双线螺纹 M30×Ph3P1.5	180	320	0.4	3	水冷	
35	精车双线螺纹 M30×Ph3P1.5，达到图样要求	200	320	0.1	3	水冷	
40	去毛刺						
45	检验，入库						
			设计	校对	审核	标准化	会签
标记	处数	更改文件号					

6.7 考核评价小结

1. 形成性考核评价（30%）

曲面轴类形成性考核评价由教师根据考勤、学生课堂表现等进行考核评价，其评价表见表6-10。

表6-10 曲面轴类零件形成性考核评价表

小组	成员	考勤	课堂表现	汇报人	补充发言 自由发言
1					
2					
3					

2. 工艺设计考核评价（70%）

曲面轴类零件工艺设计考核评价由学生自评、小组内互评和教师评价三部分组成，其评价表见表6-11。

表6-11 曲面轴类零件工艺设计考核评价表

项目名称							
号	评价项目	扣分标准	配分	自评 （15%）	互评 （20%）	教评 （65%）	得分
1	定位基准的选择	不合理，扣5～10分	10				
2	确定装夹方案	不合理，扣5分	5				
3	拟定工艺路线	不合理，扣10～20分	20				
4	确定加工余量	不合理，扣5～10分	10				
5	确定工序尺寸	不合理，扣5～10分	10				
6	确定切削用量	不合理，扣1～10分	10				
7	机床夹具的选择	不合理，扣5分	5				
8	刀具的确定	不合理，扣5分	5				
9	工序图的绘制	不合理，扣5～10分	10				
10	工艺文件内容	不合理，扣5～15分	15				
互评小组：				指导教师：		项目得分：	
备注				合计：			

拓展练习

完成图6-25所示螺纹轴的加工工艺。

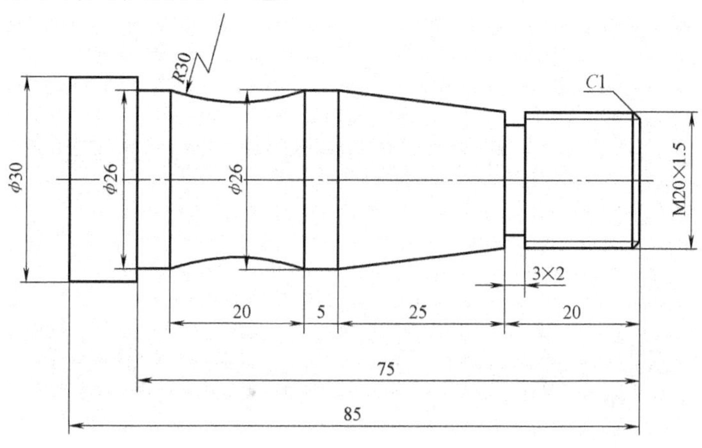

图6-25　螺纹轴

附　　录

附录 A　机械加工工艺设计课程实习任务书

机械加工工艺设计课程实习任务书

A.1 车削台阶轴零件任务单

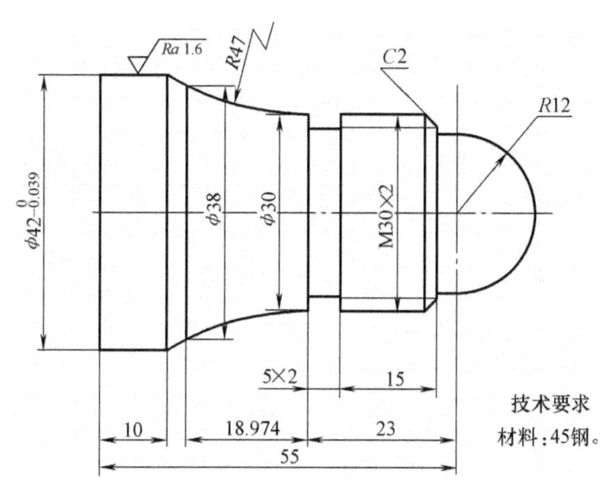

附图 A-1 台阶轴零件图

A.1.1 选择毛坯

A.1.2 确定装夹方案

（1）定位基准

（2）确定夹具

（3）装夹简图

A.1.3 确定加工路线

A.1.4 确定刀具

刀 具 卡 片

<table>
<tr><td colspan="2">（工序号）</td><td colspan="2">工序刀具清单</td><td colspan="5">共1页　第1页</td></tr>
<tr><td rowspan="2">序号</td><td rowspan="2">刀具名称</td><td colspan="4">刀具规格</td><td colspan="3">备注（长度要求）</td></tr>
<tr><td>型号</td><td>刀号</td><td>刀片规格标记</td><td>刀尖圆弧
半径 r_ε/mm</td><td colspan="3"></td></tr>
<tr><td></td><td></td><td></td><td></td><td></td><td></td><td colspan="3"></td></tr>
<tr><td></td><td></td><td></td><td></td><td></td><td></td><td colspan="3"></td></tr>
<tr><td></td><td></td><td></td><td></td><td></td><td></td><td colspan="3"></td></tr>
<tr><td></td><td></td><td></td><td></td><td></td><td></td><td colspan="3"></td></tr>
<tr><td></td><td></td><td></td><td></td><td></td><td></td><td colspan="3"></td></tr>
<tr><td colspan="2"></td><td></td><td></td><td>设计</td><td>校对</td><td>审核</td><td>标准化</td><td>会签</td></tr>
<tr><td>处数</td><td>标记</td><td colspan="3">更改文件号</td><td></td><td></td><td></td><td></td></tr>
</table>

A.1.5 确定机床

A.1.6 确定切削用量

（1）粗加工

（2）精加工

A.1.7 填写机械加工工艺过程卡

机械加工工艺过程卡片

(院系及班级)	机械加工工艺过程卡片	零件图号				共 页	
		零件名称				第 页	
材料牌号		毛坯种类		毛坯外形尺寸		每件毛坯可制件数	每台件数
工序号	工序内容	车间	工段	设备	工艺装备	工时/min	
						准终	单件
01							
02							
03							

A.1.8 填写机械加工工序卡

机械加工工序卡片

(院系及班级)	机械加工工序卡片	零件图号			共 页
		零件名称			第 页
		车间	工序号	工序名称	材料牌号
		毛坯种类	毛坯外形尺寸	每件毛坯可制件数	每台件数
		设备名称	设备型号	设备编号	同时加工件数
		夹具编号		夹具名称	切削液
		工位器具编号		工位器具名称	工序工时/min
					准终 / 单件

工步号	工步内容	工艺装备	主轴转速/(r/min)	切削速度/(m/min)	进给量/(mm/r)	背吃刀量/mm	进给次数	工时定额/min	
								基本	辅助

A.2 车削双头轴零件任务单

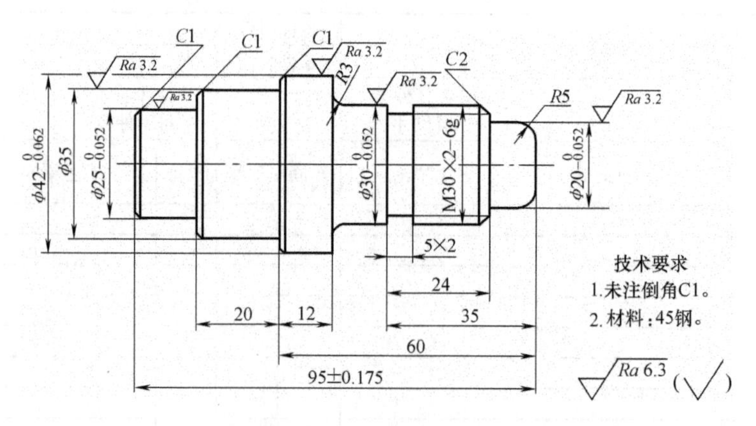

附图 A-2　双头轴零件图

A.2.1　选择毛坯

A.2.2　确定装夹方案

（1）定位基准

（2）确定夹具

（3）装夹简图

A.2.3　确定加工路线

A. 2. 4　确定刀具

刀 具 卡 片

<table>
<tr><td colspan="2">（工序号）</td><td colspan="2">工序刀具清单</td><td colspan="5">共 1 页　　第 1 页</td></tr>
<tr><td rowspan="2">序号</td><td rowspan="2">刀具名称</td><td colspan="4">刀具规格</td><td colspan="3">备注（长度要求）</td></tr>
<tr><td>型号</td><td>刀号</td><td>刀片规格标记</td><td>刀尖圆弧
半径 r_ε/mm</td><td colspan="3"></td></tr>
<tr><td></td><td></td><td></td><td></td><td></td><td></td><td colspan="3"></td></tr>
<tr><td></td><td></td><td></td><td></td><td></td><td></td><td colspan="3"></td></tr>
<tr><td></td><td></td><td></td><td></td><td></td><td></td><td colspan="3"></td></tr>
<tr><td></td><td></td><td></td><td></td><td></td><td></td><td colspan="3"></td></tr>
<tr><td></td><td></td><td></td><td></td><td></td><td></td><td colspan="3"></td></tr>
<tr><td colspan="2"></td><td></td><td></td><td>设计</td><td>校对</td><td>审核</td><td>标准化</td><td>会签</td></tr>
<tr><td>处数</td><td>标记</td><td colspan="3">更改文件号</td><td></td><td></td><td></td><td></td></tr>
</table>

A. 2. 5　确定机床

A. 2. 6　确定切削用量

（1）粗加工

（2）精加工

A. 2. 7 填写机械加工工艺过程卡

机械加工工艺过程卡片

(院系及班级)	机械加工工艺过程卡片		零件图号			共 页	
			零件名称			第 页	
材料牌号		毛坯种类		毛坯外形尺寸		每件毛坯可制件数	每台件数
工序号	工序内容	车间	工段	设备	工艺装备	工时/min	
						准终	单件
01							
02							
03							

A. 2. 8 填写机械加工工序卡

机械加工工序卡片

(院系及班级)	机械加工工序卡片	零件图号			共 页
		零件名称			第 页
		车间	工序号	工序名称	材料牌号
		毛坯种类	毛坯外形尺寸	每件毛坯可制件数	每台件数
		设备名称	设备型号	设备编号	同时加工件数
		夹具编号		夹具名称	切削液
		工位器具编号		工位器具名称	工序工时/min
					准终 单件

工步号	工步内容	工艺装备	主轴转速/(r/min)	切削速度/(m/min)	进给量/(mm/r)	背吃刀量/mm	进给次数	工时定额/min	
								基本	辅助

A.3　缸套零件任务单

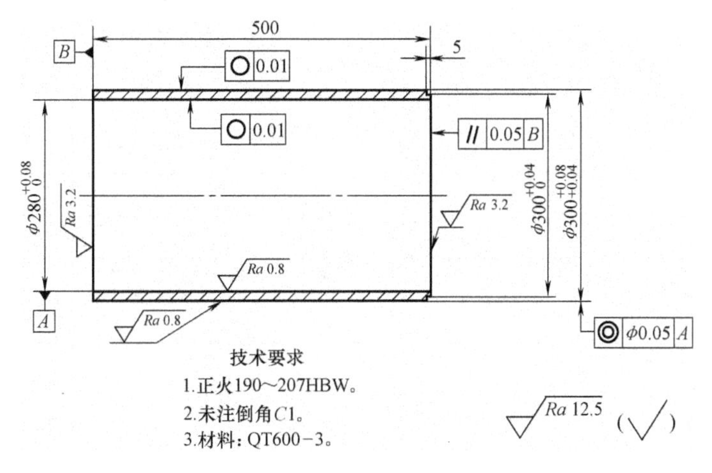

附图 A-3　缸套

A.3.1　选择毛坯

A.3.2　确定装夹方案

（1）定位基准

（2）确定夹具

（3）装夹简图

A.3.3　确定加工路线

A. 3. 4　确定刀具

刀 具 卡 片

<table>
<tr><td colspan="2">（工序号）</td><td colspan="2">工序刀具清单</td><td colspan="5">共 1 页　　第 1 页</td></tr>
<tr><td rowspan="2">序号</td><td rowspan="2">刀具名称</td><td colspan="4">刀具规格</td><td colspan="3">备注（长度要求）</td></tr>
<tr><td>型号</td><td>刀号</td><td>刀片规格标记</td><td>刀尖圆弧
半径 $r_ε$/mm</td><td colspan="3"></td></tr>
<tr><td>1</td><td></td><td></td><td></td><td></td><td></td><td colspan="3"></td></tr>
<tr><td>2</td><td></td><td></td><td></td><td></td><td></td><td colspan="3"></td></tr>
<tr><td>3</td><td></td><td></td><td></td><td></td><td></td><td colspan="3"></td></tr>
<tr><td>4</td><td></td><td></td><td></td><td></td><td></td><td colspan="3"></td></tr>
<tr><td></td><td></td><td></td><td></td><td></td><td></td><td colspan="3"></td></tr>
<tr><td></td><td></td><td></td><td></td><td></td><td></td><td colspan="3"></td></tr>
<tr><td></td><td></td><td></td><td></td><td></td><td></td><td colspan="3"></td></tr>
<tr><td></td><td></td><td></td><td></td><td></td><td></td><td colspan="3"></td></tr>
<tr><td colspan="2"></td><td></td><td></td><td>设计</td><td>校对</td><td>审核</td><td>标准化</td><td>会签</td></tr>
<tr><td>处数</td><td>标记</td><td colspan="3">更改文件号</td><td></td><td></td><td></td><td></td></tr>
</table>

A. 3. 5　确定机床

A. 3. 6　确定切削用量

（1）粗加工

（2）精加工

A.3.7 填写机械加工工艺过程卡

机械加工工艺过程卡片

(院系及班级)	机械加工工艺过程卡片	零件图号				共 页	
		零件名称				第 页	
材料牌号		毛坯种类		毛坯外形尺寸	每件毛坯可制件数	每台件数	
工序号	工序内容	车间	工段	设备	工艺装备	工时/min	
						准终	单件
01							
02							
03							

A.3.8 填写机械加工工序卡

机械加工工序卡片

(院系及班级)	机械加工工序卡片	零件图号		共 页	
		零件名称		第 页	
		车间	工序号	工序名称	材料牌号
		毛坯种类	毛坯外形尺寸	每件毛坯可制件数	每台件数
		设备名称	设备型号	设备编号	同时加工件数
		夹具编号		夹具名称	切削液
		工位器具编号		工位器具名称	工序工时/min
					准终 / 单件

工步号	工步内容	工艺装备	主轴转速/(r/min)	切削速度/(m/min)	进给量/(mm/r)	背吃刀量/mm	进给次数	工时定额/min	
								基本	辅助

A.4 铣削凸台零件任务单

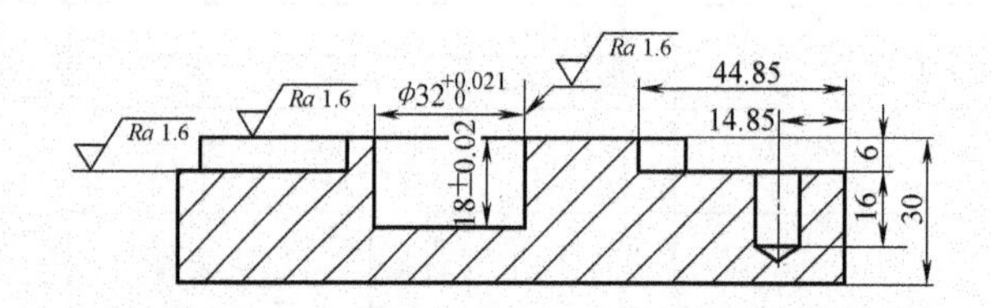

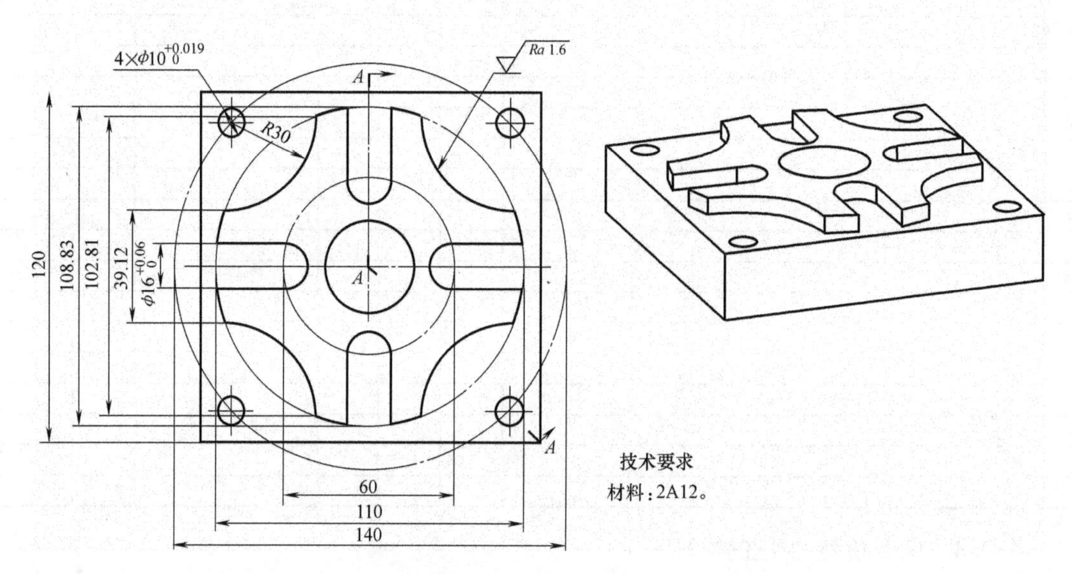

附图 A-4　凸台零件图

A.4.1 选择毛坯

A.4.2 确定装夹方案

（1）定位基准

（2）确定夹具

(3) 装夹简图

A.4.3 确定加工路线

A.4.4 确定刀具

刀具卡片

<table>
<tr><td colspan="2">(工序号)</td><td>工序刀具清单</td><td colspan="6">共1页　　第1页</td></tr>
<tr><td rowspan="2">序号</td><td rowspan="2">刀具名称</td><td colspan="4">刀具规格</td><td colspan="3">备注(长度要求)</td></tr>
<tr><td>型号</td><td>刀号</td><td>刀片规格标记</td><td>刀尖圆弧半径 r_ε/mm</td><td colspan="3"></td></tr>
<tr><td>1</td><td></td><td></td><td></td><td></td><td></td><td colspan="3"></td></tr>
<tr><td>2</td><td></td><td></td><td></td><td></td><td></td><td colspan="3"></td></tr>
<tr><td>3</td><td></td><td></td><td></td><td></td><td></td><td colspan="3"></td></tr>
<tr><td>4</td><td></td><td></td><td></td><td></td><td></td><td colspan="3"></td></tr>
<tr><td></td><td></td><td></td><td></td><td></td><td></td><td colspan="3"></td></tr>
<tr><td></td><td></td><td></td><td></td><td></td><td></td><td colspan="3"></td></tr>
<tr><td></td><td></td><td></td><td></td><td></td><td></td><td colspan="3"></td></tr>
<tr><td></td><td></td><td></td><td></td><td></td><td></td><td colspan="3"></td></tr>
<tr><td colspan="2"></td><td></td><td></td><td>设计</td><td>校对</td><td>审核</td><td>标准化</td><td>会签</td></tr>
<tr><td>处数</td><td>标记</td><td colspan="3">更改文件号</td><td></td><td></td><td></td><td></td></tr>
</table>

A.4.5 确定机床

A.4.6 确定切削用量

(1) 粗加工

(2) 精加工

A. 4. 7　填写机械加工工艺过程卡

机械加工工艺过程卡片

(院系及班级)		机械加工工艺过程卡片			零件图号				共　页	
					零件名称				第　页	
材料牌号		毛坯种类		毛坯外形尺寸		每件毛坯可制件数			每台件数	
工序号	工序内容				车间	工段	设备	工艺装备	工时/min	
									准终	单件
01										
02										
03										

A. 4. 8　填写机械加工工序卡

机械加工工序卡片

(院系及班级)	机械加工工序卡片	零件图号			共　页	
		零件名称			第　页	
		车间	工序号	工序名称	材料牌号	
		毛坯种类	毛坯外形尺寸	每件毛坯可制件数	每台件数	
		设备名称	设备型号	设备编号	同时加工件数	
		夹具编号		夹具名称	切削液	
		工位器具编号		工位器具名称	工序工时/min	
					准终	单件

工步号	工步内容	工艺装备	主轴转速/(r/min)	切削速度/(m/min)	进给量/(mm/r)	背吃刀量/mm	进给次数	工时定额/min	
								基本	辅助

A.5 腰型零件任务单

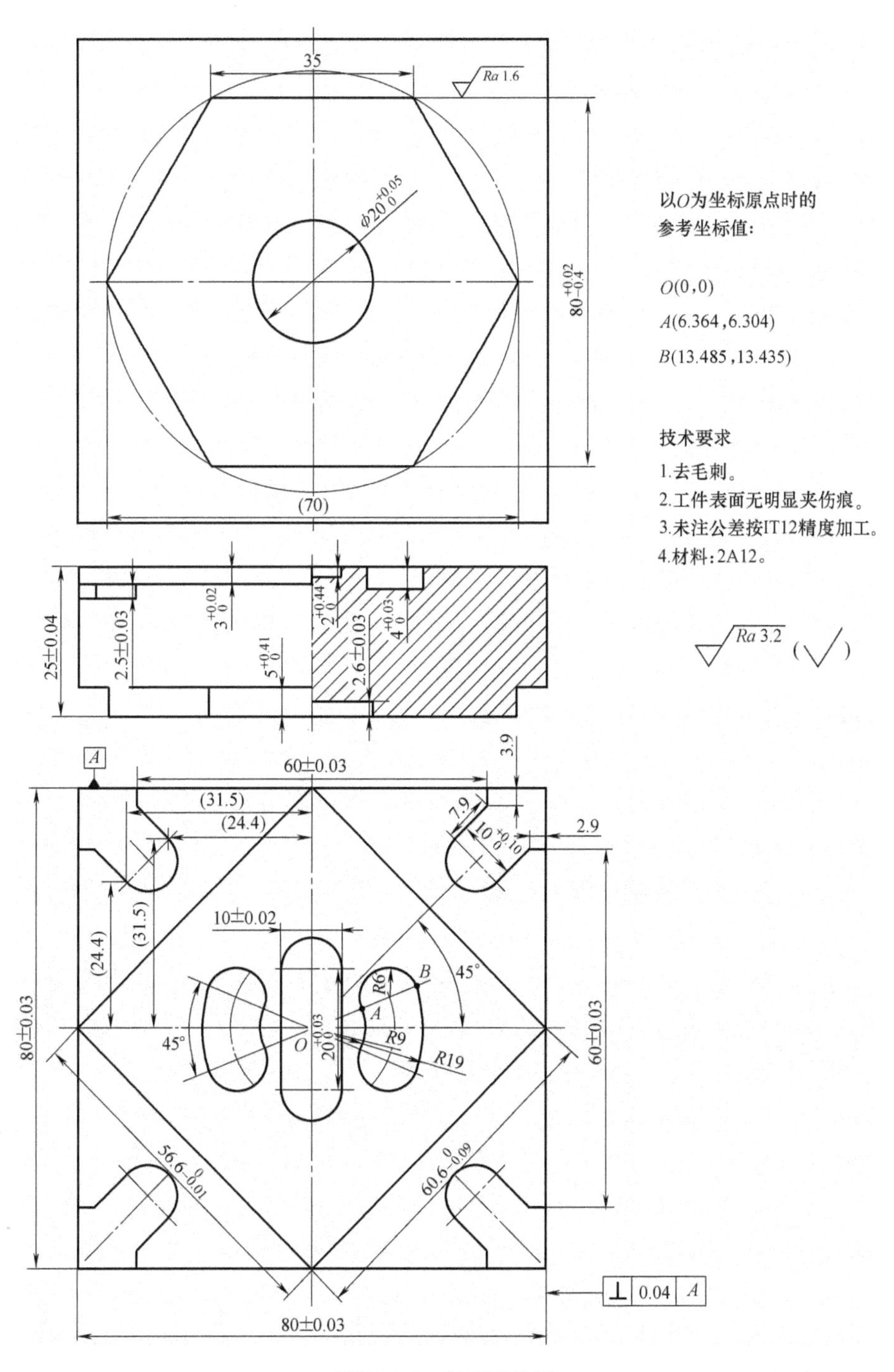

附图 A-5 腰型零件图

A. 5. 1　选择毛坯

A. 5. 2　确定装夹方案

（1）定位基准

（2）确定夹具

（3）装夹简图

A. 5. 3　确定加工路线

A.5.4 确定刀具

刀 具 卡 片

<table>
<tr><td colspan="2">(工序号)</td><td colspan="2">工序刀具清单</td><td colspan="5">共1页　　第1页</td></tr>
<tr><td rowspan="2">序号</td><td rowspan="2">刀具名称</td><td colspan="4">刀具规格</td><td colspan="3">备注(长度要求)</td></tr>
<tr><td>型号</td><td>刀号</td><td>刀片规格标记</td><td>刀尖圆弧
半径 r_ε/mm</td><td colspan="3"></td></tr>
<tr><td></td><td></td><td></td><td></td><td></td><td></td><td colspan="3"></td></tr>
<tr><td></td><td></td><td></td><td></td><td></td><td></td><td colspan="3"></td></tr>
<tr><td></td><td></td><td></td><td></td><td></td><td></td><td colspan="3"></td></tr>
<tr><td></td><td></td><td></td><td></td><td></td><td></td><td colspan="3"></td></tr>
<tr><td></td><td></td><td></td><td></td><td></td><td></td><td colspan="3"></td></tr>
<tr><td></td><td></td><td></td><td></td><td></td><td></td><td colspan="3"></td></tr>
<tr><td></td><td></td><td></td><td></td><td></td><td></td><td colspan="3"></td></tr>
<tr><td></td><td></td><td></td><td></td><td></td><td></td><td colspan="3"></td></tr>
<tr><td colspan="2"></td><td></td><td></td><td>设计</td><td>校对</td><td>审核</td><td>标准化</td><td>会签</td></tr>
<tr><td>处数</td><td>标记</td><td colspan="3">更改文件号</td><td></td><td></td><td></td><td></td></tr>
</table>

A.5.5 确定机床

A.5.6 确定切削用量

(1) 粗加工

(2) 精加工

A.5.7 填写机械加工工艺过程卡

机械加工工艺过程卡片

(院系及班级)	机械加工工艺过程卡片	零件图号		共　页
		零件名称		第　页

材料牌号		毛坯种类		毛坯外形尺寸		每件毛坯可制件数		每台件数	

工序号	工序内容	车间	工段	设备	工艺装备	工时	
						准终	单件
01							
02							
03							

A.5.8 填写机械加工工序卡

机械加工工序卡片

(院系及班级)	机械加工工序卡片	零件图号		共　页
		零件名称		第　页

车间	工序号	工序名称	材料牌号
毛坯种类	毛坯外形尺寸	每件毛坯可制件数	每台件数
设备名称	设备型号	设备编号	同时加工件数

夹具编号	夹具名称	切削液	
工位器具编号	工位器具名称	工序工时/min	
		准终	单件

工步号	工步内容	工艺装备	主轴转速/(r/min)	切削速度/(m/min)	进给量/(mm/r)	背吃刀量/mm	进给次数	工时定额/min	
								基本	辅助

A.6 腔槽零件任务单

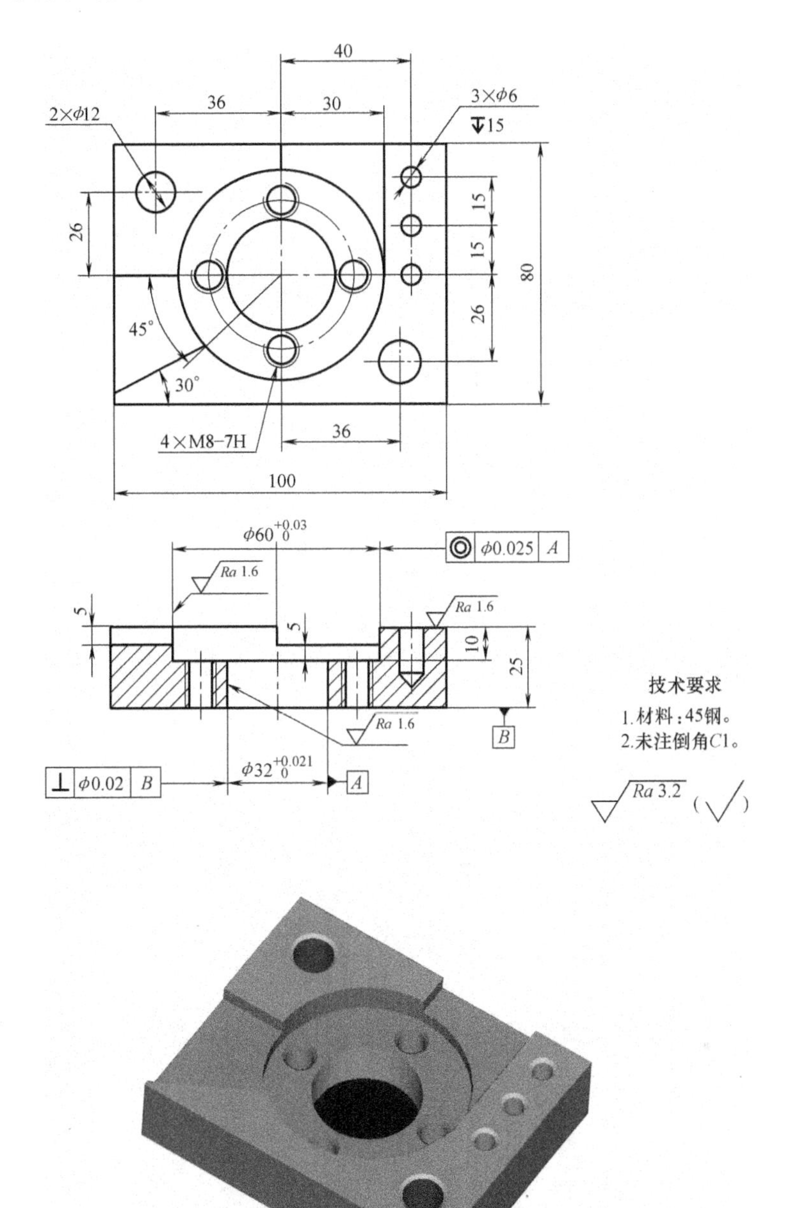

附图 A-6 腔槽零件图

注：该零件为方形坯料，且底面和四个轮廓面均已加工好，要求在立式加工中心上加工顶面、孔及沟槽。

A.6.1 选择毛坯

A.6.2 确定装夹方案

（1）定位基准

（2）确定夹具

（3）装夹简图

A.6.3 确定加工路线

A. 6. 4 确定刀具

刀 具 卡 片

（工序号）		工序刀具清单		共 1 页　　第 1 页				
序号	刀具名称	刀具规格				备注（长度要求）		
		型号	刀号	刀片规格标记	刀尖圆弧半径 r_ε/mm			
				设计	校对	审核	标准化	会签
处数	标记	更改文件号						

A. 6. 5 确定机床

A. 6. 6 确定切削用量

（1）粗加工

（2）精加工

A. 6. 7 填写机械加工工艺过程卡

机械加工工艺过程卡片

工序号	工序内容	车间	工段	设备	工艺装备	工时/min	
(院系及班级)	机械加工工艺过程卡片	零件图号				共 页	
		零件名称				第 页	
材料牌号	毛坯种类	毛坯外形尺寸		每件毛坯可制件数		每台件数	
工序号	工序内容	车间	工段	设备	工艺装备	工时/min	
						准终	单件
01							
02							
03							

A. 6. 8 填写机械加工工序卡

机械加工工序卡片

(院系及班级)	机械加工工序卡片	零件图号			共 页
		零件名称			第 页
		车间	工序号	工序名称	材料牌号
		毛坯种类	毛坯外形尺寸	每件毛坯可制件数	每台件数
		设备名称	设备型号	设备编号	同时加工件数
		夹具编号		夹具名称	切削液
		工位器具编号		工位器具名称	工序工时/min
					准终 单件

工步号	工步内容	工艺装备	主轴转速/(r/min)	切削速度/(m/min)	进给量/(mm/r)	背吃刀量/mm	进给次数	工时定额/min	
								基本	辅助

附录 B　可转位刀片及刀具

B. 1　可转位刀片型号国家标准表示规则

硬质合金可转位刀片的国家标准采用了 ISO 国际标准。产品型号的表示方法、品种规格、尺寸系列、制造公差以及 m 值尺寸的测量方法等，都和 ISO 标准相同。为适应我国的国情，还在国际标准规定的九个号位之后，加一短横线，再用一个字母和一位数字表示刀片断屑槽形式和宽度。因此，我国可转位刀片的型号，共用十个号位的内容来表示主要参数的特征。按照规定，任何一个型号刀片都必须用前七个号位，后三个号位在必要时才使用。但对于车刀刀片，第十号位属于标准要求标注的部分。不论有无第八、九两个号位，第十号位都必须用短横线“ - ”与前面号位隔开，并且其字母不得使用第八、九 两个号位已使用过的字母，当只使用其中一位时，则写在第八号位上，中间不需空格。现对十个号位具体内容做说明。举例见附表 B-1。

附表　B-1

T	P	C	N	12	03	ED	(T)	R	-	
1	2	3	4	5	6	7	8	9		10

(1) 第一号位表示刀片形状　用一个英文字母代表，表示刀片形状的字母代号应符合附表 B-2 的规定。

附表　B-2

代　　号	形状说明	刀尖角	示意图
H	正六边形	120°	
O	正八边形	135°	
P	正五边形	108°	
S	正方形	90°	
T	正三角形	60°	
C	菱形	80°	
D		55°	
E		75°	
M		86°	
V		35°	
W	等边不等角的六边形	80°	

（续）

代　　号	形状说明	刀尖角	示意图
L	矩形	90°	
A	平行四边形	85°	
B		82°	
K		55°	
R	圆形	—	

（2）第二号位表示刀片法后角　用一个英文字母代表，常规刀片法后角，依托主切削刃从附表 B-3 中选择。

附表　B-3

代号	A	B	C	D	E	F	G	N	P	O
法后角	3°	5°	7°	15°	20°	25°	30°	0°	11°	其他需专门说明的法后角

（3）第三号位表示允许偏差等级　用一个英文字母代表，表示刀片主要尺寸允许偏差等级的字母代号应符合附录 B-4 的规定。

主要尺寸包括：d——刀片内切圆直径、s——刀片厚度、m——刀尖位置尺寸，如附图 B-1 所示。

m 值的度量分三种情况。

第一种：刀片边数为奇数，刀尖为圆角。第二种：刀片边数为偶数，刀尖为圆角。第三种：刀片有修光刃。

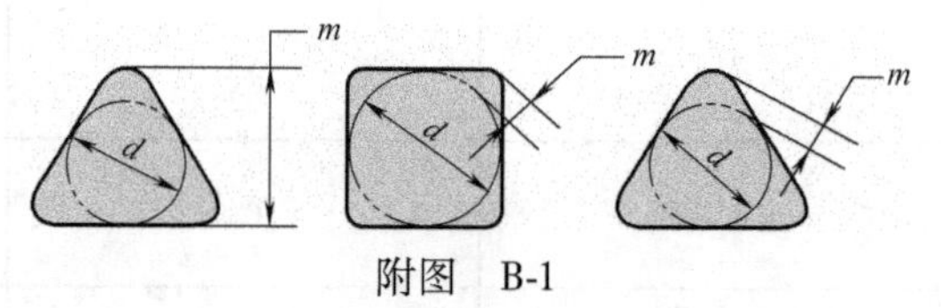

附图　B-1

附表　B-4

等级代号		允 许 偏 差 /mm		
		m	s	d
精密级	A	±0.005	±0.025	±0.025
	F	±0.005	±0.025	±0.013
	C	±0.013	±0.025	±0.025
	H	±0.013	±0.025	±0.013
	E	±0.025	±0.025	±0.025
	G	±0.025	±0.13	±0.025

（续）

等级代号		允许偏差/mm		
		m	s	d
普通级	J	±0.005	±0.025	±0.05～±0.15
	K	±0.013	±0.025	±0.05～±0.15
	L	±0.025	±0.025	±0.05～±0.15
	M	±0.08～±0.2	±0.13	±0.05～±0.15
	N	±0.08～±0.2	±0.025	±0.05～±0.15
	U	±0.13～±0.38	±0.13	±0.08～±0.25

（4）第四号位表示夹固方式及有无断屑槽　用一个英文字母代表，表示刀片有无断屑槽和中心固定孔的字母代号应符合附表 B-5 的规定。

附表　B-5

代号	固定方式	断屑槽	示意图
N	无固定孔	无断屑槽	
R		单面有断屑槽	
F		双面有断屑槽	
A	有圆形固定孔	无断屑槽	
M		单面有断屑槽	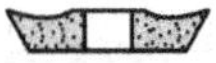
G		双面有断屑槽	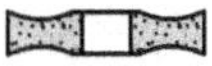
W	单面有40°～60°固定沉孔	无断屑槽	
T		单面有断屑槽	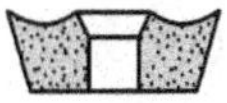
Q	双面有40°～60°固定沉孔	无断屑槽	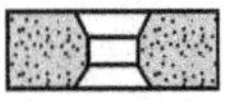
U		双面有断屑槽	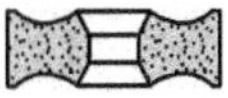
B	单面有70°～90°固定沉孔	无断屑槽	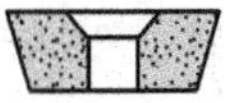
H		单面有断屑槽	

（续）

代号	固定方式	断屑槽	示意图
C	双面有70°~90°固定沉孔	无断屑槽	
J		双面有断屑槽	
X	自定义		

（5）第五号位表示刀片长度。用两位数字代表，各种形状刀片切削刃长度的表示位置见附表B-6。

取理论长度的整数部分表示。切削刃长度为16.5mm则数字代号为16。如舍去小数部分后，则必须在数字前面加“0”。例如，切削刃长度为9.525mm，表示代号为09；切削刃长度为15.875mm，表示代号为15，依此类推。

附表B-6　各种形状刀片切削刃长度的表示位置

H	O	P	S	T
C、D、E、M、V	W	L	A、B、K	R

（6）第六号位表示刀片厚度　主切削刃到刀片定位底面的距离，用两位数字代表，见附表B-7。

取刀片厚度基本尺寸整数值作为厚度的表示代号。如果整数位只有一位，则在整数前面加一个“0”。例如，3.18mm，表示代号为03；6.35mm，表示代号为06。当刀片厚度的整数相同，而小数部分值不同，则将小数部分大的刀片的代号用“T”代替“0”，以示区别，如刀片厚度分别为3.18mm和3.97mm时，则前者代号为03，后者代号为T3。

附表　B-7

代号	01	T1	02	03	T3	04	06	07	09
厚度/mm	1.59	1.98	2.38	3.18	3.97	4.76	6.35	7.94	9.525

（7）第七号位表示刀尖角形状。用两位数或一个英文字母代表，表示刀尖角形状的字母或数字代号应符合附表B-8的规定。

车刀片，刀尖转角为圆角，则用两位阿拉伯数字表示刀尖圆角半径，且用放大10倍的数字表示刀尖的大小。例如，刀尖圆角半径为0.4mm，表示代号则为04；刀尖圆角半径为1.2mm，表示代号为12。依此类推。若刀片为铣刀片，刀尖转角具有修光刃，则用两个英文字母分别表示主偏角 κ_r 大小和修光刃法后角 α_n 的大小。

附表　B-8

车　刀		铣　刀　片			
代号	r/mm	代号	κ_r	代号	α_n
00	<0.2			A	3°
02	0.2			B	5°
04	0.4	A	45°	C	7°
08	0.8	D	60°	D	15°
12	1.2	E	75°	E	20°
16	1.6	F	85°	F	25°
20	2.0	P	90°	G	30°
24	2.4			N	0°
32	3.2			P	11°

（8）第八号位表示刀片切削刃截面形状　用一个英文字母代表，表示刀片切削刃形状的字母代号应符合附表 B-9 的规定。

附表　B-9

符号	F	E	T	S
说明	尖锐切削刃	倒圆切削刃	负倒棱切削刃	负倒棱加倒圆切削刃
简图				

（9）第九号位表示切削方向　用一个英文字母代表，表示刀片切削方向的字母代号应符合附表 B-10 的规定。

附表　B-10

符号	R	L	N
说明	右切	左切	左右切
简图	κ_r 进给方向	κ_r 进给方向	κ_r κ_r

（10）第十号位　国家标准中表示刀片断屑槽形式及槽宽，分别用一个英文字母及一个阿拉伯数字代表。在 ISO 编码中，是留给刀片厂家备用号位，常用来标注刀片断屑型代码或代号。

B.2　常用数控车削刀具

（1）外圆车刀杆的主要型号

■ LL车刀、双重夹紧式车刀、 WP车刀
SP车刀、仿形车刀、铝合金切削用车刀

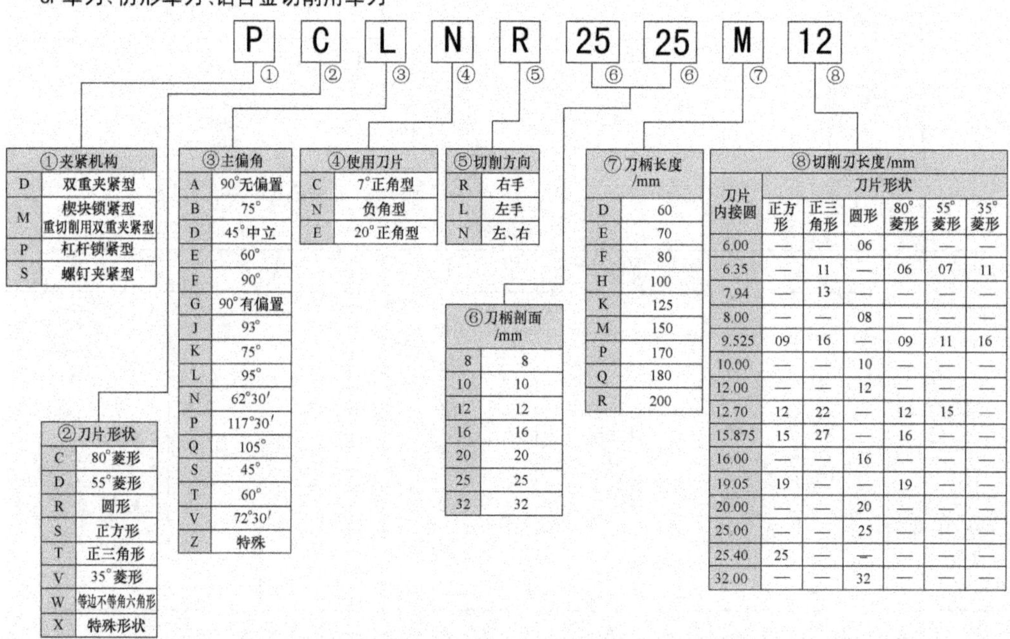

①夹紧机构	
D	双重夹紧型
M	楔块锁紧型 重切削用双重夹紧型
P	杠杆锁紧型
S	螺钉夹紧型

②刀片形状	
C	80°菱形
D	55°菱形
R	圆形
S	正方形
T	正三角形
V	35°菱形
W	等边不等角六角形
X	特殊形状

③主偏角	
A	90°无偏置
B	75°
D	45°中立
E	60°
F	90°
G	90°有偏置
J	93°
K	75°
L	95°
N	62°30′
P	117°30′
Q	105°
S	45°
T	60°
V	72°30′
Z	特殊

④使用刀片	
C	7°正角型
N	负角型
E	20°正角型

⑤切削方向	
R	右手
L	左手
N	左、右

⑥刀柄剖面/mm	
8	8
10	10
12	12
16	16
20	20
25	25
32	32

⑦刀柄长度/mm	
D	60
E	70
F	80
H	100
K	125
M	150
P	170
Q	180
R	200

⑧切削刃长度/mm						
刀片内接圆	刀片形状					
	正方形	正三角形	圆形	80°菱形	55°菱形	35°菱形
6.00	—	—	06	—	—	—
6.35	—	11	—	06	07	11
7.94	—	13	—	—	—	—
8.00	—	—	08	—	—	—
9.525	09	16	—	09	11	16
10.00	—	—	10	—	—	—
12.00	—	—	12	—	—	—
12.70	12	22	—	12	15	—
15.875	15	27	—	16	—	—
16.00	—	—	16	—	—	—
19.05	19	—	—	19	—	—
20.00	—	—	20	—	—	—
25.00	—	—	25	—	—	—
25.40	25	—	—	—	—	—
32.00	—	—	32	—	—	—

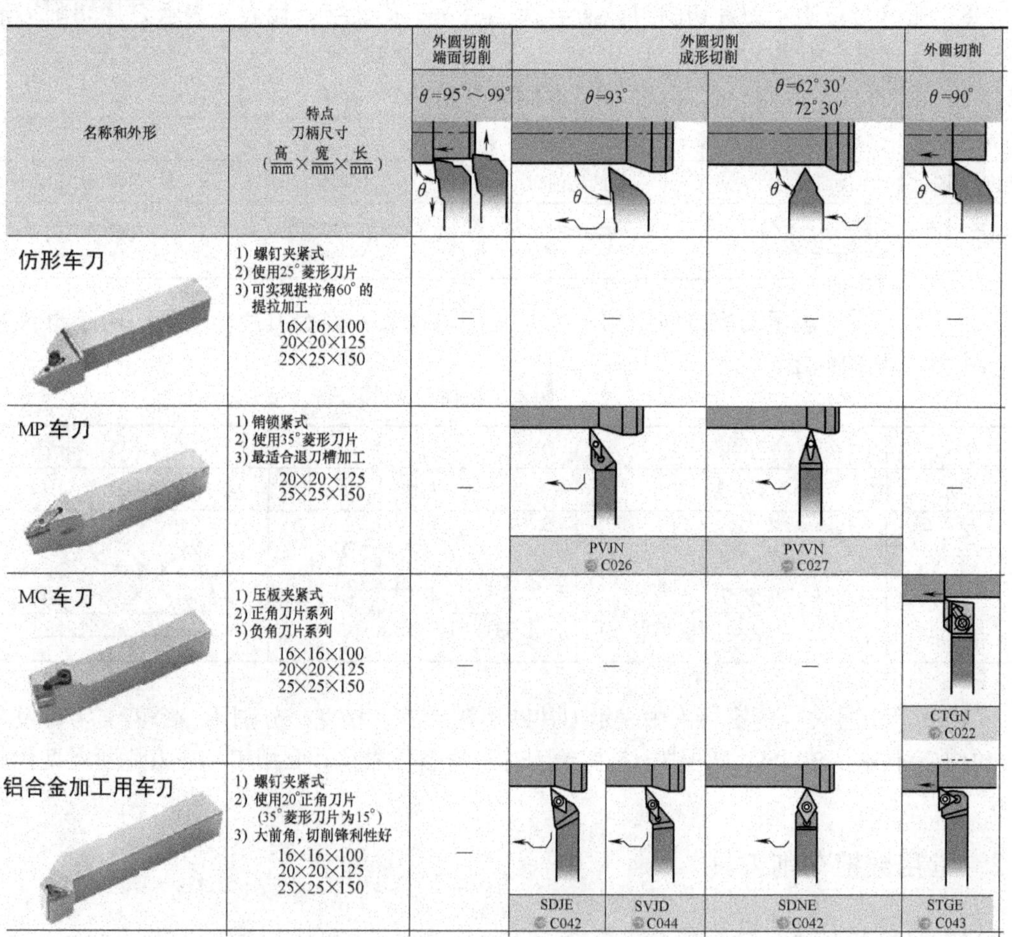

名称和外形	特点 刀柄尺寸 (高/mm × 宽/mm × 长/mm)	外圆切削 端面切削 θ=95°～99°	外圆切削 成形切削 θ=93°	θ=62°30′ 72°30′	外圆切削 θ=90°
仿形车刀	1) 螺钉夹紧式 2) 使用25°菱形刀片 3) 可实现提拉角60°的提拉加工 16×16×100 20×20×125 25×25×150	—	—	—	—
MP车刀	1) 销锁紧式 2) 使用35°菱形刀片 3) 最适合退刀槽加工 20×20×125 25×25×150	—	PVJN C026	PVVN C027	—
MC车刀	1) 压板夹紧式 2) 正角刀片系列 3) 负角刀片系列 16×16×100 20×20×125 25×25×150	—	—	—	CTGN C022
铝合金加工用车刀	1) 螺钉夹紧式 2) 使用20°正角刀片 (35°菱形刀片为15°) 3) 大前角，切削锋利性好 16×16×100 20×20×125 25×25×150	—	SDJE C042 SVJD C044	SDNE C042	STGE C043

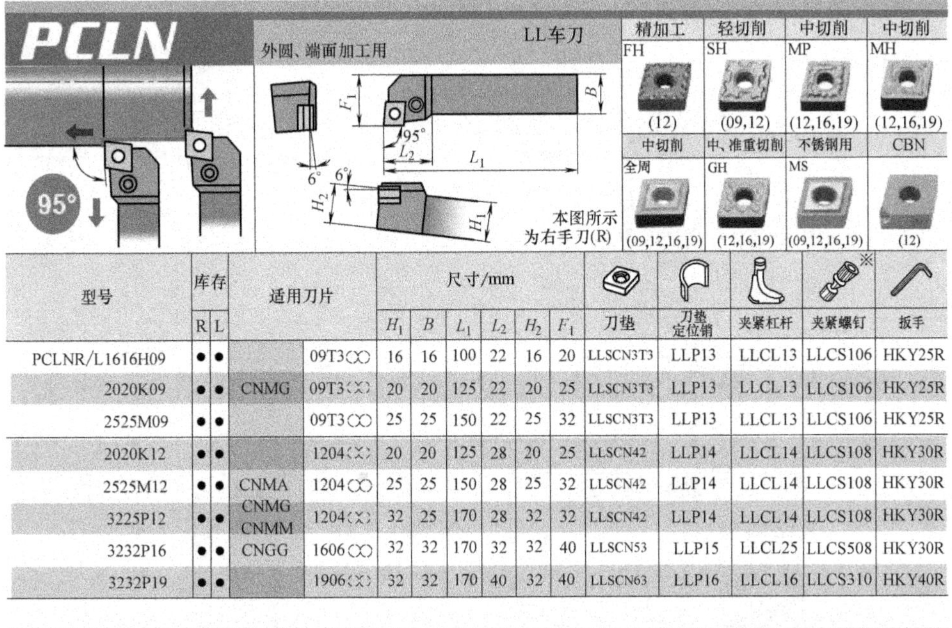

型号	库存 R	库存 L	适用刀片		H_1	B	L_1	L_2	H_2	F_1	刀垫	刀垫定位销	夹紧杠杆	夹紧螺钉※	扳手
PCLNR/L1616H09	●	●	CNMG	09T3○○	16	16	100	22	16	20	LLSCN3T3	LLP13	LLCL13	LLCS106	HKY25R
2020K09	●	●		09T3○○	20	20	125	22	20	25	LLSCN3T3	LLP13	LLCL13	LLCS106	HKY25R
2525M09	●	●		09T3○○	25	25	150	22	25	32	LLSCN3T3	LLP13	LLCL13	LLCS106	HKY25R
2020K12	●	●	CNMA CNMG CNMM CNGG	1204○○	20	20	125	28	20	25	LLSCN42	LLP14	LLCL14	LLCS108	HKY30R
2525M12	●	●		1204○○	25	25	150	28	25	32	LLSCN42	LLP14	LLCL14	LLCS108	HKY30R
3225P12	●	●		1204○○	32	25	170	28	32	32	LLSCN42	LLP14	LLCL14	LLCS108	HKY30R
3232P16	●	●		1606○○	32	32	170	32	32	40	LLSCN53	LLP15	LLCL25	LLCS508	HKY30R
3232P19	●	●		1906○○	32	32	170	40	32	40	LLSCN63	LLP16	LLCL16	LLCS310	HKY40R

DCLN

外圆、端面加工用

双重夹紧式车刀

95°

本图所示
为右手刀(R)

精加工	轻切削	中切削	中切削
FH (12)	SH (09, 12)	MP (12)	MH (12)
中切削	**中、准重切削**	**不锈钢用**	**CBN**
全周 (09,12)	GH (12)	MS (09,12)	(12)

型号	库存 R	库存 L	适用刀片		H_1	B	L_1	L_2	H_2	F_1	刀垫※2	刀垫定位销	压板	弹簧	夹紧螺钉※1	扳手
DCLNR/L1616H09	●	●	CNMG	09T3○○	16	16	100	25	16	20	LLSCN3T3 (LLSCN33)	LLP23	DCK2211	DCS2	DC0520T	TKY15F
2020K09	●	●		09T3○○	20	20	125	25	20	25	LLSCN3T3 (LLSCN33)	LLP23	DCK2211	DCS2	DC0520T	TKY15F
2525M09	●	●		09T3○○	25	25	150	25	25	32	LLSCN3T3 (LLSCN33)	LLP23	DCK2211	DCS2	DC0520T	TKY15F
2020K12	●	●	CNMA CNMG CNMM CNGG	1204○○	20	20	125	29	20	25	LLSCN42	LLP14	DCK2613	DCS1	DC0621T	TKY20F
2525M12	●	●		1204○○	25	25	150	29	25	32	LLSCN42	LLP14	DCK2613	DCS1	DC0621T	TKY20F
3225P12	●	●		1204○○	32	25	170	29	32	32	LLSCN42	LLP14	DCK2613	DCS1	DC0621T	TKY20F

推荐切削条件

	工件材料	切削范围	断屑槽	刀片材料	切削速度/(m/min)		工件材料	切削范围	断屑槽	刀片材料	切削速度/(m/min)
P	软钢 ≤180HBW	精加工切削	FY	NX3035	260~370	M	不锈钢 (≤200HBW)	精加工切削	FH	US735	105~200
		轻切削	SY	NX3035	235~335			轻切削	SH	US735	95~185
		中切削	MS	UE6110	260~440			中切削	MS	US735	85~165
	碳钢 合金钢 (180~280HBW)	精加工切削	FH	NX3035	200~280	K	灰铸铁 (≤350MPa)	轻切削	MA	UC5115	160~295
		轻切削	SH	UE6110	210~355			中切削	全周	UC5115	160~295
		中切削	MP	UE6110	190~325			准重切削	无断屑槽	UC5115	155~280

注：刀片照片是代表例。刀片照片上英文字母表示断屑槽代号，数字表示该刀片的大小。

●：标准库存品

PCLN型用刀片	➤A058—A062
DCLN型用刀片	➤A058—A062
CBN&PCD刀片	➤B022—B024，B052

（2）内孔镗刀杆的主要型号

■ 阻尼镗刀杆

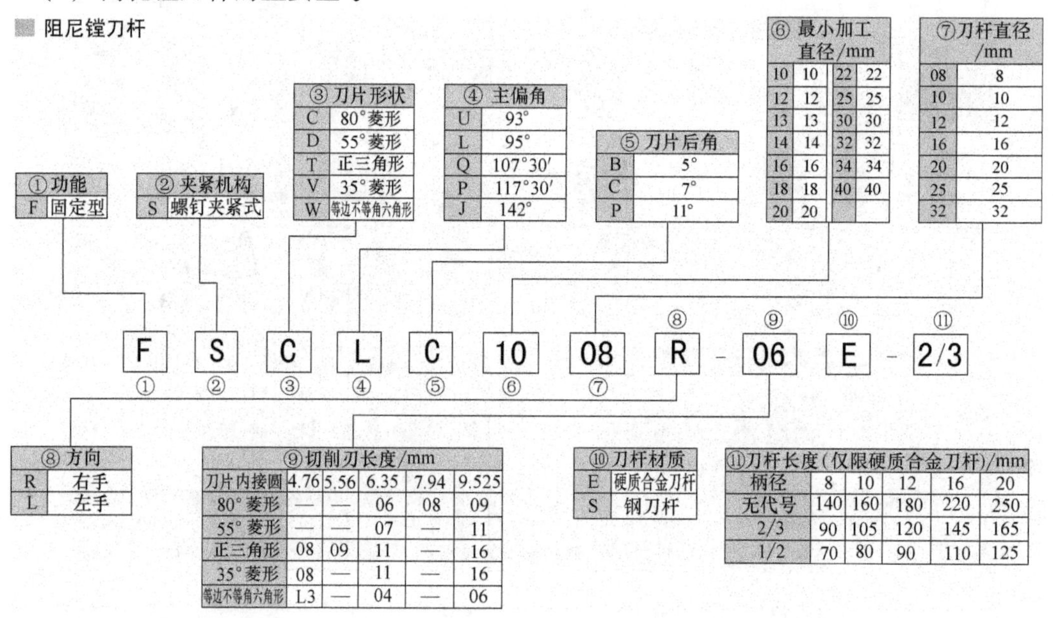

①功能	
F	固定型

②夹紧机构	
S	螺钉夹紧式

③刀片形状	
C	80°菱形
D	55°菱形
T	正三角形
V	35°菱形
W	等边不等角六角形

④主偏角	
U	93°
L	95°
Q	107°30′
P	117°30′
J	142°

⑤刀片后角	
B	5°
C	7°
P	11°

⑥最小加工直径/mm			
10	10	22	22
12	12	25	25
13	13	30	30
14	14	32	32
16	16	34	34
18	18	40	40
20	20		

⑦刀杆直径/mm	
08	8
10	10
12	12
16	16
20	20
25	25
32	32

⑧方向	
R	右手
L	左手

⑨切削刃长度/mm					
刀片内接圆	4.76	5.56	6.35	7.94	9.525
80°菱形	—	—	06	08	09
55°菱形	—	—	07	—	11
正三角形	08	09	11	—	16
35°菱形	08	—	11	—	16
等边不等角六角形	L3	—	04	—	06

⑩刀杆材质	
E	硬质合金刀杆
S	钢刀杆

⑪刀杆长度（仅限硬质合金刀杆）/mm					
柄径	8	10	12	16	20
无代号	140	160	180	220	250
2/3	90	105	120	145	165
1/2	70	80	90	110	125

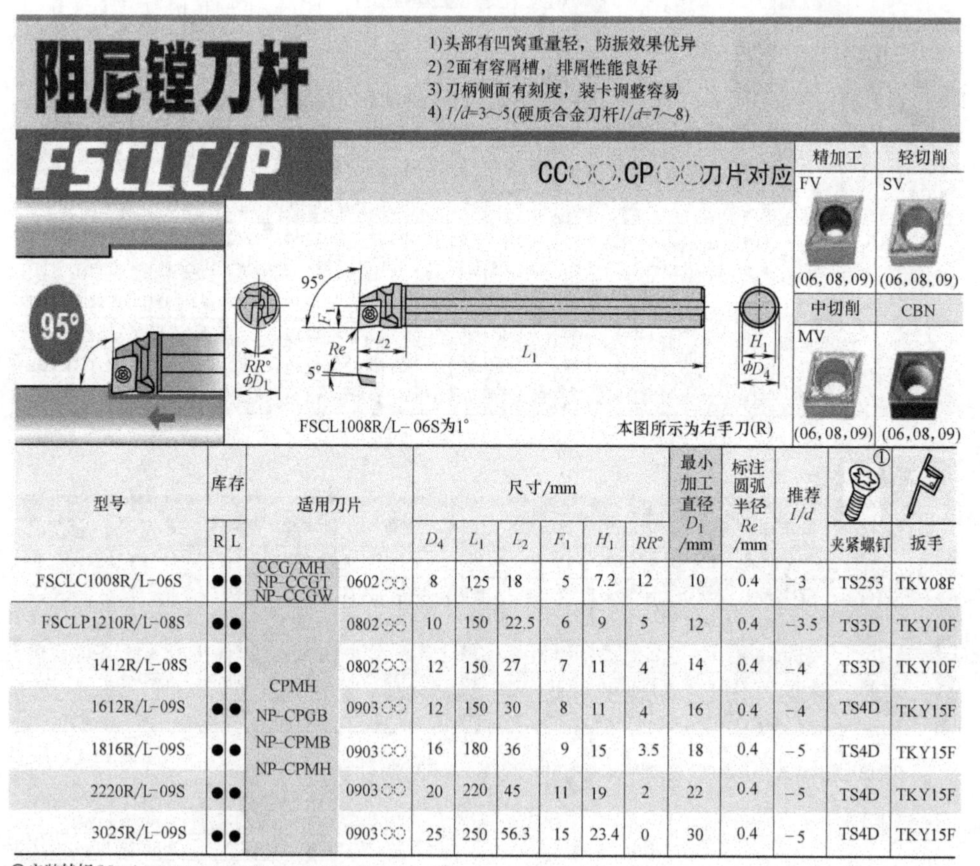

型号	库存 R	库存 L	适用刀片		尺寸/mm D_4	L_1	L_2	F_1	H_1	$RR°$	最小加工直径 D_1 /mm	标注圆弧半径 Re /mm	推荐 l/d	夹紧螺钉①	扳手
FSCLC1008R/L-06S	●	●	CCG/MH NP-CCGT NP-CCGW	0602◌◌	8	125	18	5	7.2	12	10	0.4	-3	TS253	TKY08F
FSCLP1210R/L-08S	●	●	CPMH NP-CPGB NP-CPMB NP-CPMH	0802◌◌	10	150	22.5	6	9	5	12	0.4	-3.5	TS3D	TKY10F
1412R/L-08S	●	●		0802◌◌	12	150	27	7	11	4	14	0.4	-4	TS3D	TKY10F
1612R/L-09S	●	●		0903◌◌	12	150	30	8	11	4	16	0.4	-4	TS4D	TKY15F
1816R/L-09S	●	●		0903◌◌	16	180	36	9	15	3.5	18	0.4	-5	TS4D	TKY15F
2220R/L-09S	●	●		0903◌◌	20	220	45	11	19	2	22	0.4	-5	TS4D	TKY15F
3025R/L-09S	●	●		0903◌◌	25	250	56.3	15	23.4	0	30	0.4	-5	TS4D	TKY15F

①安装转矩(N·m)：TS253=1.0，TS3D=2.5，TS4D=3.5。

阻尼镗刀杆

1) 头部有凹窝重量轻，防振效果优异
2) 2面有容屑槽，排屑性能良好
3) 刀柄侧面有刻度，装卡调整容易
4) l/d=3～5 (硬质合金刀杆l/d=7～8))

FSDUC

DC◌◌刀片对应

精加工	轻切削	中切削
FV	SV	MV
(07,11)	(07,11)	(07,11)
中切削	PCD	CBN
无代号	R/L-F	
(07,11)	(07,11)	(07,11)

93°

本图所示为右手刀(R)

型号	库存 R	库存 L	适用刀片		尺寸/mm D_4	L_1	L_2	F_1	F_2	H_1	$RR°$	最小加工直径 D_1/mm	标注圆弧半径 Re/mm	推荐 l/d	夹紧螺钉	扳手
FSDUC1410R/L-07S	●	●	DCMT DCET DCGT NP-DCMT NP-DCMW	0702◌◌	10	150	18	8.3	3.3	9	7.5	14	0.4	-3.5	TS25	TKY08F
1612R/L-07S	●	●		0702◌◌	12	150	20	9.3	3.3	11	6	16	0.4	-4	TS25	TKY08F
2016R/L-07S	●	●		0702◌◌	16	180	20	11.3	3.3	15	5	20	0.4	-5	TS25	TKY08F
3220R/L-11S	●	●		11T3◌◌	20	180	22.5	16.1	6.1	19	5	32	0.8	-5	TS43	TKY15F

FSWUB/P

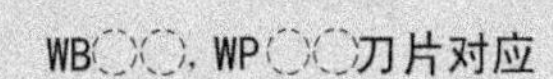

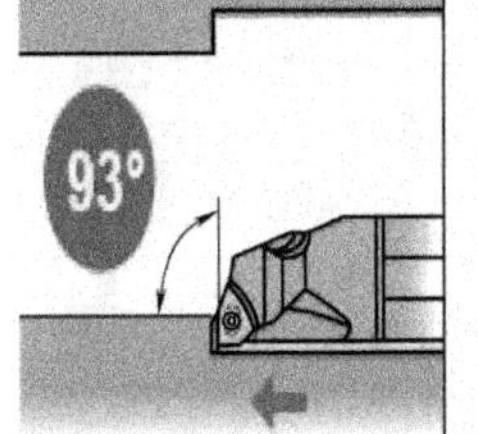

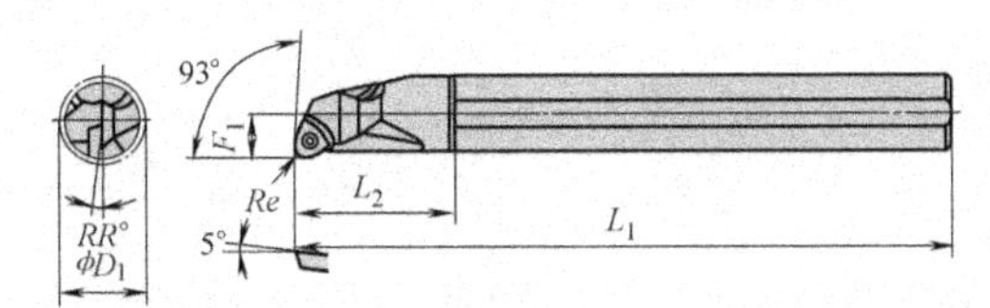

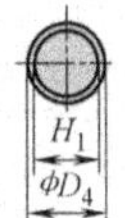

ϕ8和ϕ10刀杆为0°

本图所示为右手刀(R)

精加工

R/L-F·FS

(L3, 04, 06)

中切削

MV

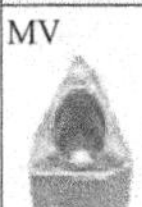

(L3, 04, 06)

型号	库存 R	库存 L	适用刀片		尺寸/mm D_4	L_1	L_2	F_1	H_1	$RR°$	最小加工直径 D_1/mm	标注圆弧半径 Re/mm	推荐 l/d	夹紧螺钉	扳手
FSWUB1008R/L-L3S	●	●	WPMT WBGT	L302◌◌	8	125	18	5	7.2	14	10	0.2	-3	TS2	TKY06F
1210R/L-L3S	●	●		L302◌◌	10	150	22.5	6	9	11	12	0.2	-3.5	TS2	TKY06F
FSWUP1412R/L-04S	●	●	WPMT WPGT	0402◌◌	12	150	27	7	11	4	14	0.4	-4	TS253	TKY08F
1816R/L-04S	●	●		0402◌◌	16	180	36	9	15	1	18	0.4	-5	TS253	TKY08F
2220R/L-06S	●	●		0603◌◌	20	220	45	11	19	2	22	0.8	-5	TS4	TKY15F
3025R/L-06S	●	●		0603◌◌	25	250	56.3	15	23.4	0	30	0.8	-5	TS4	TKY15F

推荐 切削条件

工件材料		加工形态	对应断屑槽	推荐	刀片材料	切削速度/(m/min)	l/d=3以下(钢刀杆) l/d=6以下(硬质合金刀杆) 进给量/(mm/r)	切削深度/mm	l/d=4~5(钢刀杆) l/d=7~8(硬质合金刀杆) 进给量(mm/r)	切削深度/mm
P	软钢 ≤180HBW	精加工	FV	①	NX2525	170(120~220)	0.10(0.05~0.15)	-0.5	0.10(0.05~0.15)	-0.5
		轻切削	SV	①	NX3035	150(100~200)	0.20(0.10~0.25)	-1.0	0.15(0.05~0.20)	-1.0
				②	NX2525	160(110~210)	0.20(0.10~0.25)	-1.0	0.15(0.05~0.20)	-1.0
		中切削	MV	①	NX3035	140(90~190)	0.25(0.15~0.35)	-2.0	0.20(0.15~0.25)	-1.5
				②	NX2525	150(100~200)	0.25(0.15~0.35)	-2.0	0.20(0.15~0.25)	-1.5
	碳钢、合金钢 180-350HBW	精加工	FV	①	VP15TF	140(90~190)	0.10(0.05~0.15)	-0.5	0.10(0.05~0.15)	-0.5
				②	NX2525	130(80~180)	0.10(0.05~0.15)	-0.5	0.10(0.05~0.15)	-0.5
		轻切削	SV	①	UE6020	140(90~190)	0.20(0.10~0.25)	-1.0	0.15(0.05~0.20)	-1.0
				②	NX3035	110(60~160)	0.20(0.10~0.25)	-1.0	0.15(0.05~0.20)	-1.0
		中切削	MV	①	UE6020	130(80~180)	0.25(0.15~0.35)	-2.0	0.20(0.15~0.25)	-1.5
				②	NX3035	100(60~150)	0.25(0.15~0.35)	-2.0	0.20(0.15~0.25)	-1.5
M	不锈钢 ≤200HBW	精加工	FV	①	VP15TF	150(110~190)	0.10(0.05~0.15)	-0.5	0.10(0.05~0.15)	-0.5
		轻切削	SV	①	US735	125(85~165)	0.20(0.10~0.25)	-1.0	0.15(0.05~0.20)	-1.0
				②	VP15TF	130(90~170)	0.20(0.10~0.25)	-1.0	0.15(0.05~0.20)	-1.0
		中切削	MV	①	US735	105(70~135)	0.20(0.15~0.25)	-2.0	0.20(0.15~0.25)	-1.0
				②	VP15TF	120(80~160)	0.20(0.15~0.25)	-2.0	0.20(0.15~0.25)	-1.0
K	灰铸铁 抗拉强度≤350MPa	精加工	F_1FS	①	HTi10	130(90~160)	0.15(0.10~0.20)	-0.5	0.15(0.10~0.20)	-0.5
		中切削	MV	①	VP15TF	90(60~120)	0.20(0.15~0.25)	-2.0	0.20(0.15~0.25)	-1.5
N	铝合金	精加工	F_1FS	①	HTi10	300(200~400)	0.10(0.05~0.15)	-0.5	0.10(0.05~0.15)	-0.5
			无断屑槽	①	MD220	200(150~250)	0.10(0.05~0.15)	-2.0	0.10(0.05~0.15)	-1.0
H	淬火钢35~65HRC	精加工	无断屑槽	①	MB825	100(80~200)	0.10(0.05~0.15)	-0.15	0.10(0.05~0.15)	-0.1

注1. 假如发生振动较大的情况，请将切削速度降至70%。
　2. 使用FSVJ型时，切削深度要小于圆弧圆角的半径值。

(3) 切槽刀的主要型号

选择刀柄

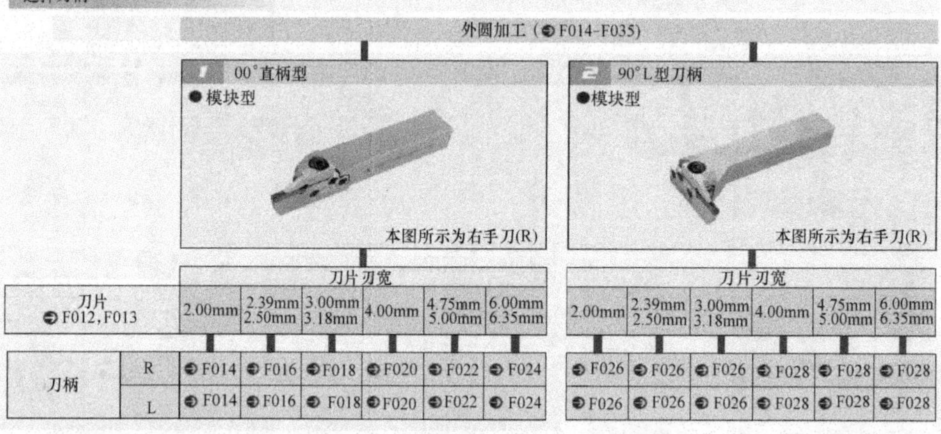

		00°直柄型 刀片刃宽						90°L型刀柄 刀片刃宽					
刀片 F012，F013		2.00mm	2.39mm 2.50mm	3.00mm 3.18mm	4.00mm	4.75mm 5.00mm	6.00mm 6.35mm	2.00mm	2.39mm 2.50mm	3.00mm 3.18mm	4.00mm	4.75mm 5.00mm	6.00mm 6.35mm
刀柄	R	F014	F016	F018	F020	F022	F024	F026	F026	F026	F028	F028	F028
	L	F014	F016	F018	F020	F022	F024	F026	F026	F026	F028	F028	F028

● 同一刀片可用于各种加工用途。

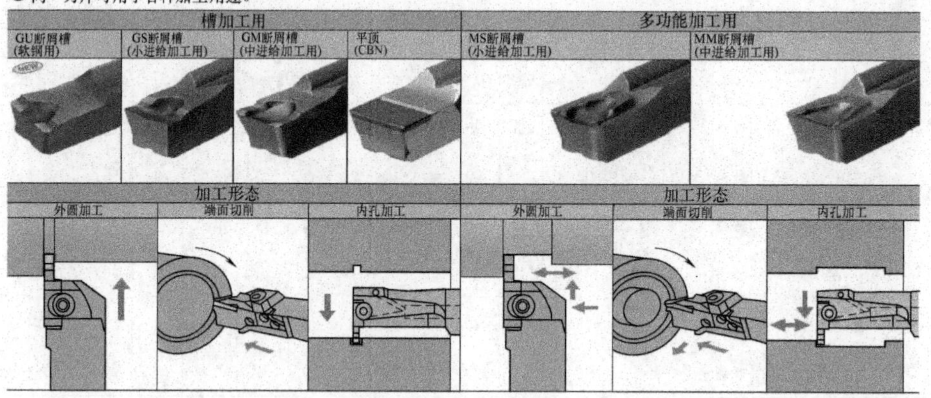

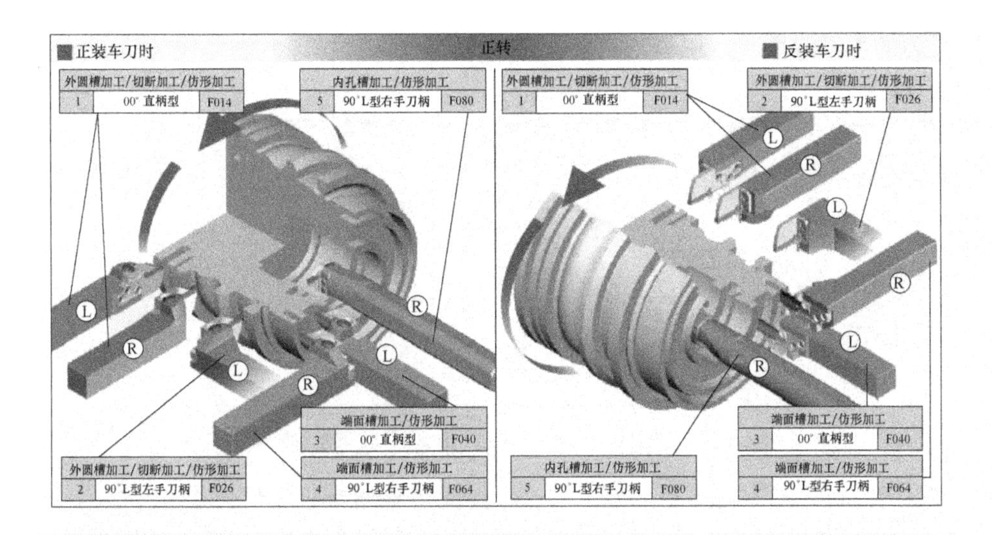

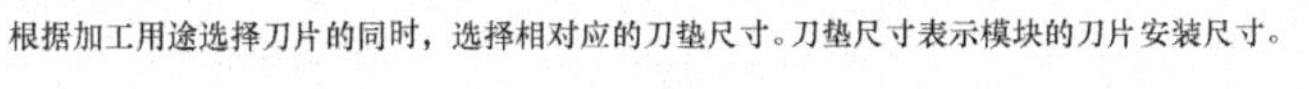

选择刀片

根据加工用途选择刀片的同时，选择相对应的刀垫尺寸。刀垫尺寸表示模块的刀片安装尺寸。

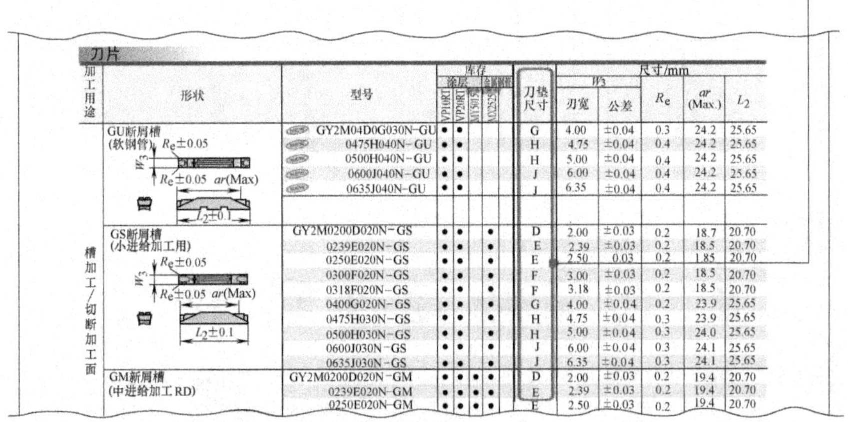

刀片

加工用途	形状	型号	库存 涂层 VP10RT	VP20RT	MY5015	金属陶瓷 NX2525	刀垫尺寸	尺寸/mm W_3 刃宽	公差	R_e	ar (Max.)	L_2
槽加工/切断加工面	GU断屑槽 (软钢管)	GY2M04D0G030N-GU	•	•			G	4.00	±0.04	0.3	24.2	25.65
		0475H040N-GU	•	•			H	4.75	±0.04	0.4	24.2	25.65
		0500H040N-GU	•	•			H	5.00	±0.04	0.4	24.2	25.65
		0600J040N-GU	•	•			J	6.00	±0.04	0.4	24.2	25.65
		0635J040N-GU	•	•			J	6.35	±0.04	0.4	24.2	25.65
	GS断屑槽 (小进给加工用)	GY2M0200D020N-GS	•	•		•	D	2.00	±0.03	0.2	18.7	20.70
		0239E020N-GS	•	•		•	E	2.39	±0.03	0.2	18.5	20.70
		0250E020N-GS	•	•		•	E	2.50	0.03	0.2	1.85	20.70
		0300F020N-GS	•	•		•	F	3.00	±0.03	0.2	18.5	20.70
		0318F020N-GS	•	•		•	F	3.18	±0.03	0.2	18.5	20.70
		0400G020N-GS	•	•		•	G	4.00	±0.04	0.2	23.9	25.65
		0475H030N-GS	•	•		•	H	4.75	±0.04	0.3	23.9	25.65
		0500H030N-GS	•	•		•	H	5.00	±0.04	0.3	24.0	25.65
		0600J030N-GS	•	•		•	J	6.00	±0.04	0.3	24.1	25.65
		0635J030N-GS	•	•		•	J	6.35	±0.04	0.3	24.1	25.65
	GM新屑槽 (中进给加工RD)	GY2M0200D020N-GM	•	•	•	•	D	2.00	±0.03	0.2	19.4	20.70
		0239E020N-GM	•	•	•	•	E	2.39	±0.03	0.2	19.4	20.70
		0250E020N-GM	•	•	•	•	E	2.50	±0.03	0.2	19.4	20.70

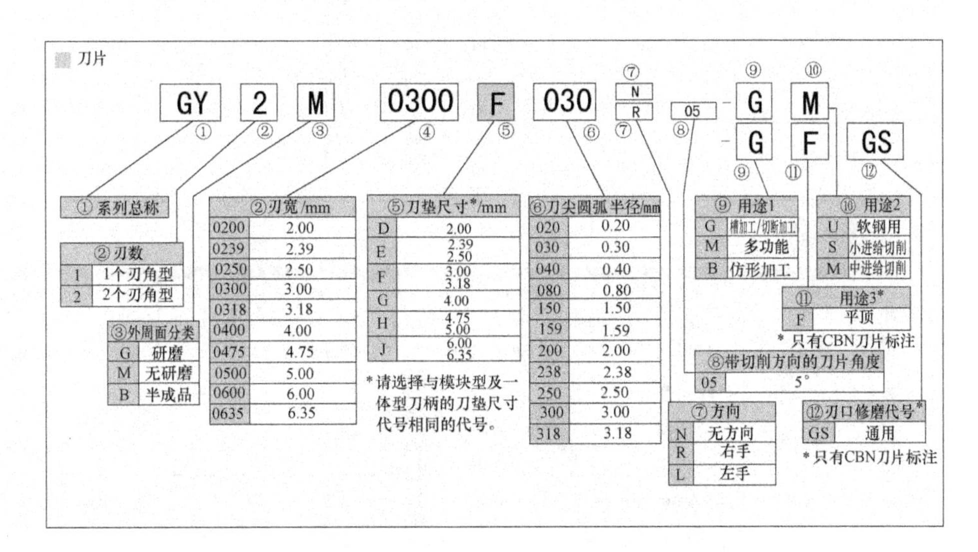

刀片
GY ① 2 ② M ③ 0300 ④ F ⑤ 030 ⑥ N / R ⑦ 05 ⑧ - G ⑨ M ⑩
- G ⑨ F ⑪ GS ⑫
①系列总称
②刃数
1 1个刃角型
2 2个刃角型
③外周面分类
G 研磨
M 无研磨
B 半成品
④刃宽/mm
0200 2.00
0239 2.39
0250 2.50
0300 3.00
0318 3.18
0400 4.00
0475 4.75
0500 5.00
0600 6.00
0635 6.35
⑤刀垫尺寸*/mm
D 2.00
E 2.39 2.50
F 3.00 3.18
G 4.00
H 4.75 5.00
J 6.00 6.35
*请选择与模块型及一体型刀柄的刀垫尺寸代号相同的代号。
⑥刀尖圆弧半径/mm
020 0.20
030 0.30
040 0.40
080 0.80
150 1.50
159 1.59
200 2.00
238 2.38
250 2.50
300 3.00
318 3.18
⑦方向
N 无方向
R 右手
L 左手
⑧带切削方向的刀片角度
05 5°
⑨用途1
G 槽加工/切断加工
M 多功能
B 仿形加工
⑩用途2
U 软钢用
S 小进给切削
M 中进给切削
⑪用途3*
F 平顶
*只有CBN刀片标注
⑫刃口修磨代号*
GS 通用
*只有CBN刀片标注

（4）螺纹刀的主要型号

①外螺纹刀具：

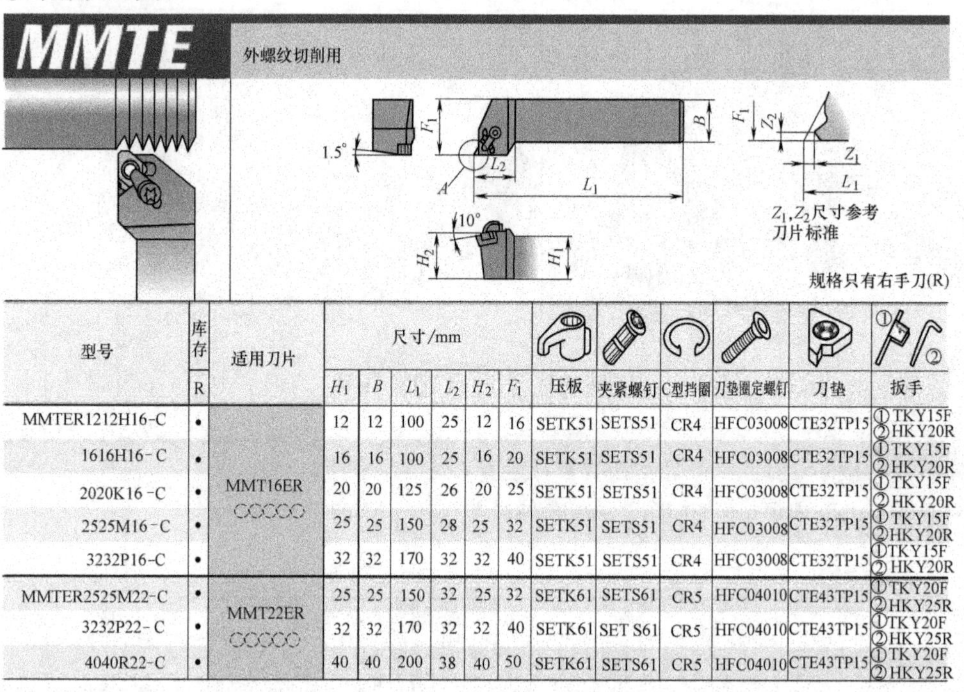

型号	库存 R	适用刀片	H_1	B	L_1	L_2	H_2	F_1	压板	夹紧螺钉	C型挡圈	刀垫固定螺钉	刀垫	扳手
MMTER1212H16-C	•	MMT16ER	12	12	100	25	12	16	SETK51	SETS51	CR4	HFC03008	CTE32TP15	①TKY15F ②HKY20R
1616H16-C	•	MMT16ER	16	16	100	25	16	20	SETK51	SETS51	CR4	HFC03008	CTE32TP15	①TKY15F ②HKY20R
2020K16-C	•	MMT16ER	20	20	125	26	20	25	SETK51	SETS51	CR4	HFC03008	CTE32TP15	①TKY15F ②HKY20R
2525M16-C	•	MMT16ER	25	25	150	28	25	32	SETK51	SETS51	CR4	HFC03008	CTE32TP15	①TKY15F ②HKY20R
3232P16-C	•	MMT16ER	32	32	170	32	32	40	SETK51	SETS51	CR4	HFC03008	CTE32TP15	①TKY15F ②HKY20R
MMTER2525M22-C	•	MMT22ER	25	25	150	32	25	32	SETK61	SETS61	CR5	HFC04010	CTE43TP15	①TKY20F ②HKY25R
3232P22-C	•	MMT22ER	32	32	170	32	32	40	SETK61	SET S61	CR5	HFC04010	CTE43TP15	①TKY20F ②HKY25R
4040R22-C	•	MMT22ER	40	40	200	38	40	50	SETK61	SETS61	CR5	HFC04010	CTE43TP15	①TKY20F ②HKY25R

(尺寸/mm)

刀柄型号表示规则

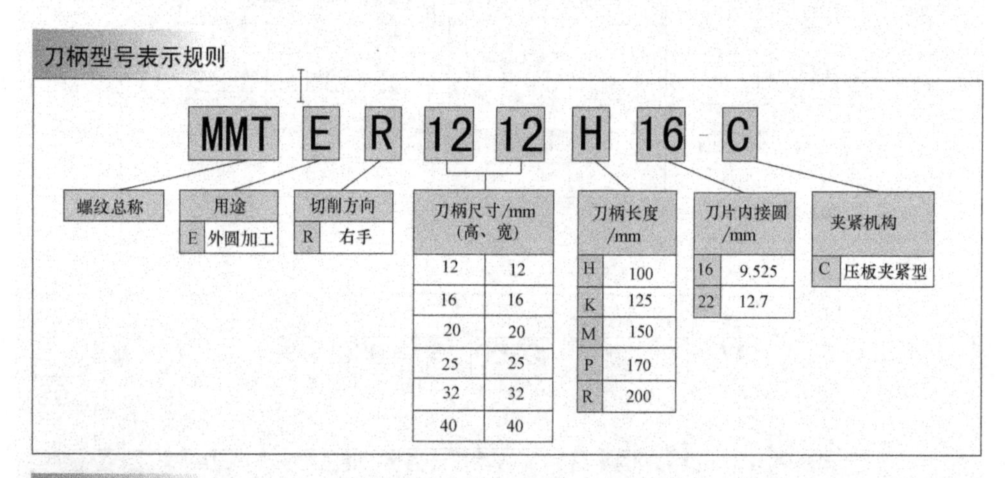

推荐切削条件

	工件材料	硬度	刀片材料	切削速度/(m/min)
P	软钢	≤180HBW	VP10MF	150(70～230)
P	软钢	≤180HBW	VP15TF	100(60～140)
P	软钢	≤180HBW	VP20RT	80(60～100)
P	碳钢、合金钢	180~280HBW	VP10MF	140(80～200)
P	碳钢、合金钢	180~280HBW	VP15TF	100(60～140)
P	碳钢、合金钢	180~280HBW	VP20RT	80(60～100)
M	不锈钢	≤200HBW	VP15TF	80(40～120)
M	不锈钢	≤200HBW	VP20RT	80(40～120)
K	灰铸铁	抗拉强度≤350MPa	VP10MF	140(80～200)
K	灰铸铁	抗拉强度≤350MPa	VP15TF	90(60～120)

	工件材料	硬度	刀片材料	切削速度(m/min)
S	耐热合金	—	VP10MF	45(15～70)
S	耐热合金	—	VP15TF	30(20～40)
S	耐热合金	—	VP20RT	30(20～40)
S	钛合金	—	VP10MF	60(40～80)
S	钛合金	—	VP15TF	45(25～65)
S	钛合金	—	VP20RT	45(25～65)
H	淬火钢	45~55HRC	VP10MF	50(30～70)
H	淬火钢	45~55HRC	VP15TF	40(20～60)

②内螺纹刀具：

FSL51

内螺纹加工、槽加工、镗削用

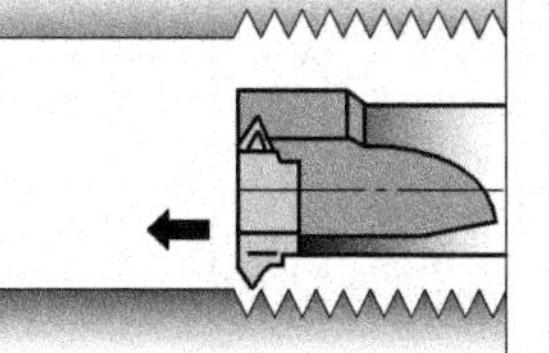

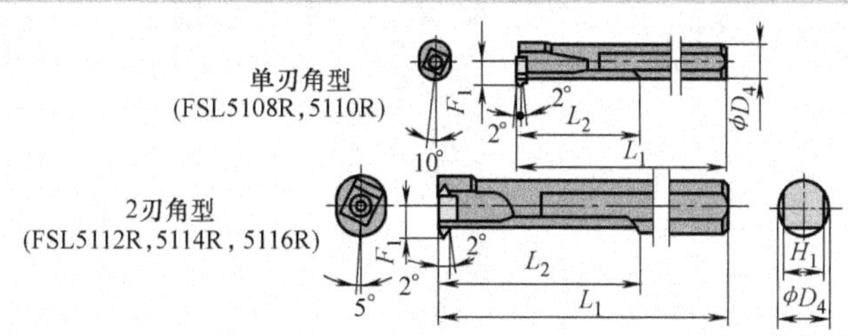

注：切削方向不能与箭头所示方向相反。

规格只有右手刀(R)

型号	库存	适用刀片			尺寸/mm					最小加工直径/mm	夹紧螺钉	扳手
	R	螺纹加工用	槽加工用	镗孔用	D_4	L_1	L_2	F_1	H_1		夹紧螺钉	扳手
FSL5108R	●	MLT1001L	MLG10○○L	MLP1004L	8	125	30	4.8	7	10	TS25	TKY08F
5110R	●	MLT1001L	MLG10○○L	MLP1004L	10	150	40	5.8	9	12	TS25	TKY08F
5112R	●	MLT1401L	MLG14○○L	MLP1404L	12	180	50	6.8	10.8	14	TS32	TKY08F
5114R	●	MLT1401L	MLG14○○L	MLP1404L	14	180	60	7.8	12.4	16	TS32	TKY08F
5116R	●	MLT2001L	MLG20○○L	MLP2004L	16	200	70	9.7	14	20	TS43	TKY15F

FSL52

(硬质合金刀杆)内螺纹加工、槽加工、镗削用

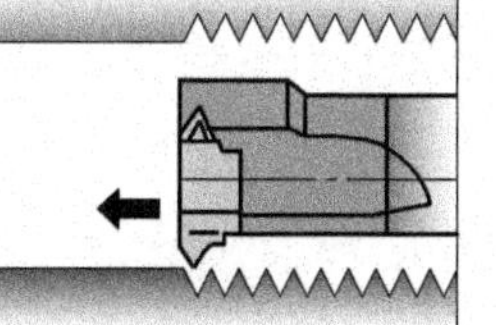

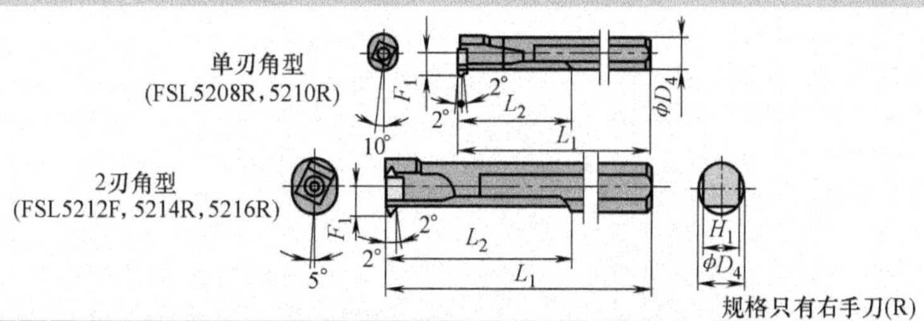

注：切削方向不能与箭头所示方向相反。

规格只有右手刀(R)

型号	库存	适用刀片			尺寸/mm					最小加工直径/mm	夹紧螺钉	扳手
	R	螺纹加工用	槽加工用	镗孔用	D_4	L_1	L_2	F_1	H_1		夹紧螺钉	扳手
FSL5208R	●	MLT1001L	MLG10○○L	MLP1004L	8	125	60	4.8	7	10	TS25	TKY08F
5210R	●	MLT1001L	MLG10○○L	MLP1004L	10	150	70	5.8	9	12	TS25	TKY08F
5212R	●	MLT1401L	MLG14○○L	MLP1404L	12	180	80	6.8	11	14	TS32	TKY08F
5214R	●	MLT1401L	MLG14○○L	MLP1404L	14	180	85	7.8	12	16	TS32	TKY08F
5216R	●	MLT2001L	MLG20○○L	MLP2004L	16	200	115	9.7	14	20	TS43	TKY15F

推荐切削条件

	工件材料	硬度	刀片材料	切削速度/(m/min)		工件材料	硬度	刀片材料	切削速度/(m/min)
P	软钢	≤180HBW	UP20M	140(100~180)	M	不锈钢	≤200HBW	UP20M	120(80~150)
			UTi20T	120(100~150)				UTi20T	100(70~130)
	碳钢 合金钢	180~280HBW	UP20M	120(100~150)	K	灰铸铁	抗拉强度 ≤350MPa	UP20M	80(60~100)
			UTi20T	100(70~120)				UTi20T	80(60~100)

切削深度的标准

1) 右表所列是ISO米制内螺纹加工时的切削深度标准。
2) 使用金属陶瓷刀具材料以及切削不锈钢时，进刀次数比右表所列的次数增加2～3次。

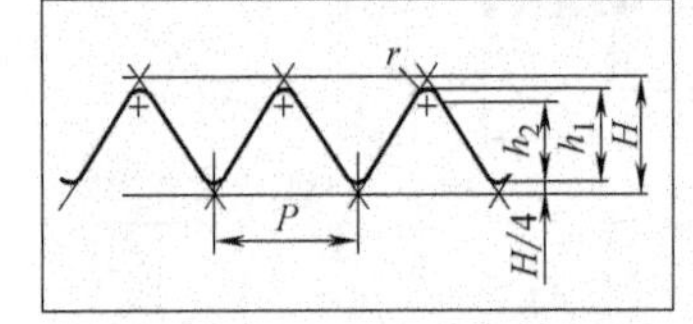

米制螺纹

(单位:mm)

P(螺距)		0.75	1.00	1.25	1.50	1.75	2.00	2.50	3.00	3.50	4.00	4.50
h_1		0.43	0.58	0.75	0.87	1.01	1.15	1.44	1.73	2.02	2.31	2.60
h_2		0.38	0.51	0.63	0.76	0.88	1.01	1.21	1.51	1.77	2.02	2.28
r(圆弧半径)		0.05	0.07	0.09	0.11	0.13	0.14	0.18	0.22	0.25	0.29	0.32
进刀次数	1	0.10	0.15	0.18	0.20	0.23	0.25	0.25	0.25	0.30	0.30	0.35
	2	0.10	0.13	0.15	0.20	0.20	0.20	0.22	0.25	0.25	0.25	0.30
	3	0.10	0.10	0.12	0.15	0.20	0.15	0.20	0.22	0.22	0.25	0.25
	4	0.08	0.10	0.12	0.15	0.15	0.15	0.20	0.20	0.20	0.25	0.25
	5	0.05	0.05	0.10	0.10	0.10	0.15	0.15	0.20	0.20	0.23	0.20
	6		0.05	0.05	0.07	0.08	0.10	0.10	0.15	0.20	0.20	0.20
	7					0.05	0.10	0.10	0.12	0.15	0.20	0.15
	8						0.05	0.10	0.10	0.15	0.15	0.15
	9							0.07	0.10	0.10	0.15	0.15
	10							0.05	0.09	0.10	0.10	0.15
	11								0.05	0.10	0.10	0.10
	12									0.05	0.08	0.10
	13										0.05	0.10
	14											0.05

注：第一次进刀是刀片的圆弧r部切削，所以负载集中在刀尖上。为防止圆弧r部的损伤，规定最大切削深度为圆弧半径r的1.5～2倍(最大0.4～0.5mm)。

参 考 文 献

［1］ 侯德政. 机械工程材料及热加工基础［M］. 北京：国防工业出版社，2008.
［2］ 王甫茂. 机械制造基础［M］. 北京：科学出版社，2011.
［3］ 杨好学，周文超. 互换性与测量［M］. 北京：国防工业出版社，2014.
［4］ 鞠鲁粤. 机械制造基础［M］. 6 版. 上海：上海交通大学出版社，2014.
［5］ 鞠鲁粤. 工程材料与成形技术基础［M］. 3 版. 北京：高等教育出版社，2015.
［6］ 陈宝军，张雪筠. 切削加工［M］. 北京：电子工业出版社，2009.
［7］ 王瑞清，李松涛. 机械制造基础［M］. 哈尔滨：哈尔滨工业大学出版社，2013.
［8］ 夏致斌. 模具钳工［M］. 北京：机械工业出版社，2009.
［9］ 赵玉奇. 机械制造基础与实训［M］. 2 版. 北京：机械工业出版社，2009.
［10］ 梁耀能. 工程材料及加工工程［M］. 北京：机械工业出版社，2001.
［11］ 邱永成. 机械基础［M］. 北京：中国农业出版社，2004.
［12］ 京玉海，罗丽萍. 机械制造基础［M］. 北京：清华大学出版社，2004.
［13］ 张宝忠. 现代机械制造技术基础实训教程［M］. 北京：清华大学出版社，2004.
［14］ 李明惠. 汽车应用材料［M］. 3 版. 北京：机械工业出版社，2015.
［15］ 肖智清. 机械制造基础［M］. 2 版. 北京：机械工业出版社，2011.
［16］ 华楚生. 机械制造技术基础［M］. 3 版. 重庆：重庆大学出版社，2011 .
［17］ 黄光烨. 机械制造工程实践［M］. 哈尔滨：哈尔滨工业大学出版社，2002.
［18］ 桂定一，陈育荣，罗宁. 机器精度分析与设计［M］. 北京：机械工业出版社，2004.
［19］ 刘越. 公差配合与技术测量［M］. 北京：化学工业出版社，2004.
［20］ 郑建中. 互换性与测量技术［M］. 杭州：浙江大学出版社，2004.
［21］ 胡瑢华，甘泽新. 公差配合与测量［M］. 北京：清华大学出版社，2005.